机械基础（初级）

第 2 版

国家职业资格培训教材编审委员会　组编

夏奇兵　主编

机械工业出版社

本书是"国家职业资格培训教材"中的基础课教材之一，是根据《国家职业技能标准》中机械加工、修理等职业对初级工共同的基本知识要求，按照岗位培训需要的原则编写的。

本书的主要内容有：极限与配合、几何公差、表面粗糙度、金属材料与热处理、机械传动基础知识、金属切削知识和常用刀具、常用量具、常用夹具等。本书每章均附有复习思考题，书末附有与之配套的试题库和答案，以便于企业培训、考核鉴定和读者自测自查。

本书既可作为各级职业技能鉴定培训机构、企业培训部门的培训教材，又可作为读者考前复习和自学用书，还可以作为职业技术院校、技工院校的专业课教材。

图书在版编目（CIP）数据

机械基础：初级/夏奇兵主编；国家职业资格培训教材编审委员会组编. —2版. —北京：机械工业出版社，2013.7（2025.5重印）

国家职业资格培训教材. 技能型人才培训用书

ISBN 978-7-111-43266-1

Ⅰ. ①机… Ⅱ. ①夏…②国… Ⅲ. ①机械学—技术培训—教材 Ⅳ. ①TH11

中国版本图书馆 CIP 数据核字（2013）第 156235 号

机械工业出版社（北京市百万庄大街22号 邮政编码100037）

策划编辑：马 晋 责任编辑：马 晋 王晓洁 张振勇
版式设计：霍永明 责任校对：申春香
封面设计：饶 薇 责任印制：邓 博
北京盛通数码印刷有限公司印刷
2025 年 5 月第 2 版第 8 次印刷
169mm×239mm·15.5 印张·293 千字
标准书号：ISBN 978-7-111-43266-1
定价：35.00 元

国家职业资格培训教材（第2版）
编审委员会

第2版序

在"十五"末期，为贯彻落实"全国职业教育工作会议"和"全国再就业会议"精神，加快培养一大批高素质的技能型人才，机械工业出版社精心策划了与原劳动和社会保障部《国家职业标准》配套的《国家职业资格培训教材》。这套教材涵盖41个职业工种，共172种，有十几个省、自治区、直辖市相关行业200多名工程技术人员、教师、技师和高级技师等从事技能培训和鉴定的专家参加编写。教材出版后，以其兼顾岗位培训和鉴定培训需要，理论、技能、题库合一，便于自检自测，受到全国各级培训、鉴定部门和广大技术工人的欢迎，基本满足了培训、鉴定和读者自学的需要，在"十一五"期间为培养技能人才发挥了重要作用，本套教材也因此成为国家职业资格鉴定考证培训及企业员工培训的品牌教材。

2010年，《国家中长期人才发展规划纲要（2010—2020年）》、《国家中长期教育改革和发展规划纲要（2010—2020年）》、《关于加强职业培训促就业的意见》相继颁布和出台，2012年1月，国务院批转了七部委联合制定的《促进就业规划（2011—2015年）》，在这些规划和意见中，都重点阐述了加大职业技能培训力度、加快技能人才培养的重要意义，以及相应的配套政策和措施。为适应这一新形势，同时也鉴于第1版教材所涉及的许多知识、技术、工艺、标准等已发生了变化的实际情况，我们经过深入调研，并在充分听取了广大读者和业界专家意见的基础上，决定对已经出版的《国家职业资格培训教材》进行修订。本次修订，仍以原有的大部分作者为班底，并保持原有的"以技能为主线，理论、技能、题库合一"的编写模式，重点在以下几个方面进行了改进：

1. 新增紧缺职业工种——为满足社会需求，又开发了一批近几年比较紧缺的以及新增的职业工种教材，使本套教材覆盖的职业工种更加广泛。

2. 紧跟国家职业标准——按照最新颁布的《国家职业技能标准》（或《国家职业标准》）规定的工作内容和技能要求重新整合、补充和完善内容，涵盖职业标准中所要求的知识点和技能点。

3. 提炼重点知识技能——在内容的选择上，以"够用"为原则，提炼出应重点掌握的必需专业知识和技能，删减了不必要的理论知识，使内容更加精练。

4. 补充更新技术内容——紧密结合最新技术发展，删除了陈旧过时的内容，补充了新的技术内容。

5. 同步最新技术标准——对原教材中按旧技术标准编写的内容进行更新，所有内容均与最新的技术标准同步。

6. 精选技能鉴定题库——按鉴定要求精选了职业技能鉴定试题，试题贴近教材、贴近国家试题库的考点，更具典型性、代表性、通用性和实用性。

7. 配备免费电子教案——为方便培训教学，我们为本套教材开发配备了配套的电子教案，免费赠送给选用本套教材的机构和教师。

8. 配备操作实景光盘——根据读者需要，部分教材配备了操作实景光盘。

一言概之，经过精心修订，第 2 版教材在保留了第 1 版精华的同时，内容更加精练、可靠、实用，针对性更强，更能满足社会需求和读者需要。全套教材既可作为各级职业技能鉴定培训机构、企业培训部门的考前培训教材，又可作为读者考前复习和自测使用的复习用书，也可供职业技能鉴定部门在鉴定命题时参考，还可作为职业技术院校、技工院校、各种短训班的专业课教材。

在本套教材的调研、策划、编写过程中，得到了许多企业、鉴定培训机构有关领导、专家的大力支持和帮助，在此表示衷心的感谢！

虽然我们已经尽了最大努力，但是教材中仍难免存在不足之处，恳请专家和广大读者批评指正。

国家职业资格培训教材第 2 版编审委员会

第1版序一

当前和今后一个时期，是我国全面建设小康社会、开创中国特色社会主义事业新局面的重要战略机遇期。建设小康社会需要科技创新，离不开技能人才。"全国人才工作会议"、"全国职教工作会议"都强调要把"提高技术工人素质、培养高技能人才"作为重要任务来抓。当今世界，谁掌握了先进的科学技术并拥有大量技术娴熟、手艺高超的技能人才，谁就能生产出高质量的产品，创出自己的名牌；谁就能在激烈的市场竞争中立于不败之地。我国有近一亿技术工人，他们是社会物质财富的直接创造者。技术工人的劳动，是科技成果转化为生产力的关键环节，是经济发展的重要基础。

科学技术是财富，操作技能也是财富，而且是重要的财富。中华全国总工会始终把提高劳动者素质作为一项重要任务，在职工中开展的"当好主力军，建功'十一五'，和谐奔小康"竞赛中，全国各级工会特别是各级工会职工技协组织注重加强职工技能开发，实施群众性经济技术创新工程，坚持从行业和企业实际出发，广泛开展岗位练兵、技术比赛、技术革新、技术协作等活动，不断提高职工的技术技能和操作水平，涌现出一大批掌握高超技能的能工巧匠。他们以自己的勤劳和智慧，在推动企业技术进步，促进产品更新换代和升级中发挥了积极的作用。

欣闻机械工业出版社配合新的《国家职业标准》为技术工人编写了这套涵盖41个职业的172种"国家职业资格培训教材"。这套教材由全国各地技能培训和考评专家编写，具有权威性和代表性；将理论与技能有机结合，并紧紧围绕《国家职业标准》的知识点和技能鉴定点编写，实用性、针对性强，既有必备的理论和技能知识，又有考核鉴定的理论和技能题库及答案，编排科学，便于培训和检测。

这套教材的出版非常及时，为培养技能型人才做了一件大好事，我相信这套教材一定会为我们培养更多更好的高技能人才做出贡献！

（李永安　中国职工技术协会常务副会长）

第1版序二

为贯彻"全国职业教育工作会议"和"全国再就业会议"精神,全面推进技能振兴计划和高技能人才培养工程,加快培养一大批高素质的技能型人才,我们精心策划了这套与劳动和社会保障部最新颁布的《国家职业标准》配套的《国家职业资格培训教材》。

进入21世纪,我国制造业在世界上所占的比重越来越大,随着我国逐渐成为"世界制造业中心"进程的加快,制造业的主力军——技能人才,尤其是高级技能人才的严重缺乏已成为制约我国制造业快速发展的瓶颈,高级蓝领出现断层的消息屡屡见诸报端。据统计,我国技术工人中高级以上技工只占3.5%,与发达国家40%的比例相去甚远。为此,国务院先后召开了"全国职业教育工作会议"和"全国再就业会议",提出了"三年50万新技师的培养计划",强调各地、各行业、各企业、各职业院校等要大力开展职业技术培训,以培训促就业,全面提高技术工人的素质。

技术工人密集的机械行业历来高度重视技术工人的职业技能培训工作,尤其是技术工人培训教材的基础建设工作,并在几十年的实践中积累了丰富的教材建设经验。作为机械行业的专业出版社,机械工业出版社在"七五"、"八五"、"九五"期间,先后组织编写出版了"机械工人技术理论培训教材"149种,"机械工人操作技能培训教材"85种,"机械工人职业技能培训教材"66种,"机械工业技师考评培训教材"22种,以及配套的习题集、试题库和各种辅导性教材约800种,基本满足了机械行业技术工人培训的需要。这些教材以其针对性、实用性强,覆盖面广,层次齐备,成龙配套等特点,受到全国各级培训、鉴定和考工部门和技术工人的欢迎。

2000年以来,我国相继颁布了《中华人民共和国职业分类大典》和新的《国家职业标准》,其中对我国职业技术工人的工种、等级、职业的活动范围、工作内容、技能要求和知识水平等根据实际需要进行了重新界定,将国家职业资格分为5个等级:初级(5级)、中级(4级)、高级(3级)、技师(2级)、高级技师(1级)。为与新的《国家职业标准》配套,更好地满足当前各级职业培训和技术工人考工取证的需要,我们精心策划编写了这套《国家职业资格培训教材》。

这套教材是依据劳动和社会保障部最新颁布的《国家职业标准》编写的,

为满足各级培训考工部门和广大读者的需要，这次共编写了 41 个职业的 172 种教材。在职业选择上，除机电行业通用职业外，还选择了建筑、汽车、家电等其他相近行业的热门职业。每个职业按《国家职业标准》规定的工作内容和技能要求编写初级、中级、高级、技师（含高级技师）四本教材，各等级合理衔接、步步提升，为高技能人才培养搭建了科学的阶梯型培训架构。为满足实际培训的需要，对多工种共同需求的基础知识我们还分别编写了《机械制图》、《机械基础》、《电工常识》、《电工基础》、《建筑装饰识图》等近 20 种公共基础教材。

在编写原则上，依据《国家职业标准》又不拘泥于《国家职业标准》是我们这套教材的创新。为满足沿海制造业发达地区对技能人才细分市场的需要，我们对模具、制冷、电梯等社会需求量大又已单独培训和考核的职业，从相应的职业标准中剥离出来单独编写了针对性较强的培训教材。

为满足培训、鉴定、考工和读者自学的需要，在编写时我们考虑了教材的配套性。教材的章首有培训要点、章末配复习思考题，书末有与之配套的试题库和答案，以及便于自检自测的理论和技能模拟试卷，同时还根据需求为 20 多种教材配制了 VCD 光盘。

为扩大教材的覆盖面和体现教材的权威性，我们组织了上海、江苏、广东、广西、北京、山东、吉林、河北、四川、内蒙古等地相关行业从事技能培训和考工的 200 多名专家、工程技术人员、教师、技师和高级技师参加编写。

这套教材在编写过程中力求突出"新"字，做到"知识新、工艺新、技术新、设备新、标准新"，增强实用性，重在教会读者掌握必需的专业知识和技能，是企业培训部门、各级职业技能鉴定培训机构、再就业和农民工培训机构的理想教材，也可作为技工学校、职业高中、各种短训班的专业课教材。

在这套教材的调研、策划、编写过程中，曾经得到广东省职业技能鉴定中心、上海市职业技能鉴定中心、江苏省机械工业联合会、中国第一汽车集团公司以及北京、上海、广东、广西、江苏、山东、河北、内蒙古等地许多企业和技工学校的有关领导、专家、工程技术人员、教师、技师和高级技师的大力支持和帮助，在此谨向为本套教材的策划、编写和出版付出艰辛劳动的全体人员表示衷心的感谢！

教材中难免存在不足之处，诚恳希望从事职业教育的专家和广大读者不吝赐教，批评指正。我们真诚希望与您携手，共同打造职业培训教材的精品。

国家职业资格培训教材编审委员会

前　言

　　随着市场经济的发展，各行各业对人才的需求也更为迫切。一个企业不但要有高素质的管理人才和科技人才，更要有高素质的一线技术工人。企业有了技术过硬、技艺精湛的操作技能型人才，才能确保产品的加工质量，才能有较高的劳动生产率和较低的物资消耗，使企业获得较好的经济效益。同时，技能人才是支持企业不断推出新产品占领市场，在市场中处于领先地位的重要因素。为了满足各级职业技能鉴定培训机构、企业部门等对机械加工、修理等职业进行机械基础知识培训的需要，我们于 2005 年编写了《机械基础（初级）》一书。该书自出版以来，得到了广大读者的广泛关注和热情支持，全国各地很多读者纷纷通过电话、信函、电子邮件等形式向我们提出很多宝贵的意见和建议。

　　但是随着时间的推移，机械加工、修理等技术有了较快发展，新的国家标准和行业技术标准也相继颁布和实施，为了进一步提高技术工人的职业素质，中华人民共和国人力资源和社会保障部针对各职业制定了新的《国家职业技能标准》（2009 年修订），为此我们对第 1 版教材进行了修订。本教材依据新标准中机械加工、修理等职业规定的初级工必须掌握的理论知识，以"实用、够用"为宗旨，按照岗位培训需要编写。在修订过程中，删除了陈旧过时的内容，补充更新了新的技术内容，对旧的国家标准和技术标准进行了更新，并且参照读者提出的意见和建议对相应内容进行了重新编写。

　　《机械基础（初级）》第 2 版的主要内容有：极限与配合、几何公差、表面粗糙度、金属材料与热处理、机械传动基础知识、金属切削知识和常用刀具、常用量具、常用夹具等。本书注重实际应用，突出基本概念，内容简明精练。本书每章前有培训学习目标，章后有复习思考题，书末附有与之配套的试题库和答案，以便于企业培训、考核鉴定和读者自测自查。

　　本书在编写过程中得到了有关院校领导及行业专家的指导、支持和帮助，在此一并表示衷心的感谢。

　　由于编者水平有限，书中难免存在错误和不妥之处，欢迎广大读者批评指正。

编　者

目　　录

第 一 章

极限与配合

培训学习目标　了解零、部件的互换性及加工误差的概念，熟悉公差与配合标准及在零件图和装配图上的标注方法。

◆◆◆◆ 第一节　基 本 概 念

一、互换性的概念

在现代化生产中，组成机器的零件是按专业化、协作化组织生产的。为了保证机器的顺利安装，这些按专业化、协作化组织生产出来的零部件都必须具有互换性，不仅要保证在装配过程中使零件在不经任何挑选和修配的情况下能顺利地装入，还要保证机器在以后的使用过程中，一旦某零件发生损坏，便可用相同规格的零件调换，以满足使用要求。

所谓互换性就是指相同规格的零件或部件，任取其中一件，不需作任何挑选、修配，就能进行装配，并能满足机械产品使用性能要求的一种特性。

互换性是机械产品的基本技术经济原则，按互换性原则进行生产，给产品的制造和维修都带来了很大的方便，对于零、部件的制造可以专业化分工，采用高效率的自动线、流水线生产方式，可以使传统的生产系统向数字控制（NC）、计算机辅助设计与制造（CAD/CAM）、柔性生产系统（FMS）、自动化生产系统（CIMS）逐步过渡。

二、加工误差及公差

要使零件具有互换性，就必须保证零件几何参数的准确性。但在实际生产过程中，由于设备精度，刀具的磨损，测量误差以及工人的操作水平等因素的影响，相同规格零件的几何参数不可能绝对准确、一致。我们把零件加工后几何参数（尺寸、形状和位置）所产生的差异称为加工误差。而要使零件具有互换性，就必须允许零件的几何参数有一个变动量，也就是允许加工误差有一个范围，这个允许的变动量称为公差。

不同的两个零件装配在一起，例如，相同尺寸的轴与孔的装配，有的要求松一点，有的要求紧一点，这种松紧程度的要求就是一种配合关系。

◆◆◆◆ 第二节　极限与配合标准简介

一、基本术语及定义

1. 尺寸

以特定单位表示线性尺寸的数值称为尺寸。它由特定数字和长度单位组成，包括直径、半径、宽度和中心距等，但不包括用角度表示的角度量。

2. 公称尺寸

通过它应用上、下极限偏差可算出极限尺寸的尺寸（一般指设计尺寸）称为公称尺寸，一般由设计人员根据零件使用要求，通过计算或结构等方面的考虑，并按标准圆整后确定。

3. 实际尺寸

通过测量后获得的某一孔、轴的尺寸称为实际尺寸。在测量过程中总有测量误差存在，因此实际尺寸并不一定是尺寸的真值。另外，由于零件的形状误差等影响，不同部位的实际尺寸也不一定相等，见图1-1。

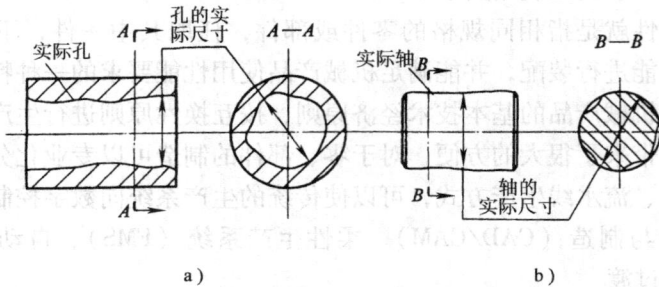

图1-1　孔、轴的实际尺寸示意图

4. 极限尺寸

一个孔或轴允许的尺寸的两个极端称为极限尺寸。实际尺寸应位于其中，也可达到极限尺寸。零件在生产加工过程中，由于各种因素的影响，即使是同一个操作者，在同一台设备上也无法使所加工的各零件的实际尺寸完全一致，总是存在误差。因此，设计人员就必须规定实际尺寸的变动范围。这个允许变动范围的两个界限值就称为极限尺寸。其中较大的尺寸称为上极限尺寸，较小的尺寸称为下极限尺寸，零件任一位置的实际尺寸都应在这两个极限尺寸所限制的尺寸范围内，即实际尺寸小于或等于上极限尺寸，大于或等于下极限尺寸的零件方为合格。否则，为不合格。在图 1-2 中，孔的上极限尺寸是 $\phi 30.021\text{mm}$，下极限尺寸是 $\phi 30\text{mm}$，轴的上极限尺寸是 $\phi 29.98\text{mm}$，下极限尺寸是 $\phi 29.967\text{mm}$。如果加工出的孔的实际尺寸是 $\phi 30\text{mm}$，轴的实际尺寸是 $\phi 29.97\text{mm}$，则零件合格。

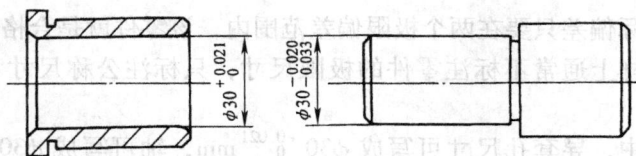

图 1-2　孔、轴的公称尺寸和极限尺寸

5. 尺寸偏差

某一尺寸（实际尺寸或极限尺寸）减其公称尺寸所得到的代数差称为尺寸偏差（简称偏差）。实际尺寸减其公称尺寸所得到的代数差称为实际偏差。由于实际尺寸可能大于、小于或等于公称尺寸，因此实际偏差可能为正、负或零值，不论书写或计算时均须标注正号或负号。极限尺寸减其公称尺寸的代数差称为极限偏差，由于极限尺寸有两个，所以极限偏差也有两个。

（1）上极限偏差　上极限偏差是上极限尺寸减其公称尺寸所得的代数差。孔用 ES 表示，轴用 es 表示。即

$$ES = D_{\max} - D$$
$$es = d_{\max} - d$$

式中　$D_{\max}$——孔的上极限尺寸（mm）；

$\qquad D$——孔的公称尺寸（mm）；

$\qquad d_{\max}$——轴的上极限尺寸（mm）；

$\qquad d$——轴的公称尺寸（mm）。

（2）下极限偏差　下极限偏差是下极限尺寸减其公称尺寸所得到的代数差。孔用 EI 表示，轴用 ei 表示。即

$$EI = D_{\min} - D$$
$$ei = d_{\min} - d$$

式中　$D_{\min}$——孔的下极限尺寸（mm）；

d_{min}——轴的下极限尺寸（mm）。

用上述两个算式可算出图 1-2 零件孔、轴的上、下两个极限偏差。

孔的上极限偏差

$$ES = D_{max} - D = 30.021mm - 30mm = +0.021mm$$

孔的下极限偏差

$$EI = D_{min} - D = 30.00mm - 30mm = 0$$

轴的上极限偏差

$$es = d_{max} - d = 29.980mm - 30mm = -0.020mm$$

轴的下极限偏差

$$ei = d_{min} - d = 29.967mm - 30mm = -0.033mm$$

零件的实际偏差只要在两个极限偏差范围内，该零件就是合格品。在实际生产中，零件图样上通常不标注零件的极限尺寸，只标注公称尺寸和上、下极限偏差。

在图 1-2 中，导套孔尺寸可写成 $\phi 30^{+0.021}_{0}$ mm，轴可写成 $\phi 30^{-0.020}_{-0.033}$ mm，国家标准规定 "0" 不可省略，极限偏差值前面的正负号也不可省略。

6. 尺寸公差

尺寸公差是上极限尺寸减下极限尺寸之差或上极限偏差减下极限偏差之差，它是允许尺寸的变动量，（简称公差）。公差等于上极限尺寸与下极限尺寸之差的值，也等于上极限偏差与下极限偏差之差的值。孔的公差用 T_h 表示；轴的公差用 T_s 表示。如孔的尺寸为 $\phi 30^{+0.021}_{0}$ mm，其公差为

$$T_h = 30.021mm - 30mm = 0.021mm$$

或

$$T_h = +0.021mm - 0 = 0.021mm$$

又如轴的尺寸为 $\phi 30^{-0.020}_{-0.033}$ mm，其公差为

$$T_s = 29.980mm - 29.967mm = 0.013mm$$

或

$$T_s = -0.020mm - (-0.033mm) = 0.013mm$$

公差值是一个没有符号的绝对值，也不可能为零。必须注意的是：公差和偏差是两个不同的概念，千万不能将两者混为一谈。

为了说明上述一系列有关公差的基本概念，如图 1-3 所示，可用公差配合示意图来表示公称尺寸、极限尺寸、尺寸偏差、尺寸公差之间的关系。

7. 公差带图

图 1-3 所示的公差配合示意图的画法比较烦琐，而且公差与公称尺寸的大小悬殊，不便于用同一比例在图样上表示，为了简化起见，在实用中仅画出孔、轴的公差带。公差带是指零件的尺寸对其公称尺寸所允许变动的范围，用图所表示的公差带，称为公差带图，如图 1-4 所示。

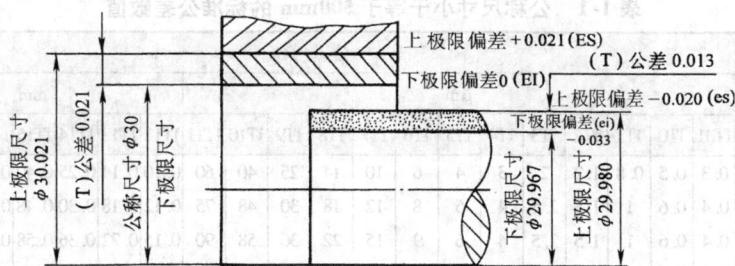

图 1-3 公差配合示意图

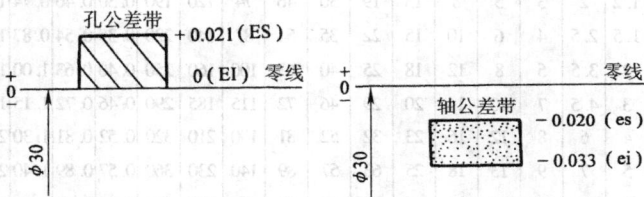

图 1-4 孔、轴公差带图

二、标准公差和基本偏差

1. 标准公差和标准公差等级

在国家标准中用表格列出的，用以确定公差带大小的任一公差称为标准公差。标准公差的数值是按一定公式计算出来的，代号是 IT。实际工作中，标准公差用查表法确定。

标准公差的大小与标准公差等级有关，标准公差等级是确定尺寸精确程度的等级，同一公差等级对所有公称尺寸的一组公差被认为具有同等精确程度。国家标准将标准公差等级分为 20 级，各级标准公差的代号为 IT01、IT0、IT1 至 IT18，其中 IT01 级最高，其余依次下降，IT18 级最低。其相应的标准公差在公称尺寸相同的条件下，随公差等级的降低而依次增大，见表 1-1。

2. 标准公差等级的选择

合理选择标准公差等级，主要是为了解决机械零件使用要求与制造工艺及成本之间的矛盾。因此，选择标准公差等级的基本原则是，在满足使用要求的条件下，选择低的标准公差等级。

标准公差等级一般用类比法选择，也就是参照生产实践的经验，进行比较选择。表 1-2 为各种加工方法可能达到的等级；表 1-3 为标准公差等级的主要应用范围。

表 1-1　公称尺寸小于等于 500mm 的标准公差数值

公称尺寸 /mm	公差等级																			
	μm													mm						
	IT01	IT0	IT1	IT2	IT3	IT4	IT5	IT6	IT7	IT8	IT9	IT10	IT11	IT12	IT13	IT14	IT15	IT16	IT17	IT18
≤3	0.3	0.5	0.8	1.2	2	3	4	6	10	14	25	40	60	0.10	0.14	0.25	0.40	0.60	1.0	1.4
>3~6	0.4	0.6	1	1.5	2.5	4	5	8	12	18	30	48	75	0.12	0.18	0.30	0.48	0.75	1.2	1.8
>6~10	0.4	0.6	1	1.5	2.5	4	6	9	15	22	36	58	90	0.15	0.22	0.36	0.58	0.90	1.5	2.2
>10~18	0.5	0.8	1.2	2	3	5	8	11	18	27	43	70	110	0.18	0.27	0.43	0.70	1.10	1.8	2.7
>18~30	0.6	1	1.5	2.5	4	6	9	13	21	33	52	84	130	0.21	0.33	0.52	0.84	1.30	2.1	3.3
>30~50	0.6	1	1.5	2.5	4	7	11	16	25	39	62	100	160	0.25	0.39	0.62	1.00	1.60	2.5	3.9
>50~80	0.8	1.2	2	3	5	8	13	19	30	46	74	120	190	0.30	0.46	0.74	1.20	1.90	3.0	4.6
>80~120	1	1.5	2.5	4	6	10	15	22	35	54	87	140	220	0.35	0.54	0.87	1.40	2.20	3.5	5.4
>120~180	1.2	2	3.5	5	8	12	18	25	40	63	100	160	250	0.40	0.63	1.00	1.60	2.50	4.0	6.3
>180~250	2	3	4.5	7	10	14	20	29	46	72	115	185	290	0.46	0.72	1.15	1.85	2.90	4.6	7.2
>250~315	2.5	4	6	8	12	16	23	32	52	81	130	210	320	0.52	0.81	1.30	2.10	3.20	5.2	8.1
>315~400	3	5	7	9	13	18	25	36	57	89	140	230	360	0.57	0.89	1.40	2.30	3.60	5.7	8.9
>400~500	4	6	8	10	15	20	27	40	63	97	155	250	400	0.63	0.97	1.55	2.50	4.00	6.3	9.7

注：1mm 以下无 IT14~IT18。

用类比法选择标准公差等级时，还应考虑以下问题：

1）注意孔和轴的工艺等价性。孔和轴的工艺等价性是指孔和轴加工难易程度应相同。最常用的方法是当标准公差等级较高时，相互配合的轴与孔中，轴的标准公差等级应高一级。

2）注意相关件和相配合件的精度。例如，齿轮孔与轴的配合，它们的标准公差等级决定于相关件齿轮的精度等级。

3. 基本偏差

基本偏差是指在标准极限与配合制中，确定公差带相对零线位置的那个极限偏差，一般为靠近零线的那个偏差。当公差带位于零线上方时，基本偏差为下极限偏差；反之，当公差带位于零线下方时，基本偏差为上极限偏差，如图 1-5 所示。

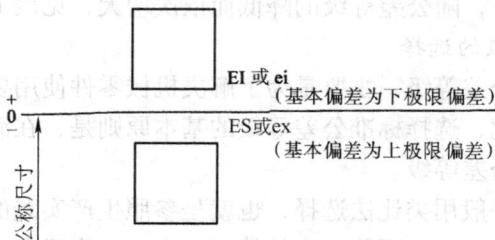

图 1-5　基本偏差位置图

表 1-2 加工等级

加工方法	标准公差等级	加工方法	标准公差等级
研磨	IT01 ~ IT5	车	IT7 ~ IT11
珩磨	IT4 ~ IT7	镗	IT7 ~ IT11
外圆磨	IT5 ~ IT8	铣	IT8 ~ IT11
平面磨	IT5 ~ IT8	刨、插	IT10 ~ IT11
金刚石车	IT5 ~ IT7	钻	IT10 ~ IT13
金刚石镗	IT5 ~ IT7	滚压	IT10 ~ IT11
拉削	IT5 ~ IT8	挤压	IT10 ~ IT11
铰孔	IT6 ~ IT10	冲压	IT10 ~ IT14

表 1-3 标准公差等级的主要应用范围

标准公差等级	主要应用范围
IT01、IT0、IT1	一般用于精密标准量块。IT1 也用于检验 IT6、IT7 级轴用于量规的校对量规
IT2	用于检验工件 IT5 ~ IT16 的量规的尺寸偏差
IT3 ~ IT5 (孔的 IT6)	用于精密要求很高的重要配合,例如机床主轴与精密轴承的配合;配合公差很小
IT6 (孔的 IT7)	用于机床和发动机中的重要配合。例如机床机构中的齿轮孔与轴的配合;配合公差较小,一般精密加工能够实现
IT7、IT8	用于机床和发动机中的次要配合上,也用于重要机械、农业机械、纺织机械、机车车辆等的重要配合上。例如机床上操纵杆的支承配合;发动机中活塞环与活塞槽的配合;配合公差中等,加工易于实现
IT9、IT10	用于一般要求,或长度精度要求较高的配合。某些非配合尺寸的特殊要求,例如飞机机身的外壳尺寸,由于重量限制,要求达到 IT9 或 IT10
IT11、IT12	用于没有严格要求,而仅要求便于联接的配合。例如螺栓和螺孔的配合
IT12 ~ IT18	用于未注公差的尺寸和粗加工的工序尺寸上,例如手柄的直径,壳体的外形、壁厚尺寸、端面之间的距离

从图 1-5 可以看出,基本偏差用来确定公差带的位置,标准公差用来确定公差带的大小,知道了公差带的大小、位置,公差带也就定下来了,尺寸的上、下极限偏差可以根据计算公式得到。

图 1-6 所示为孔和轴的基本偏差系列。国家标准规定的基本偏差用拉丁字母表示,并按顺序排列,其中大写的拉丁字母表示孔的基本偏差代号,小写的拉丁字母表示轴的基本偏差代号。孔、轴各有 28 个基本偏差代号,其中 JS 和 js 为完全对称偏差。轴的基本偏差数值见表 1-4,孔的基本偏差数值见表 1-5。

表1-4　轴的基本偏差数值　　　　　　　　（单位：μm）

公称尺寸/mm		基本偏差数值																
		上极限偏差 es												下极限偏差 ei				
		所有标准公差等级												IT5和IT6	IT7	IT8	IT4~IT7	≤IT3 >IT7
大于	至	a	b	c	cd	d	e	ef	f	fg	g	h	js	j			k	
—	3	−270	−140	−60	−34	−20	−14	−10	−6	−4	−2	0		−2	−4	−6	0	0
3	6	−270	−140	−70	−46	−30	−20	−14	−10	−6	−4	0		−2	−4		+1	0
6	10	−280	−150	−80	−56	−40	−25	−18	−13	−8	−5	0		−2	−5		+1	0
10	14	−290	−150	−95		−50	−32		−16		−6	0		−3	−6		+1	0
14	18																	
18	24	−300	−160	−110		−65	−40		−20		−7	0		−4	−8		+2	0
24	30																	
30	40	−310	−170	−120		−80	−50		−25		−9	0		−5	−10		+2	0
40	50	−320	−180	−130														
50	65	−340	−190	−140		−100	−60		−30		−10	0	偏差=±ITn/2，式中ITn是IT数值	−7	−12		+2	0
65	80	−360	−200	−150														
80	100	−380	−220	−170		−120	−72		−36		−12	0		−9	−15		+3	0
100	120	−410	−240	−180														
120	140	−460	−260	−200		−145	−85		−43		−14	0		−11	−18		+3	0
140	160	−520	−280	−210														
160	180	−580	−310	−230														
180	200	−660	−340	−240		−170	−100		−50		−15	0		−13	−21		+4	0
200	225	−740	−380	−260														
225	250	−820	−420	−280														
250	280	−920	−480	−300		−190	−110		−56		−17	0		−16	−26		+4	0
280	315	−1050	−540	−330														
315	355	−1200	−600	−360		−210	−125		−62		−18	0		−18	−28		+4	0
355	400	−1350	−680	−400														
400	450	−1500	−760	−440		−230	−135		−68		−20	0		−20	−32		+5	0
450	500	−1650	−840	−480														
500	560					−260	−145		−76		−22	0					0	0
560	630																	
630	710					−290	−160		−80		−24	0					0	0
710	800																	
800	900					−320	−170		−86		−26	0					0	0
900	1000																	
1000	1120					−350	−195		−98		−28	0					0	0
1120	1250																	
1250	1400					−390	−220		−110		−30	0					0	0
1400	1600																	
1600	1800					−430	−240		−120		−32	0					0	0
1800	2000																	
2000	2240					−480	−260		−130		−34	0					0	0
2240	2500																	
2500	2800					−520	−290		−145		−38	0					0	0
2800	3150																	

（续）

公称尺寸 /mm		基本偏差数值 下极限偏差 ei 所有标准公差等级													
大于	至	m	n	p	r	s	t	u	v	x	y	z	za	zb	zc
—	3	+2	+4	+6	+10	+14		+18		+20		+26	+32	+40	+60
3	6	+4	+8	+12	+15	+19		+23		+28		+35	+42	+50	+80
6	10	+6	+10	+15	+19	+23		+28		+34		+42	+52	+67	+97
10	14	+7	+12	+18	+23	+28		+33		+40		+50	+64	+90	+130
14	18	+7	+12	+18	+23	+28		+33	+39	+45		+60	+77	+108	+150
18	24	+8	+15	+22	+28	+35		+41	+47	+54	+63	+73	+98	+136	+188
24	30	+8	+15	+22	+28	+35	+41	+48	+55	+64	+75	+88	+118	+160	+218
30	40	+9	+17	+26	+34	+43	+48	+60	+68	+80	+94	+112	+148	+200	+274
40	50	+9	+17	+26	+34	+43	+54	+70	+81	+97	+114	+136	+180	+242	+325
50	65	+11	+20	+32	+41	+53	+66	+87	+102	+122	+144	+172	+226	+300	+405
65	80	+11	+20	+32	+43	+59	+75	+102	+120	+146	+174	+210	+274	+360	+480
80	100	+13	+23	+37	+51	+71	+91	+124	+146	+178	+214	+258	+335	+445	+585
100	120	+13	+23	+37	+54	+79	+104	+144	+172	+210	+254	+310	+400	+525	+690
120	140	+15	+27	+43	+63	+92	+122	+170	+202	+248	+300	+365	+470	+620	+800
140	160	+15	+27	+43	+65	+100	+134	+190	+228	+280	+340	+415	+535	+700	+900
160	180	+15	+27	+43	+68	+108	+146	+210	+252	+310	+380	+465	+600	+780	+1000
180	200	+17	+31	+50	+77	+122	+166	+236	+284	+350	+425	+520	+670	+880	+1150
200	225	+17	+31	+50	+80	+130	+180	+258	+310	+385	+470	+575	+740	+960	+1250
225	250	+17	+31	+50	+84	+140	+196	+284	+340	+425	+520	+640	+820	+1050	+1350
250	280	+20	+34	+56	+94	+158	+218	+315	+385	+475	+580	+710	+920	+1200	+1550
280	315	+20	+34	+56	+98	+170	+240	+350	+425	+525	+650	+790	+1000	+1300	+1700
315	355	+21	+37	+62	+108	+190	+268	+390	+475	+590	+730	+900	+1150	+1500	+1900
355	400	+21	+37	+62	+114	+208	+294	+435	+530	+660	+820	+1000	+1300	+1650	+2100
400	450	+23	+40	+68	+126	+232	+330	+490	+595	+740	+920	+1100	+1450	+1850	+2400
450	500	+23	+40	+68	+132	+252	+360	+540	+660	+820	+1000	+1250	+1600	+2100	+2600
500	560	+26	+44	+78	+150	+280	+400	+600							
560	630	+26	+44	+78	+155	+310	+450	+660							
630	710	+30	+50	+88	+175	+340	+500	+740							
710	800	+30	+50	+88	+185	+380	+560	+840							
800	900	+34	+56	+100	+210	+430	+620	+940							
900	1000	+34	+56	+100	+220	+470	+680	+1050							
1000	1120	+40	+66	+120	+250	+520	+780	+1150							
1120	1250	+40	+66	+120	+260	+580	+840	+1300							
1250	1400	+48	+78	+140	+300	+640	+960	+1450							
1400	1600	+48	+78	+140	+330	+720	+1050	+1600							
1600	1800	+58	+92	+170	+370	+820	+1200	+1850							
1800	2000	+58	+92	+170	+400	+920	+1350	+2000							
2000	2240	+68	+110	+195	+440	+1000	+1500	+2300							
2240	2500	+68	+110	+195	+460	+1100	+1650	+2500							
2500	2800	+76	+135	+240	+550	+1250	+1900	+2900							
2800	3150	+76	+135	+240	+580	+1400	+2100	+3200							

注：1. 公称尺寸小于或等于 1mm 时，基本偏差 a 和 b 均不采用。

2. 公差带 js7 至 js11，若 IT_n 值数是奇数，则取偏差 $= \pm \dfrac{IT_n - 1}{2}$。

表1-5　孔的基本偏差数值　　　　　　　　　　　　（单位：μm）

基本偏差数值

下极限偏差 EI（所有标准公差等级）；上极限偏差 ES

JS 偏差 $= \pm \dfrac{IT_n}{2}$，式中 IT_n 是IT数值

公称尺寸/mm 大于	至	A	B	C	CD	D	E	EF	F	FG	G	H	JS	J IT6	J IT7	J IT8	K ≤IT8	K >IT8	M ≤IT8	M >IT8	N ≤IT8	N >IT8
—	3	+270	+140	+60	+34	+20	+14	+10	+6	+4	+2	0	(见上)	+2	+4	+6	0	0	−2	−2	−4	−4
3	6	+270	+140	+70	+46	+30	+20	+14	+10	+6	+4	0		+5	+6	+10	−1+Δ		−4+Δ	−4	−8+Δ	0
6	10	+280	+150	+80	+56	+40	+25	+18	+13	+8	+5	0		+5	+8	+12	−1+Δ		−6+Δ	−6	−10+Δ	0
10	14	+290	+150	+95		+50	+32		+16		+6	0		+6	+10	+15	−1+Δ		−7+Δ	−7	−12+Δ	0
14	18	+290	+150	+95		+50	+32		+16		+6	0		+6	+10	+15	−1+Δ		−7+Δ	−7	−12+Δ	0
18	24	+300	+160	+110		+65	+40		+20		+7	0		+8	+12	+20	−2+Δ		−8+Δ	−8	−15+Δ	0
24	30	+300	+160	+110		+65	+40		+20		+7	0		+8	+12	+20	−2+Δ		−8+Δ	−8	−15+Δ	0
30	40	+310	+170	+120		+80	+50		+25		+9	0		+10	+14	+24	−2+Δ		−9+Δ	−9	−17+Δ	0
40	50	+320	+180	+130		+80	+50		+25		+9	0		+10	+14	+24	−2+Δ		−9+Δ	−9	−17+Δ	0
50	65	+340	+190	+140		+100	+60		+30		+10	0		+13	+18	+28	−2+Δ		−11+Δ	−11	−20+Δ	0
65	80	+360	+200	+150		+100	+60		+30		+10	0		+13	+18	+28	−2+Δ		−11+Δ	−11	−20+Δ	0
80	100	+380	+220	+170		+120	+72		+36		+12	0		+16	+22	+34	−3+Δ		−13+Δ	−13	−23+Δ	0
100	120	+410	+240	+180		+120	+72		+36		+12	0		+16	+22	+34	−3+Δ		−13+Δ	−13	−23+Δ	0
120	140	+460	+260	+200		+145	+85		+43		+14	0		+18	+26	+41	−3+Δ		−15+Δ	−15	−27+Δ	0
140	160	+520	+280	+210		+145	+85		+43		+14	0		+18	+26	+41	−3+Δ		−15+Δ	−15	−27+Δ	0
160	180	+580	+310	+230		+145	+85		+43		+14	0		+18	+26	+41	−3+Δ		−15+Δ	−15	−27+Δ	0
180	200	+660	+340	+240		+170	+100		+50		+15	0		+22	+30	+47	−4+Δ		−17+Δ	−17	−31+Δ	0
200	225	+740	+380	+260		+170	+100		+50		+15	0		+22	+30	+47	−4+Δ		−17+Δ	−17	−31+Δ	0
225	250	+820	+420	+280		+170	+100		+50		+15	0		+22	+30	+47	−4+Δ		−17+Δ	−17	−31+Δ	0
250	280	+920	+480	+300		+190	+110		+56		+17	0		+25	+36	+55	−4+Δ		−20+Δ	−20	−34+Δ	0
280	315	+1050	+540	+330		+190	+110		+56		+17	0		+25	+36	+55	−4+Δ		−20+Δ	−20	−34+Δ	0
315	355	+1200	+600	+360		+210	+125		+62		+18	0		+29	+39	+60	−4+Δ		−21+Δ	−21	−37+Δ	0
355	400	+1350	+680	+400		+210	+125		+62		+18	0		+29	+39	+60	−4+Δ		−21+Δ	−21	−37+Δ	0
400	450	+1500	+760	+440		+230	+135		+68		+20	0		+33	+43	+66	−5+Δ		−23+Δ	−23	−40+Δ	0
450	500	+1650	+840	+480		+230	+135		+68		+20	0		+33	+43	+66	−5+Δ		−23+Δ	−23	−40+Δ	0
500	560					+260	+145		+76		+22	0					0		−26		−44	
560	630					+260	+145		+76		+22	0					0		−26		−44	
630	710					+290	+160		+80		+24	0					0		−30		−50	
710	800					+290	+160		+80		+24	0					0		−30		−50	
800	900					+320	+170		+86		+26	0					0		−34		−56	
900	1000					+320	+170		+86		+26	0					0		−34		−56	
1000	1120					+350	+195		+98		+28	0					0		−40		−66	
1120	1250					+350	+195		+98		+28	0					0		−40		−66	
1250	1400					+390	+220		+110		+30	0					0		−48		−78	
1400	1600					+390	+220		+110		+30	0					0		−48		−78	
1600	1800					+430	+240		+120		+32	0					0		−58		−92	
1800	2000					+430	+240		+120		+32	0					0		−58		−92	
2000	2240					+480	+260		+130		+34	0					0		−68		−110	
2240	2500					+480	+260		+130		+34	0					0		−68		−110	
2500	2800					+520	+290		+145		+38	0					0		−76		−135	
2800	3150					+520	+290		+145		+38	0					0		−76		−135	

（续）

公称尺寸/mm 大于	至	≤IT7 P~ZC	基本偏差数值 上极限偏差 ES（标准公差等级大于IT7） P	R	S	T	U	V	X	Y	Z	ZA	ZB	ZC	Δ值（标准公差等级） IT3	IT4	IT5	IT6	IT7	IT8
—	3	在大于IT7的相应数值上增加一个Δ值	−6	−10	−14		−18		−20		−26	−32	−40	−60	0	0	0	0	0	0
3	6		−12	−15	−19		−23		−28		−35	−42	−50	−80	1	1.5	1	3	4	6
6	10		−15	−19	−23		−28		−34		−42	−52	−67	−97	1	1.5	2	3	6	7
10	14		−18	−23	−28		−33		−40		−50	−64	−90	−130	1	2	3	3	7	9
14	18		−18	−23	−28		−33	−39	−45		−60	−77	−108	−150	1	2	3	3	7	9
18	24		−22	−28	−35		−41	−47	−54	−63	−73	−98	−136	−188	1.5	2	3	4	8	12
24	30		−22	−28	−35	−41	−48	−55	−64	−75	−88	−118	−160	−218	1.5	2	3	4	8	12
30	40		−26	−34	−43	−48	−60	−68	−80	−94	−112	−148	−200	−274	1.5	3	4	5	9	14
40	50		−26	−34	−43	−54	−70	−81	−97	−114	−136	−180	−242	−325	1.5	3	4	5	9	14
50	65		−32	−41	−53	−66	−87	−102	−122	−144	−172	−226	−300	−405	2	3	5	6	11	16
65	80		−32	−43	−59	−75	−102	−120	−146	−174	−210	−274	−360	−480	2	3	5	6	11	16
80	100		−37	−51	−71	−91	−124	−146	−178	−214	−258	−335	−445	−585	2	4	5	7	13	19
100	120		−37	−54	−79	−104	−144	−172	−210	−254	−310	−400	−525	−690	2	4	5	7	13	19
120	140		−43	−63	−92	−122	−170	−202	−248	−300	−365	−470	−620	−800	3	4	6	7	15	23
140	160		−43	−65	−100	−134	−190	−228	−280	−340	−415	−535	−700	−900	3	4	6	7	15	23
160	180		−43	−68	−108	−146	−210	−252	−310	−380	−465	−600	−780	−1000	3	4	6	7	15	23
180	200		−50	−77	−122	−166	−236	−284	−350	−425	−520	−670	−880	−1150	3	4	6	9	17	26
200	225		−50	−80	−130	−180	−258	−310	−385	−470	−575	−740	−960	−1250	3	4	6	9	17	26
225	250		−50	−84	−140	−196	−284	−340	−425	−520	−640	−820	−1050	−1350	3	4	6	9	17	26
250	280		−56	−94	−158	−218	−315	−385	−475	−580	−710	−920	−1200	−1550	4	4	7	9	20	29
280	315		−56	−98	−170	−240	−350	−425	−525	−650	−790	−1000	−1300	−1700	4	4	7	9	20	29
315	355		−62	−108	−190	−268	−390	−475	−590	−730	−900	−1150	−1500	−1900	4	5	7	11	21	32
355	400		−62	−114	−208	−294	−435	−530	−660	−820	−1000	−1300	−1650	−2100	4	5	7	11	21	32
400	450		−68	−126	−232	−330	−490	−595	−740	−920	−1100	−1450	−1850	−2400	5	5	7	13	23	34
450	500		−68	−132	−252	−360	−540	−660	−820	−1000	−1250	−1600	−2100	−2600	5	5	7	13	23	34
500	560		−78	−150	−280	−400	−600													
560	630		−78	−155	−310	−450	−660													
630	710		−88	−175	−340	−500	−740													
710	800		−88	−185	−380	−560	−840													
800	900		−100	−210	−430	−620	−940													
900	1000		−100	−220	−470	−680	−1050													
1000	1120		−120	−250	−520	−780	−1150													
1120	1250		−120	−260	−580	−840	−1300													
1250	1400		−140	−300	−640	−960	−1450													
1400	1600		−140	−330	−720	−1050	−1600													
1600	1800		−170	−370	−820	−1200	−1850													
1800	2000		−170	−400	−920	−1350	−2000													
2000	2240		−195	−440	−1000	−1500	−2300													
2240	2500		−195	−460	−1100	−1650	−2500													
2500	2800		−240	−550	−1250	−1900	−2900													
2800	3150		−240	−580	−1400	−2100	−3200													

注：1. 公称尺寸小于或等于1mm时，基本偏差A和B及大于IT8的N均不采用。

2. 公差带JS7至JS11，若 IT_n 值数是奇数，则取偏差 $= \pm \dfrac{IT_n - 1}{2}$。

3. 对小于或等于IT8的K、M、N和小于或等于IT7的P~ZC，所需Δ值从表内右侧选取。
例如：18~30mm段的K7：Δ=8μm，所以ES＝−2μm+8μm＝+6μm
18~30mm段的S6：Δ=4μm，所以ES＝−35μm+4μm＝−31μm

4. 特殊情况：250~315mm段的M6，ES＝−9μm（代替−11μm）。

　　根据公称尺寸、基本偏差代号和标准公差等级查表便可得到基本偏差值。在图1-6中，只给出了靠近零线的极限偏差，即只画出了公差带属于基本偏差一端的极限偏差，其数值可以从表1-4和表1-5中查得，而另一端在基本偏差系列图上所显示的是"开口"的，这说明基本偏差是用来确定公差带相对零线位置的要素。那么轴和孔的另一偏差是怎样决定的呢？它可以根据公差等级用计算公式通过计算得到。

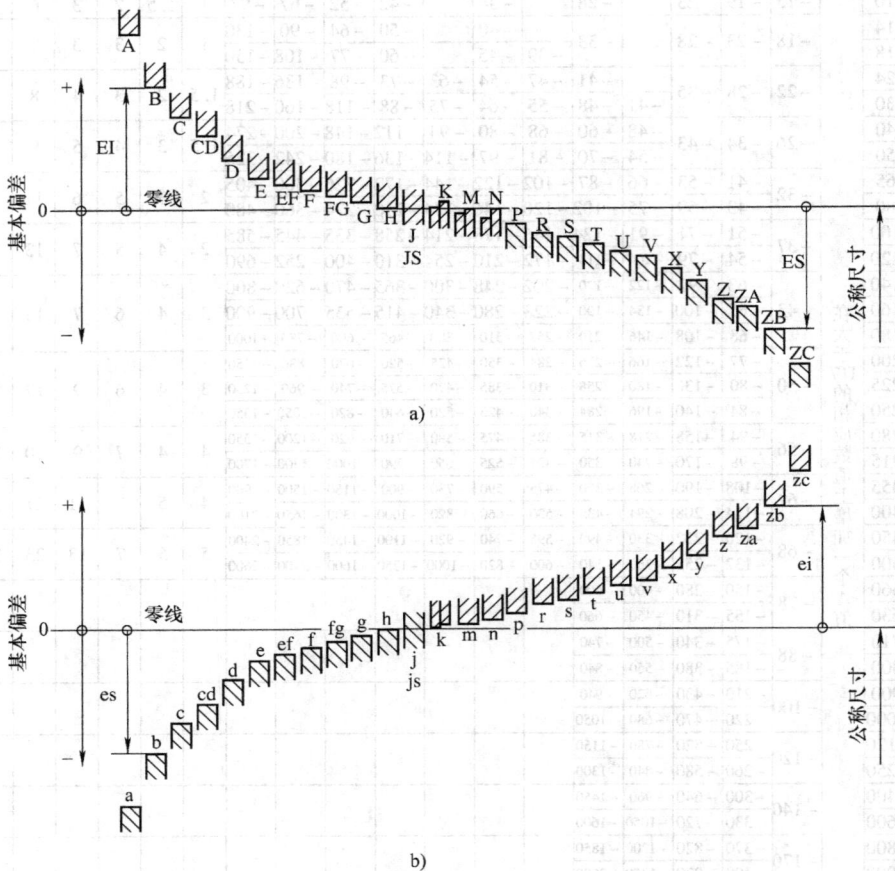

图1-6　孔和轴的基本偏差系列
a）孔　b）轴

三、公差代号

1. 公差代号

　　孔、轴的公差带代号由基本偏差代号和公差等级代号组成。例如：$\phi 50H7$、

ϕ60f6 等。即

```
              ┌──────────────── 孔的公差带代号
φ  50  H  7
        └──────────────── 标准公差等级代号

              └──────────────── 孔的基本偏差代号

        └──────────────── 公称尺寸

        └──────────────── 直径符号
```

```
              ┌──────────────── 轴的公差带代号
φ  60  f  6
        └──────────────── 标准公差等级代号

              └──────────────── 轴的基本偏差代号

        └──────────────── 公称尺寸

        └──────────────── 直径符号
```

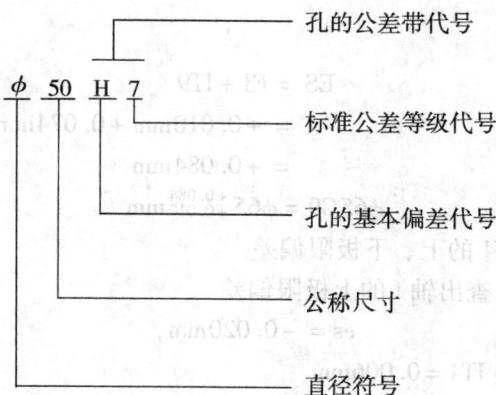

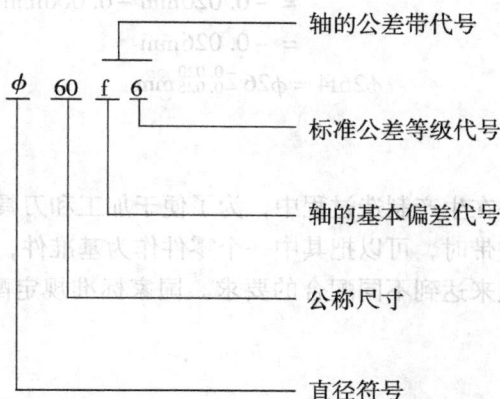

2. 尺寸偏差的计算

在图 1-6 所示的基本偏差系列中，只画了公差带属于基本偏差一端的极限偏差，而另一端开口处的极限偏差则将由标准公差等级来决定。在实际应用中，先根据公称尺寸查表得出轴或孔的基本偏差值；然后再查表得出标准公差值，再用计算公式计算出另一个极限偏差。如基本偏差是上极限偏差，那另一个极限偏差即下极限偏差，其计算式为

下极限偏差 ＝ 上极限偏差 － 标准公差

如基本偏差是下极限偏差，那么另一个极限偏差即上极限偏差，其计算公式为

上极限偏差 ＝ 下极限偏差 ＋ 标准公差

例 1　确定 ϕ65G9 的上、下极限偏差。

解 先由表 1-5 查出孔的下极限偏差 EI = + 0.010mm，再由表 1-1 中查出 IT9 = 0.074mm

然后根据公式

$$ES = EI + IT9$$
$$= +0.010\text{mm} + 0.074\text{mm}$$
$$= +0.084\text{mm}$$

所以 $\phi 65 G9 = \phi 65 \,{}^{+0.084}_{+0.010}\text{mm}$

例 2 确定 $\phi 26 f4$ 的上、下极限偏差。

解 先由表 1-4 查出轴 f 的上极限偏差

$$es = -0.020\text{mm},$$

由表 1-1 中查得 IT4 = 0.006mm

然后再根据公式

$$ei = es - IT4$$
$$= -0.020\text{mm} - 0.006\text{mm}$$
$$= -0.026\text{mm}$$

所以 $\phi 26 f4 = \phi 26 \,{}^{-0.020}_{-0.026}\text{mm}$

四、基准制

相互配合的零件在生产制造过程中，为了便于加工和刀具、量具的配备，在制订配合零件的公差带时，可以把其中一个零件作为基准件，通过改变另一个非基准件的公差带位置来达到不同配合的要求。国家标准规定配合有两种基准制，即基孔制和基轴制。

1. 基孔制

基孔制是指基本偏差为一定的孔的公差带，与不同基本偏差的轴的公差带所形成各种配合的一种制度，如图 1-7a 所示。

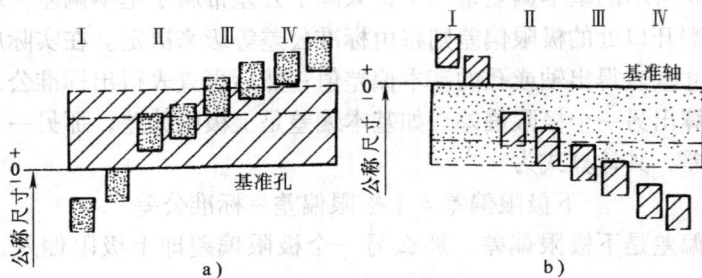

图 1-7 基准制配合公差带图

Ⅰ—间隙配合 Ⅱ—过渡配合

Ⅲ—过渡配合或过盈配合 Ⅳ—过盈配合

基孔制中的孔称为基准孔，用 H 表示。基准孔下极限偏差为基本偏差，且数值为零，其公差带在零线上侧。基孔制配合中的轴为非基准件，由于有不同的基本偏差，使它们的公差带和基准孔公差带形成不同的相对的位置。根据不同的位置可以判断其配合类别。

2. 基轴制

基轴制是指基本偏差为一定的轴的公差带，与不同基本偏差的孔的公差带形成各种配合的一种制度，如图 1-7b 所示。

基轴制中的轴称为基准轴，用 h 表示。基准轴的上极限偏差为基本偏差，而且数值等于零。公差带在零线的下侧。孔为非基准件，不同基本偏差的孔和基准轴可以形成不同类别的配合。

3. 基准制的选择

1）优先选用基孔制。采用基孔制可以减少定制刀、量具的规格数目，有利于刀、量具的标准化、系列化，因而经济性好，使用方便。

2）有明显经济效益时选用基轴制。冷拉钢材做轴时，若其本身精度（可达 IT8）已能满足设计要求，可以无须再加工时，则可选用基轴制。

3）根据标准件选择基准制。当设计的零件与标准件相配时，基准制的选择应依标准件而定。例如，与滚动轴承内圈相配的轴应选用基孔制。而与滚动轴承外圈配合的孔应选用基轴制。

4）特殊情况下可采用混合配合。为了满足配合的特殊要求，允许采用任一孔、轴公差带组成配合。

综上所述，基准制的选用应在考虑经济性、合理性的前提下，尽量选用基孔制。

五、配合及其类别

1. 配合

在机器装配中，公称尺寸相同的相互结合的孔、轴公差带之间的关系称为配合。值得注意的是公称尺寸相同是配合的前提。

2. 间隙与过盈

在机器中，当两个零件配合在一起时，就会有松紧程度的要求。国家标准规定，如果孔径尺寸减去相配合的轴的尺寸所得到的代数差，其差值为正值时称为间隙，差值为负值称为过盈。例如图 1-8a，如果把 $\phi65$mm 孔加工到最小极限尺寸 $\phi65.00$mm 时，而轴是上极限尺寸 $\phi64.970$mm 时，65.000mm $- 64.970$mm $= +0.03$mm，所以是间隙配合。而图 1-8b 所示的 $\phi60$mm 孔的上极限尺寸是 $\phi60.030$mm，而 $\phi60$mm 轴的下极限尺寸是 $\phi60.041$mm，则 60.030mm $- 60.041$mm $= -0.011$mm，因此是过盈配合。

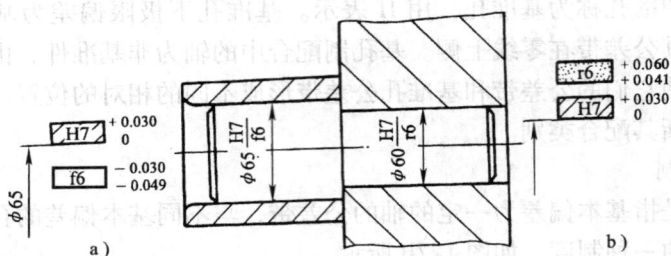

图 1-8　间隙与过盈

3. 配合种类

有了孔和轴的公差之后，保证了零件加工后的互换性。而不同零件装配之后的松紧程度则是靠配合来保证的。国家标准将配合分为三类。

（1）间隙配合　具有间隙（包括最小间隙等于零）的配合称为间隙配合。由图 1-9 可知，间隙配合时孔的公差带完全在轴的公差带之上，孔的实际尺寸总是大于轴的实际尺寸。

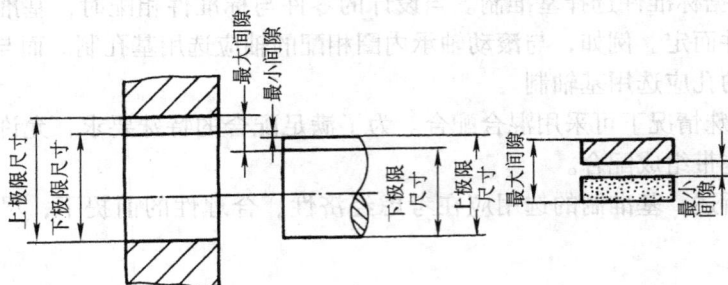

图 1-9　间隙配合

（2）过盈配合　具有过盈（包括最小过盈等于零）的配合称为过盈配合。如图 1-10 所示，过盈配合时孔的公差带完全在轴的公差带之下。在过盈配合中，孔的实际尺寸总是小于轴的实际尺寸。

（3）过渡配合　可能具有间隙或者过盈的配合称为过渡配合。此时孔的公差带与轴的公差带交叉重叠，如图 1-11 所示。过渡配合其定心精度比间隙配合高，而装拆又比过盈配合容易。

4. 配合代号

配合代号在图样上的表示是用孔、轴公差带的代号组成，写成分数形式。分子为孔的公差带代号，分母为轴的公差带代号，如 $\phi65\dfrac{H7}{f6}$ 或 $\phi65H7/f6$。

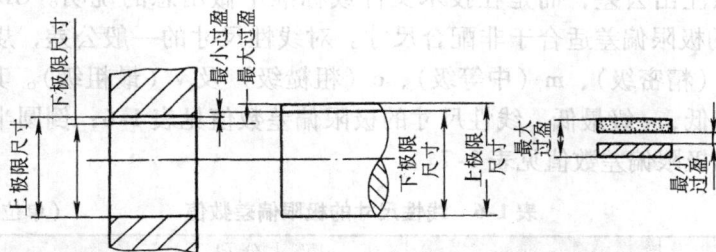

图 1-10 过盈配合

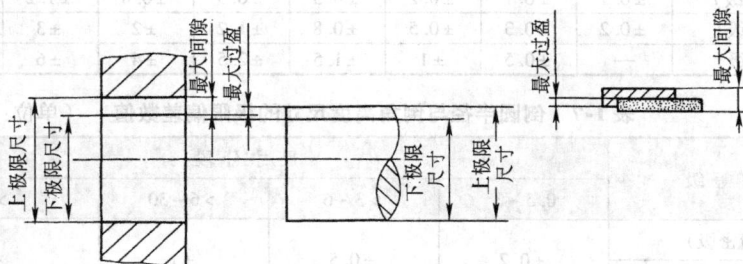

图 1-11 过渡配合

5. 配合的选择

1）国家标准 GB/T 1801—2009 在配合种类中规定了优先配合和常用配合。在实际应用中，为获得较好的经济效益，应尽量先选用优先配合，其次选用常用配合，再次选用一般配合的顺序来选择配合。

2）在间隙、过盈、过渡三种配合中，根据使用要求、实际经验、制造工艺性等因素确定配合种类，选取适当的基本偏差代号。

3）在公差等级≤IT8 级（P 至 ZC≤IT7 级）的高精度配合中，选择孔比轴低一个标准公差等级；而在 >IT8 级的一般配合中，孔与轴的公差等级相同。

4）有时为了特殊需要，也可选用非基准制配合，达到既提高配合精度，又不减小工件的制造公差的目的。此外，也可采用分组装配、配制配合等方法。

六、一般公差——线性尺寸的未注公差

对机器零件上各要素提出的尺寸、形状、位置等要求，取决于它们的功能。无功能要求的要素是不存在的，因此，所有尺寸都有一定的公差，未注公差的尺寸并不是没有公差。国家标准GB/T 1804—2000《一般公差 未注公差的线性和角度尺寸的公差》对此专门做了说明。当零件上的要素采用一般公差时，在图

样上不单独注出公差，而是在技术文件或标准中做出总的说明。GB/T 1804—2000 规定的极限偏差适合于非配合尺寸。对线性尺寸的一般公差，规定了四个等级，即 f（精密级）、m（中等级）、c（粗糙级）及 v（最粗级）。其中 f 级最高，逐渐降低，v 级最低。线性尺寸的极限偏差数值见表 1-6；倒圆半径与倒角高度尺寸的极限偏差数值见表 1-7。

表1-6 线性尺寸的极限偏差数值 （单位：mm）

公 差 等 级	尺 寸 分 段							
	0.5~3	>3~6	>6~30	>30~120	>120~400	>400~1000	>1000~2000	>2000~4000
f（精密级）	±0.05	±0.05	±0.1	±0.15	±0.2	±0.3	±0.5	—
m（中等级）	±0.1	±0.1	±0.2	±0.3	±0.5	±0.8	±1.2	±2
c（粗糙级）	±0.2	±0.3	±0.5	±0.8	±1.2	±2	±3	±4
v（最粗级）	—	±0.5	±1	±1.5	±2.5	±4	±6	±8

表1-7 倒圆半径与倒角高度尺寸的极限偏差数值 （单位：mm）

公 差 等 级	尺 寸 分 段			
	0.5~3	>3~6	>6~30	>30
f（精密级）	±0.2	±0.5	±1	±2
m（中等级）				
c（粗糙级）	±0.4	±1	±2	±4
v（最粗级）				

注：倒圆半径与倒角高度的含义参见国家标准 GB/T 6403.4—2008《零件倒圆与倒角》。

❖❖❖ 第三节 极限与配合的标注

一、零件图上的标注方法

1. 极限偏差标注法

这种标注法在工厂的实际生产图样中常见，比如 $\phi18^{+0.018}_{0}$ mm，$\phi54^{+0.034}_{+0.023}$ mm 等。当极限偏差不为零时，必须标注正负号（图 1-12a）。在标注时还要注意以下几点：

1）当上极限偏差或下极限偏差为"零"时，要用数字"0"标出，并与下极限偏差或上极限偏差的小数点前的个位数对齐。

2）上极限偏差应注在公称尺寸的右上方；下极限偏差应注在公称尺寸的同一底线上。

3）上、下极限偏差的小数点必须对齐，小数点后的位数必须相同。

4）小数点后不起作用的零可不写，但当需要用零来补位，使小数点后的位数相同时除外。

5）当上、下极限偏差值相同时，极限偏差只需注写一次，并应在极限偏差与公称尺寸之间注出符号"±"，且使其与数字高度相同。

2. 标注公差带代号

这种注法一般采用专用量具（如塞规、环规等）检验，以适应大批量生产的需要，因此不需标注极限偏差数值，例如 $\phi18H7$，如图1-12b 所示。

3. 同时标注公差代号和极限偏差

这种注法一般适用于产量不定的情况，它既便于专用量具检验，又便于通用量具检验，这时极限偏差应加上圆括号，如 $\phi65K6$ ($^{+0.004}_{-0.015}$)（图1-12c）。

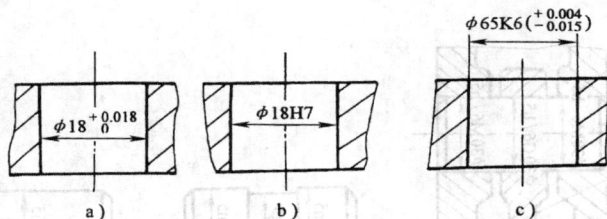

图 1-12 零件图上的标注方法

二、装配图上的标注方法

在装配图中标注配合代号时，必须在公称尺寸的右边，用分数的形式注出，分子为孔的公差代号，分母为轴的公差带代号，如图1-13a所示。必要时也允许按图 1-13b、c 的形式标注。在配合代号中，只要出现"H"时即为基孔制配合，出现"h"时即为基轴制配合。

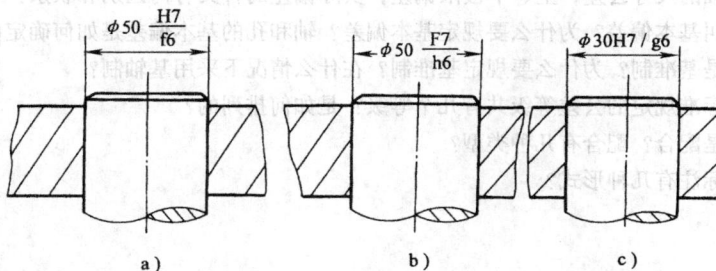

图 1-13 装配图的标注方法

1. 基孔制的标注法

图1-14中，衬套外表面与机座孔的配合为过渡配合 $\phi 70H7/m6$，衬套内表面与轴的配合为间隙配合 $\phi 60H7/f7$。

2. 基轴制的标注法

图1-15中，活塞销与活塞上的孔相对静止，配合要求紧些，为过渡配合 $M6/h5$；活塞销与连杆孔要有小角度的相对移动，要求小间隙配合 $G6/h5$。如果采用基孔制，则活塞轴就需加工成阶梯轴，既不利于加工也不利于装配，所以用基轴制配合较为合理。

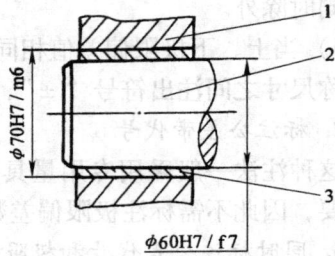

图1-14　基孔制配合图
1—机座　2—轴　3—衬套

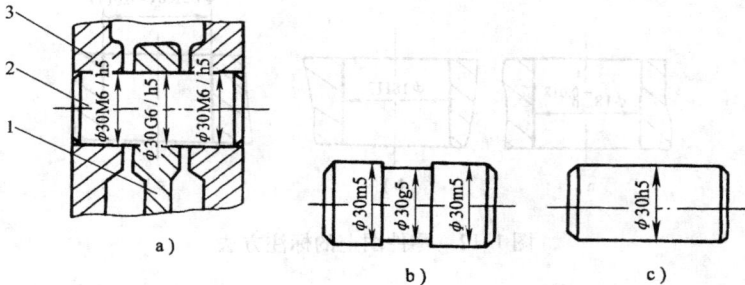

图1-15　基轴制配合图
1—活塞　2—活塞杆　3—连杆

复习思考题

1. 孔、轴的尺寸公差，上、下极限偏差，实际偏差的含义有何区别和联系？
2. 什么叫基本偏差？为什么要规定基本偏差？轴和孔的基本偏差是如何确定的？
3. 什么是基准制？为什么要规定基准制？在什么情况下采用基轴制？
4. 国家标准规定的公差等级共有几个等级？是如何排列的？
5. 什么是配合？配合有几种类型？
6. 公差标注有几种形式？

第 二 章

几 何 公 差

📖 **培训学习目标**　理解几何公差的基本概念；熟悉几何公差的分类、项目、名称和符号；了解公差带和公差原则的概念；掌握几何公差的标注方法。

◆◇◆ 第一节　基 本 概 念

一、零件的要素

机械零件的形体都是由若干个点、线、面构成的，这些构成零件的点、线、面统称为零件的几何要素，如图 2-1 所示。几何公差研究的对象就是几何要素。

根据要素在形体中的作用，又有以下一些名称：

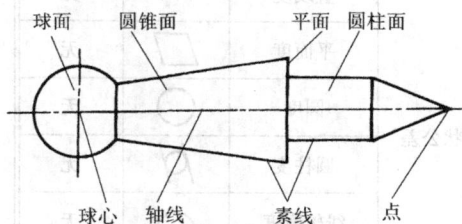

图 2-1　零件的几何要素

1. 拟合要素和提取要素——按存在形态分类

（1）拟合要素　拟合要素是具有几何学意义的绝对正确的要素。如点、直线、平面、球等。它不存在任何形状误差而处于理想状态。

（2）提取要素　提取要素是零件上实际存在的由加工形成的要素。它通常由测量得到的要素代替。由于加工和测量误差的存在，因此点、线、面的实际形状和位置不可能具有理想的形状和位置。

2. 被测要素和基准要素——按所处地位分类

（1）被测要素　被测要素是在图样上给出几何公差的要素。它是检测的对象，如图2-2中的指引线箭头所指的表面。

（2）基准要素　基准要素是用来确定被测要素的方向和位置的要素。在图样上应当用基准符号标注，如图2-2所示中的平面A，就是基准要素。作为基准要素的理想要素简称基准。

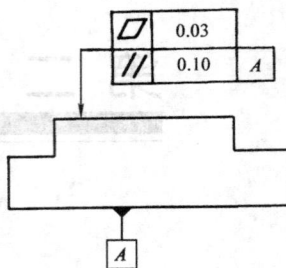

3. 单一要素和关联要素——按功能关系分类

（1）单一要素　单一要素是仅对要素本身提出形状公差要求的要素。在图样上仅有形状公差要求而没有位置公差要求的要素属于单一要素。

图2-2　被测要素与基准要素

（2）关联要素　关联要素是被测要素与其他要素有功能关系的要素。在图样上给出位置公差要求的要素属于关联要素。功能关系是指要素之间的方位关系，如垂直、平行、同轴、对称等。

二、几何公差的种类

按国家标准（GB/T 1182—2008）规定几何公差分为四大类，即形状公差、方向公差、位置公差和跳动公差。几何公差的几何特征和符号见表2-1。

表2-1　几何公差的几何特征和符号

公差类型	几何特征	符 号	有无基准	公差类型	几何特征	符 号	有无基准
形状公差	直线度	—	无	位置公差	位置度	⌖	有或无
	平面度	▱	无		同心度（用于中心点）	◎	有
	圆度	○	无				
	圆柱度	⌭	无		同轴度（用于轴线）	◎	有
	线轮廓度	⌒	无				
	面轮廓度	⌓	无		对称度	⹀	有
方向公差	平行度	∥	有		线轮廓度	⌒	有
	垂直度	⊥	有		面轮廓度	⌓	有
	倾斜度	∠	有	跳动	圆跳动	↗	有
	线轮廓度	⌒	有		全跳动	⌰	有
	面轮廓度	⌓	有				

◆◆◆ 第二节 几何公差各项目的意义

一、几何公差带

和尺寸公差带一样，几何公差带是限定几何误差变动的区域，构成零件形状的点、线、面必须处于公差带的区域内。所不同的是，尺寸公差是一个平面区域，而几何公差通常是一个空间区域，有时也可能是一个平面区域，即变动区域是由空间点、线、面组成的区域。

几何公差带通常包括以下四个因素：

1. 公差带的大小

公差带的大小是实际被测要素的形状、方向、位置和跳动所允许变动的全量，即几何公差值 t。公差值 t 可以是一个宽度，也可以是一个直径。当公差带为圆形或圆柱形时，公差值前面加"ϕ"。公差带为球形时，则在公差值前面加"$S\phi$"。

2. 公差带的形状

公差带的形状由被测要素的特征和设计要求来决定，它共有九种形式，见表 2-2。公差带径向尺寸即公差带的宽度。如在给定平面内限制直线变动量的公差带是两平行直线；在任意方向上限制直线变动范围的公差带是圆柱体。其标志是在公差值前面加有"ϕ"字样。

3. 公差带的方向

除非另有规定，公差带的宽度方向就是给定方向或垂直于被测要素的方向。

4. 公差带的位置

在位置公差中，公差带的位置有理论正确尺寸定位和尺寸公差定位两种方法。

1）理论正确尺寸是设计者对被测要素的理想要求，所以是不带公差的理想尺寸。若被测要素采用理论正确尺寸定位，则公差带位置是固定的，如图 2-3a 所示。

表 2-2 几何公差带的主要形式

形状名称	简　图	形状名称	简　图
1. 两平行直线	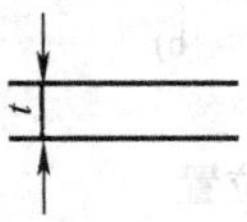	2. 两等距曲线	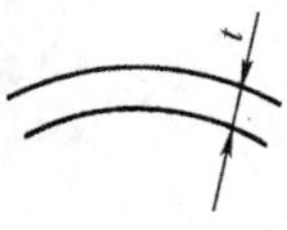

（续）

形状名称	简　图	形状名称	简　图
3. 两同心圆		7. 两同轴圆柱	
4. 一个圆		8. 两平行平面	
5. 一个球		9. 两等距曲面	
6. 一个圆柱			

2）若采用尺寸公差定位，则位置公差带的位置处于尺寸公差内浮动的状态，即位置公差带可在尺寸公差带的区域内变动，如图2-3b所示。

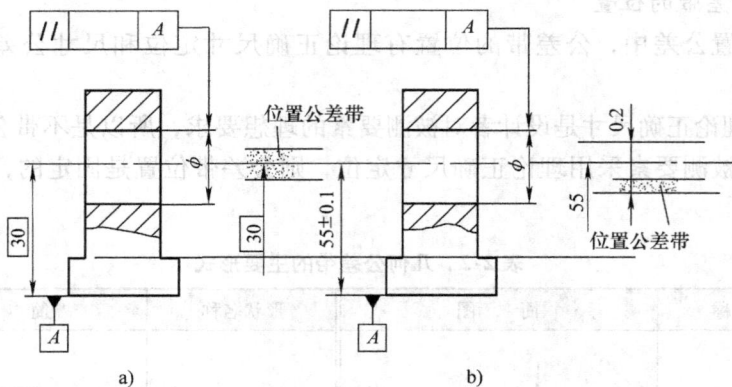

a)　　　　　　　　　　　　　b)

图 2-3　公差带的位置

a) 理论正确尺寸定位　b) 尺寸公差定位

二、几何公差各项目的意义

1. 形状公差

形状公差是单一要素的形状所允许的变动全量。当零件的实际要素对理想要素产生了偏离，即表明有形状误差，偏离量即表示对其理想要素的变动量。

形状公差各项目都是以形状公差带来控制零件实际要素在一个限定区域内变动。形状公差带的具体形状和大小由零件的功能要求和互换性要求来决定。形状公差包括六个项目，其含义如下：

（1）直线度 直线度是限制实际直线变动量的一项指标。其被测要素有轴线、平面上的直线、圆柱和圆锥体的素线等。

（2）平面度 平面度是限制实际平面对理想平面变动量的一项指标，它是实际平面对理想平面所允许的变动全量，它用来限制加工平面的不平程度。

（3）圆度 圆度是限制实际圆对理想圆变动量的一项指标。圆度公差带是在同一正截面上半径差为公差值 t 的两同心圆之间的区域，它用来限制零件的圆柱面、圆锥面的径向截面轮廓的形状误差。

（4）圆柱度 圆柱度是限制实际圆柱面对理想圆柱面变动量的一项指标。圆柱度公差带是半径差为公差值 t 的两同轴圆柱面之间的区域，它用于限制圆柱表面的综合形状误差。

（5）线轮廓度 线轮廓度用于控制非圆曲线的形状误差。例如，零件的平面曲线和曲面轮廓的形状误差。

（6）面轮廓度 面轮廓度是限制实际曲面对理想曲面变动量的一项指标。它用于限制空间曲面的形状误差。空间曲面包括除平面、圆柱面和圆锥面以外的曲面。

2. 方向公差

要素的方向公差可同时控制该要素的方向误差和形状误差。与形状公差带不同，方向公差带必须与基准发生相应关系。

方向公差是被测实际要素相对具有确定方向的理想要素所允许的变动量，理想要素的方向由基准及理论正确角度确定。方向公差包括五个项目，其含义如下：

（1）平行度 平行度是用以控制被测实际要素相对于基准要素的方向成0°的要求。平行度的被测要素与基准要素都有直线和平面之分，即面对线的平行度、面对面的平行度、线对线的平行度、线对面的平行度。

（2）垂直度 垂直度是用以控制被测实际要素相对于基准要素的方向成90°

的要求。垂直度与平行度情况相同，其被测要素与基准要素也有直线与平面之分，即面对线的垂直度、面对面的垂直度、线对面的垂直度及线对线的垂直度。它用于限制零件上被测要素相对基准不垂直的程度。

（3）倾斜度　倾斜度是用以控制被测实际要素相对于基准要素 0°～90° 之间任意角度的要求。被测要素的理想方向由基准与理论正确角度确定。它用于限制零件上被测要素对基准要素应倾斜的理想位置的偏离程度。

（4）线轮廓度　线轮廓度是用以控制被测实际要素相对于基准要素方向的要求。

（5）面轮廓度　面轮廓度是用以控制被测实际要素相对于基准要素方向的要求。

3. 位置公差

要素的位置公差可同时控制该要素的位置误差、方向误差和形状误差。与形状公差带不同，位置公差带必须与基准发生相应关系。

位置公差是被测实际要素相对理想位置要素所允许变动的全量。理想要素的位置由基准和理论正确尺寸确定。位置公差包括六个项目，其含义如下：

（1）位置度　位置度是用以控制点、线、面和组的位置对理想位置重合的要求。它用于限制零件上被测要素的实际位置偏离其理想位置的程度。

（2）同心度　同心度是用以控制关联实际被测圆心点与基准圆心点重合的要求。它用于限制圆周的圆心对基准点不同心的程度。

（3）同轴度　同轴度是用于控制关联实际被测轴线与基准轴线同轴性的要求。它用于限制圆柱面轴线对基准轴线不同轴的程度。

（4）对称度　对称度是用于控制被测实际要素与基准要素共面性的要求。关联被测实际要素和基准要素大都是中心平面、中心线或轴线。它用于限制实际中心平面（或轴线）偏离或偏斜的程度。

（5）线轮廓度　线轮廓度是用以控制被测实际要素相对于基准要素位置的要求。

（6）面轮廓度　面轮廓度是用以控制被测实际要素相对于基准要素位置的要求。

4. 跳动公差

（1）圆跳动　圆跳动是被测实际要素绕基准轴线回转一周时，指示表在测量表面上任一位置反映的最大与最小变动量之差。

（2）全跳动　全跳动是被测实际要素绕基准轴线连续回转时，指示表在全部测量长度的表面上所反映的最大与最小变动量之差。

几何公差的定义、标注和解释见表 2-3 ~ 表 2-7。

表 2-3　形状公差和轮廓度公差标注示例　　　　　（单位：mm）

符　　号	公差带定义	标注和解释
直线度公差		
	公差带为在给定平面内和给定方向上，间距等于公差值 t 的两平行直线所限定的区域 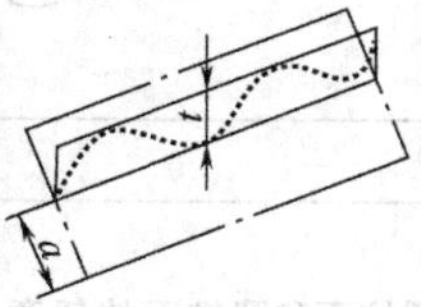 a—任一距离	在任一平行于图示投影面内，上平面的提取（实际）线应限定在间距等于 0.1 的两平行直线之间 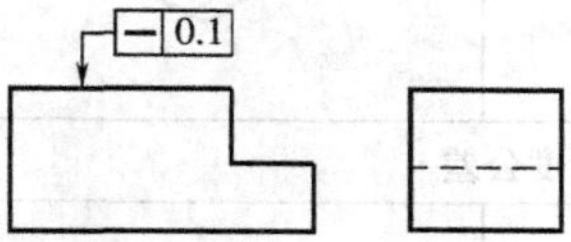
	公差带为间距等于公差值 t 的两平行平面所限定的区域 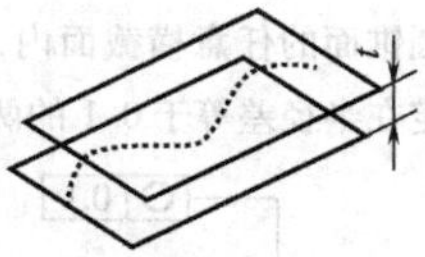 	提取（实际）的棱边应限定在间距等于 0.1 的两平行平面之间 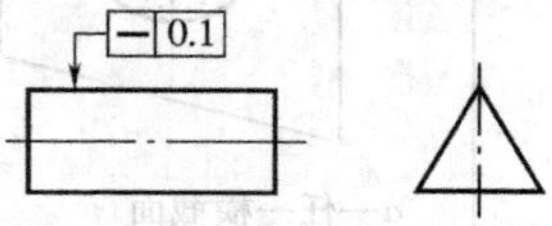
	由于公差值前加注了符号 ϕ，公差带直径等于公差值 ϕt 的圆柱面所限定的区域 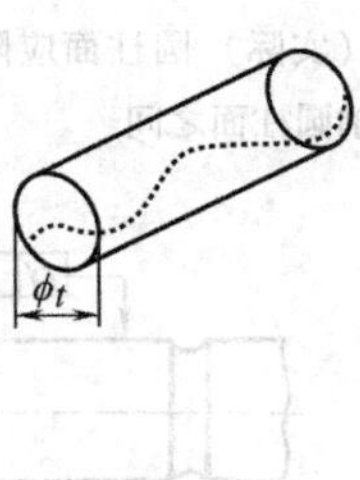 	外圆柱面的提取（实际）中心线应限定在直径等于 $\phi 0.08$ 的圆柱面内 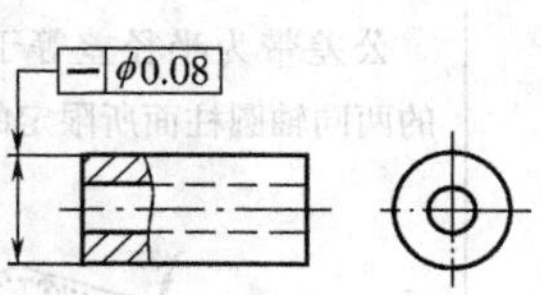

（续）

符　　号	公差带定义	标注和解释
平面度公差		
▱	公差带为间距等于公差值 t 的两平行平面所限定的区域 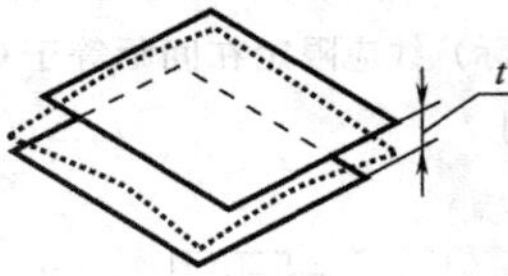 	提取（实际）表面应限定在间距等于 0.08 的两平行平面之间 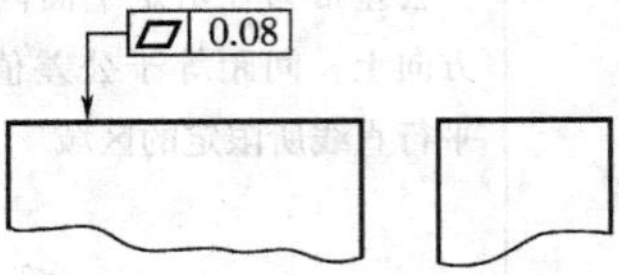
圆度公差		
○	公差带为在给定横截面内、半径差等于公差值 t 的两同心圆所限定的区域 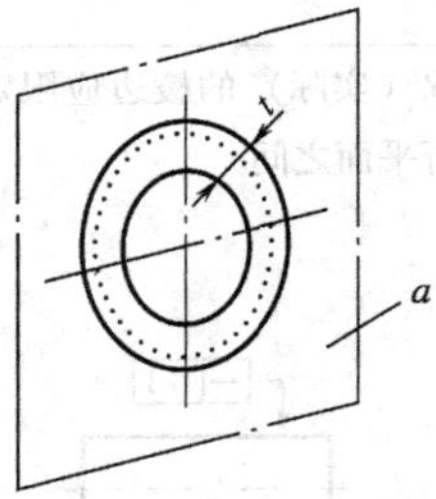 a—任一横截面	在圆柱面和圆锥面的任意横截面内，提取（实际）圆周应限定在半径差等于 0.03 的两共面同心圆之间 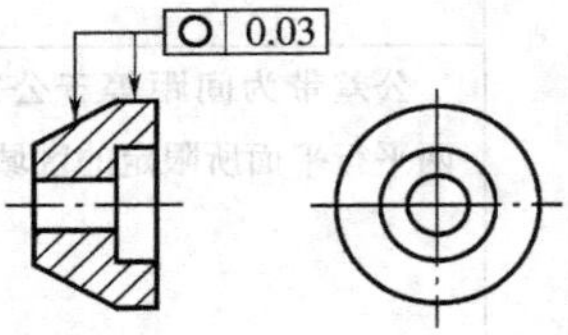 在圆锥面的任意横截面内，提取（实际）圆周应限定在半径差等于 0.1 的两同心圆之间 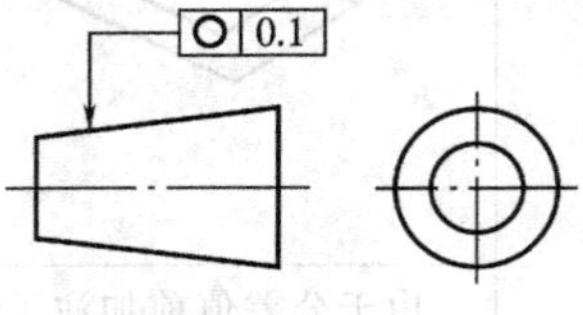
圆柱度公差		
⌭	公差带为半径差等于公差值 t 的两同轴圆柱面所限定的区域 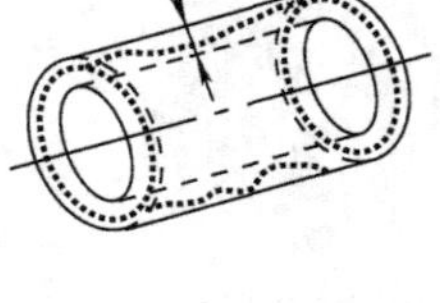	提取（实际）圆柱面应限定在半径差等于 0.1 的两同轴圆柱面之间 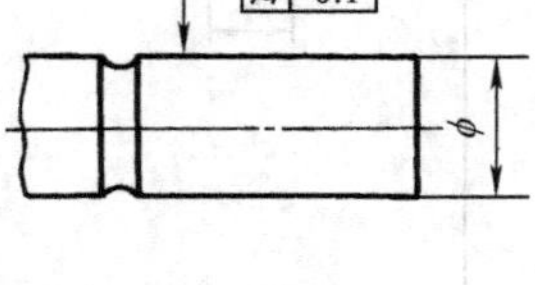

（续）

符　号	公差带定义	标注和解释
	线轮廓度公差	

无基准的线轮廓度公差

公差带为直径等于公差值 t、圆心位于具有理论正确几何形状上的一系列圆的两包络线所限定的区域

在任一平行于图示投影面的截面内，提取（实际）轮廓线应限定在直径等于0.04、圆心位于被测要素理论正确几何形状上的一系列圆的两包络线之间

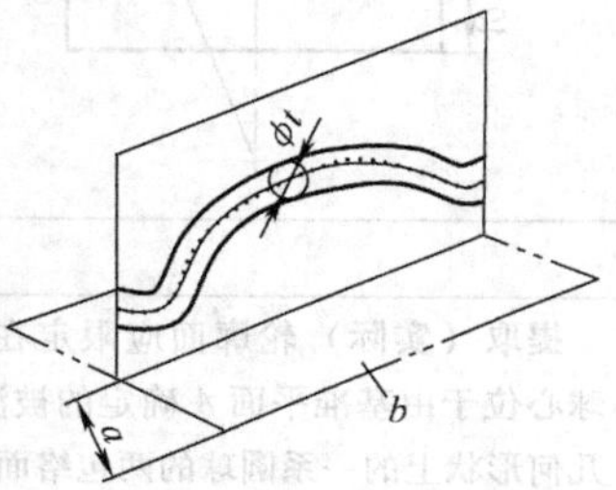

a—任一距离

b—垂直于右面视图所在平面

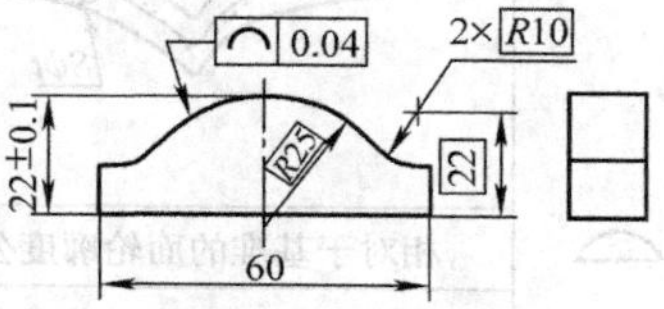

相对于基准体系的线轮廓度公差

公差带为直径等于公差值 t、圆心位于由基准平面 A 和基准平面 B 确定的被测要素理论正确几何形状上的一系列圆的两包络线所限定的区域

在任一平行于图示投影面的截面内，提取（实际）轮廓线应限定在直径等于0.04、圆心位于由基准平面 A 和基准平面 B 确定的被测要素理论正确几何形状上的一系列圆的两包络线之间

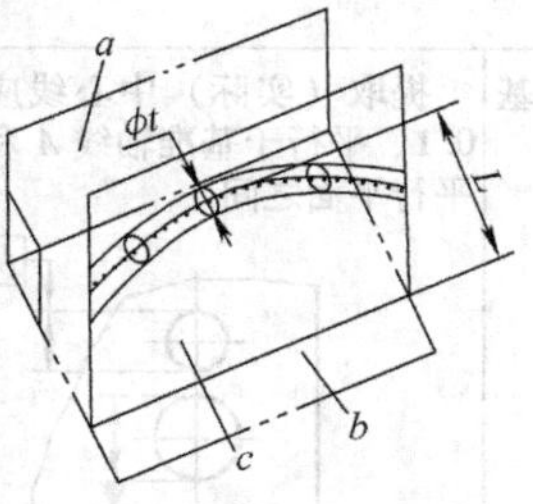

a—基准平面 A

b—基准平面 B

c—平行于基准 A

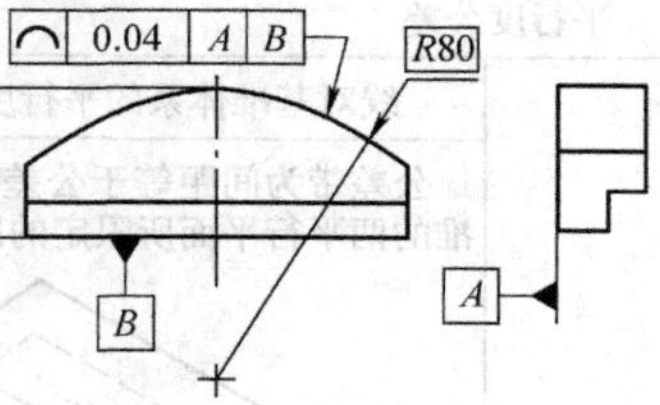

（续）

符　号	公差带定义	标注和解释
	面轮廓度公差	
	无基准的面轮廓度公差	
	公差带为直径等于公差值 t、球心位于被测要素理论正确几可形状上的一系列圆球的两包络面所限定的区域 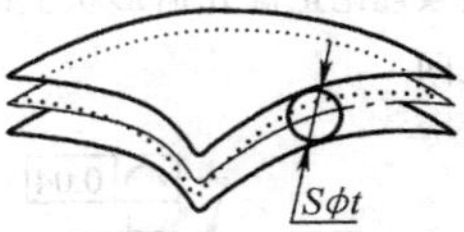 $S\phi t$	提取（实际）轮廓面应限定在直径等于 0.04、球心位于被测要素理论正确几何形状上的一系列圆球的两等距包络面之间 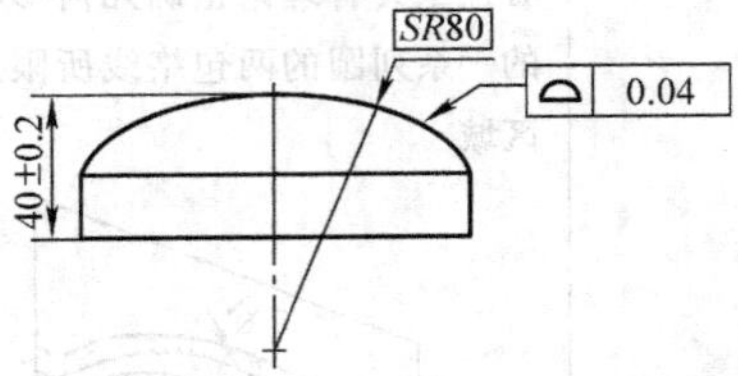 $SR80$　□ 0.04　40 ± 0.2
	相对于基准的面轮廓度公差	
⌓	公差带为直径等于公差值 t、球心位于由基准平面 A 确定的被测要素理论正确的几何形状上的一系列圆球的两包络面所限定的区域 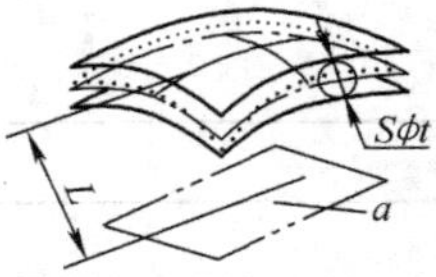 $S\phi t$　L　a a—基准平面 A	提取（实际）轮廓面应限定在直径等于 0.1、球心位于由基准平面 A 确定的被测要素理论正确几何形状上的一系圆球的两包络面之间 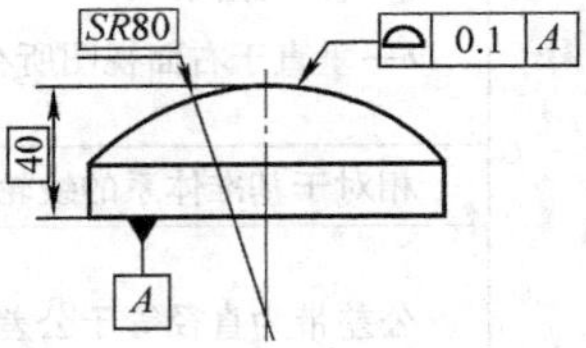 $SR80$　□ 0.1 A　40　A

表 2-4　方向公差标注示例　　　　（单位：mm）

符　号	公差带定义	标注和解释
	平行度公差	
	线对基准体系的平行度公差	
∥	公差带为间距等于公差值 t、平行于两基准的两平行平面所限定的区域 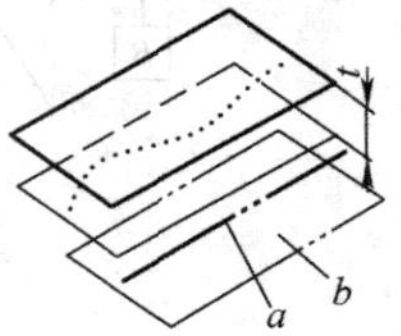 t　a　b a—基准轴线 b—基准平面	提取（实际）中心线应限定在间距等于 0.1、平行于基准轴线 A 和基准平面 B 的两平行平面之间 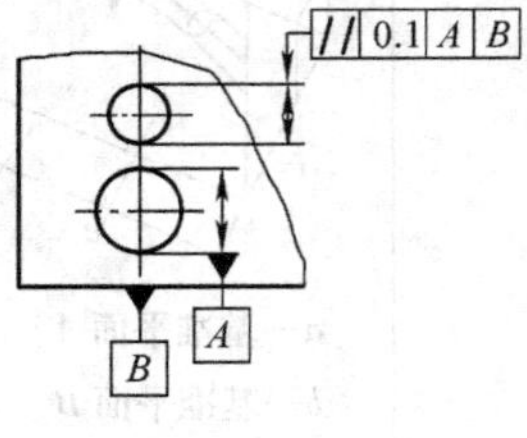 ∥ 0.1 A B　B　A

（续）

符　号	公差带定义	标注和解释

平行度公差

线对基准体系的平行度公差

公差带为间距等于公差值 t、平行于基准轴线 A 且垂直于基准平面 B 的两平行平面限定的区域

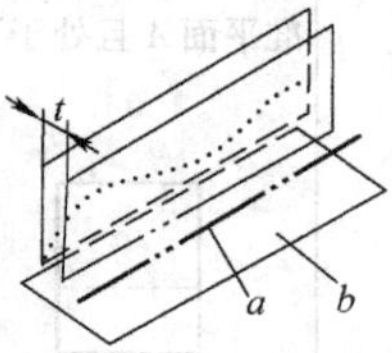

提取（实际）中心线应限定在间距等于 0.1 的两平行平面之间。该两平行平面平行于基准轴线 A 且垂直于基准平面 B

a—基准轴线 A
b—基准平面 B

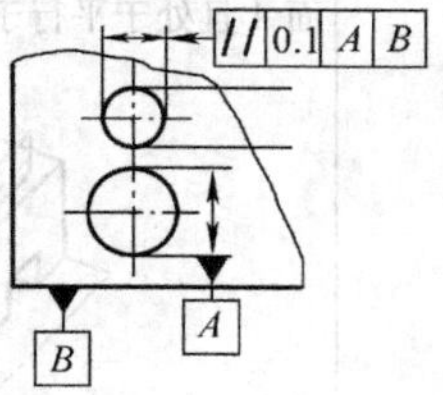

线对基准线的平行度公差

若公差值前加注了符号 ϕ，公差带为平行于基准轴线、直径等于公差值 ϕt 的圆柱面所限定的区域

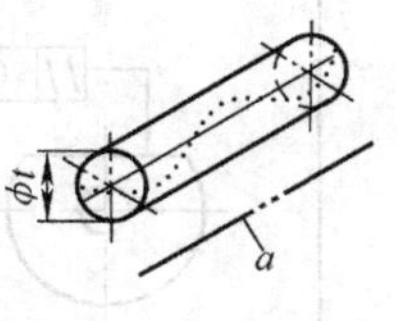

提取（实际）中心线应限定在平行于基准轴线 A、直径等于 $\phi0.03$ 的圆柱面内

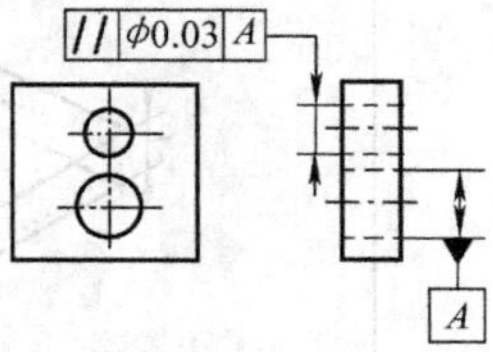

$\parallel$

a—基准轴线

线对基准面的平行度公差

公差带为平行于基准平面、间距等于公差值 t 的两平行平面所限定的区域

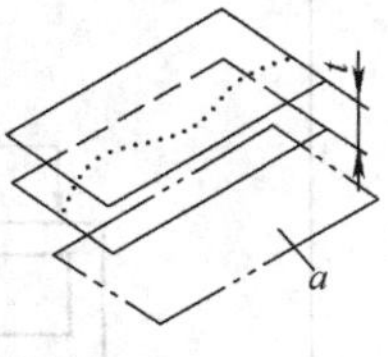

提取（实际）中心线应限定在平行于基准平面 B、间距等于 0.01 的两平行平面之间

a—基准平面

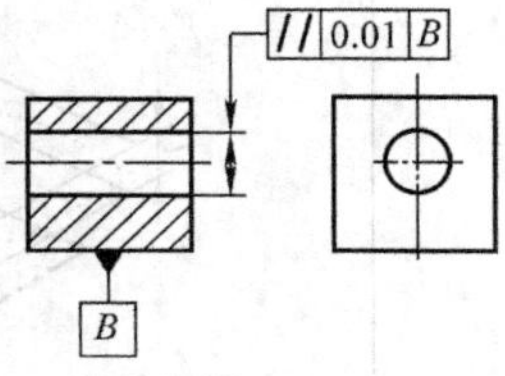

（续）

符　　号	公差带定义	标注和解释
	平行度公差	
	线对基准体系的平行度公差	
	公差带为间距等于公差值 t 的两平行直线所限定的区域。该两平行直线平行于基准平面 A 且处于平行于基准平面 B 的平面内 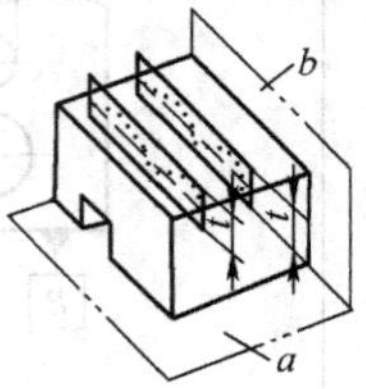 a—基准平面 A b—基准平面 B	提取（实际）线应限定在间距等于 0.02 的两平行直线之间。该两平行直线平行于基准平面 A 且处于平行于基准平面 B 的平面内 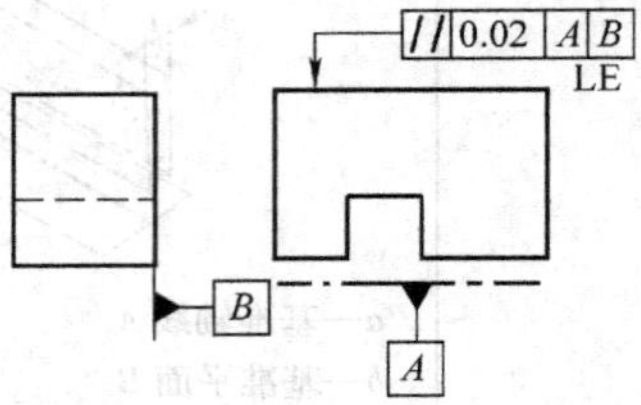
$\parallel$	**面对基准线的平行度公差**	
	公差带为间距等于公差值 t、平行于基准轴线的两平行平面所限定的区域 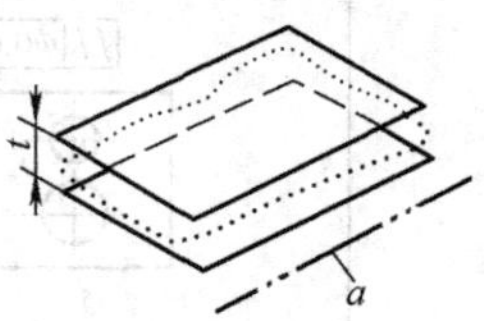 a—基准轴线	提取（实际）表面应限定在间距等于 0.1、平行于基准轴线 C 的两平行平面之间 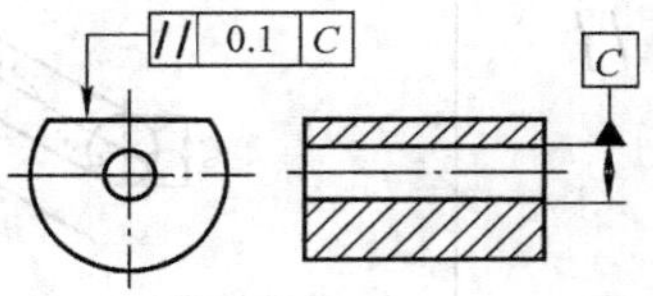
	面对基准面的平行度公差	
	公差带为间距等于公差值 t、平行于基准平面的两平行平面所限定的区域 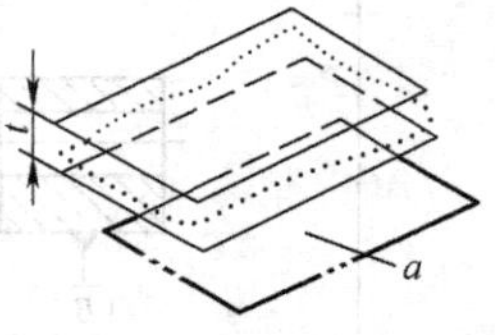 a—基准平面	提取（实际）表面应限定在间距等于 0.01、平行于基准 D 的两平行平面之间 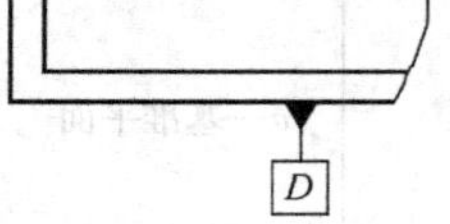

（续）

符　号	公差带定义	标注和解释
	垂直度公差	

线对基准线的垂直度公差

公差带为间距等于公差值 t。垂直于基准线的两平行平面所限定的区域

提取（实际）中心线应限定在间距等于 0.06、垂直于基准轴线 D 的两平行平面之间

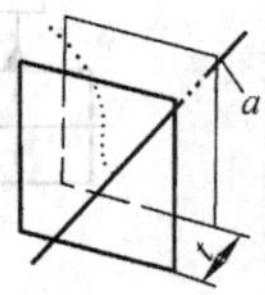

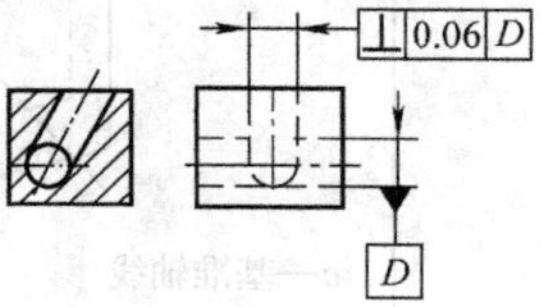

⊥ | 0.06 | D

a—基准轴线

线对基准体系的垂直度公差

公差带为间距等于公差值 t 的两平行平面所限定的区域。该两平行平面垂直于基准平面 B 且平行于基准平面 A

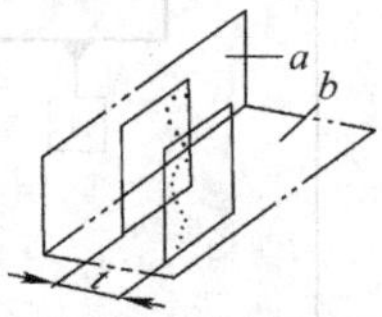

圆柱面的提取（实际）中心线应限定在间距等于 0.1 的两平行平面之间。该两平行平面垂直于基准平面 A，且平行于基准平面 B

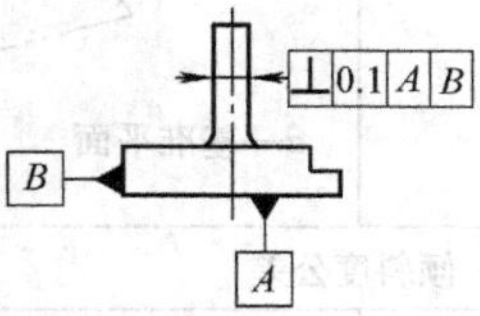

⊥ | 0.1 | A | B

a—基准平面 A
b—基准平面 B

⊥

线对基准面的垂直度公差

若公差值前加注了符号 ϕ，公差带为直径等于公差值 ϕt、轴线垂直于基准平面的圆柱面所限定的区域

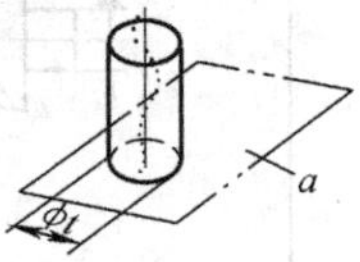

圆柱面的提取（实际）中心线应限定在直径等于 $\phi 0.01$、垂直于基准平面 A 的圆柱面内

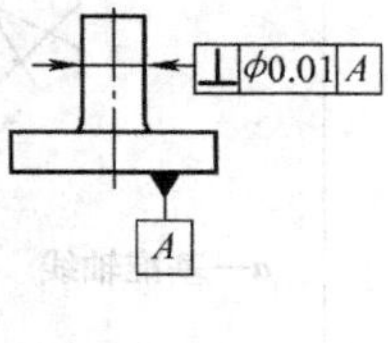

⊥ | $\phi 0.01$ | A

a—基准平面

（续）

符　　号	公差带定义	标注和解释
垂直度公差		
⊥	**面对基准线的垂直度公差** 公差带为间距等于公差值 t 且垂直于基准线的两平行平面所限定的区域 a—基准轴线	提取（实际）表面应限定在间距等于 0.04 的两平行平面之间。该两平行平面垂直于基准轴线 A
	面对基准面的垂直度公差 公差带为间距等于公差值 t、垂直于基准平面的两平行平面所限定的区域 a—基准平面	提取（实际）表面应限定在间距等于 0.08、垂直于基准平面 A 的两平行平面之间
倾斜度公差		
∠	**线对基准线的倾斜度公差** a）被测线与基准线在同一平面上 公差带为间距等于公差值 t 的两平行平面所限定的区域。该两平行平面按给定角度倾斜于基准轴线 a—基准轴线	提取（实际）中心线应限定在间距等于 0.08 的两平行平面之间。该两平行平面按理论正确角度 60° 倾斜于基准轴线 A—B

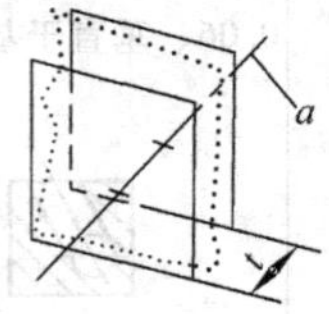

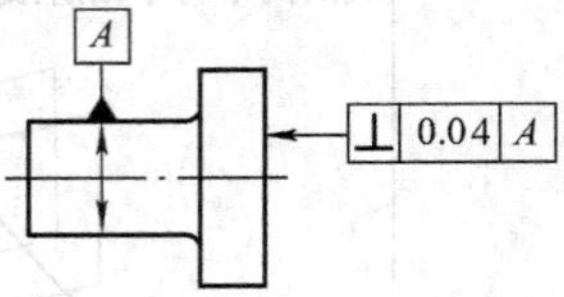

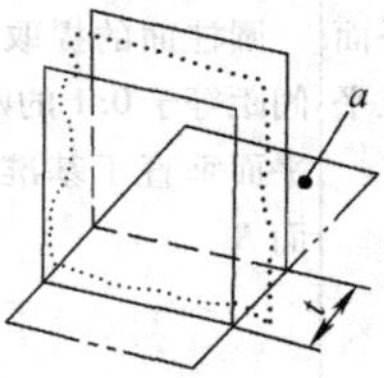

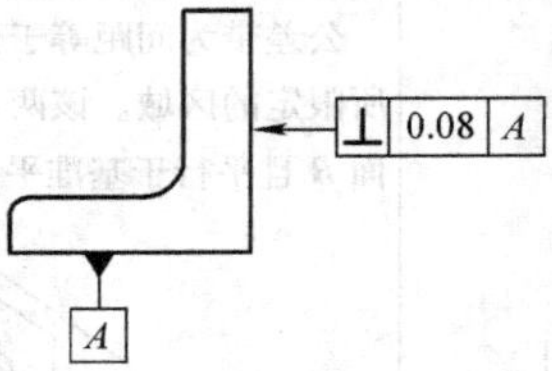

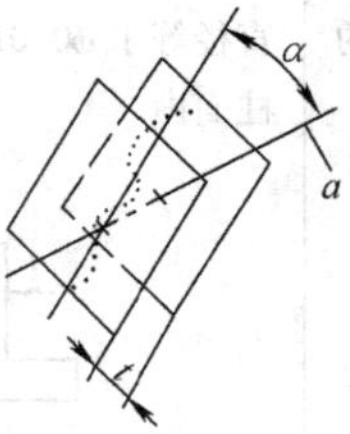

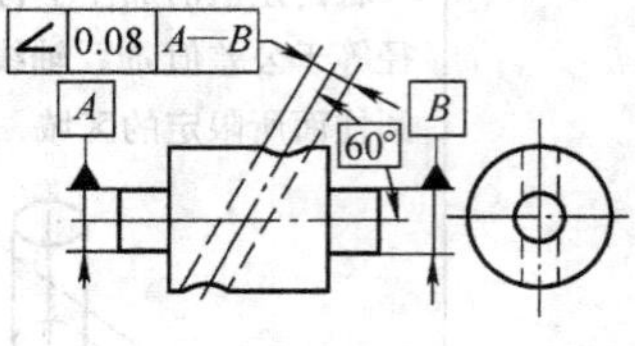

（续）

符　号	公差带定义	标注和解释
倾斜度公差		

线对基准线的倾斜度公差

b）被测线与基准线不在同一平面内
公差带为间距等于公差值 t 的两平行平面所限定的区域。该两平行平面按给定角度倾斜于基准轴线

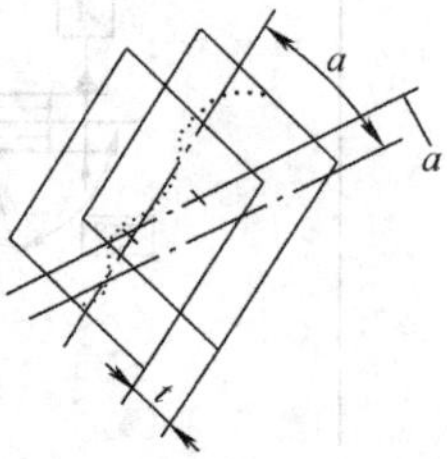

提取（实际）中心线应限定在间距等于 0.08 的两平行平面之间。该两平行平面按理论正确角度 60° 倾斜于基准轴线 $A—B$

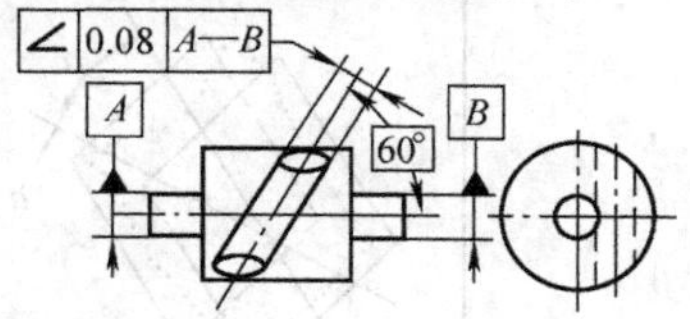

a—基准轴线

线对基准面的倾斜度公差

公差带为间距等于公差值 t 的两平行平面所限定的区域。该两平行平面按给定角度倾斜于基准平面

提取（实际）中心线应限定在间距等于 0.08 的两平行平面之间。该两平行平面按理论正确角度 60° 倾斜于基准平面 A

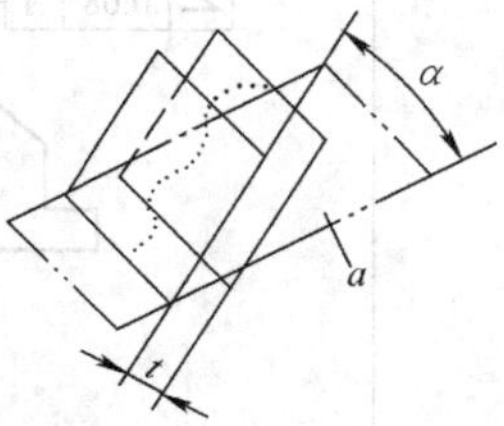

a—基准平面

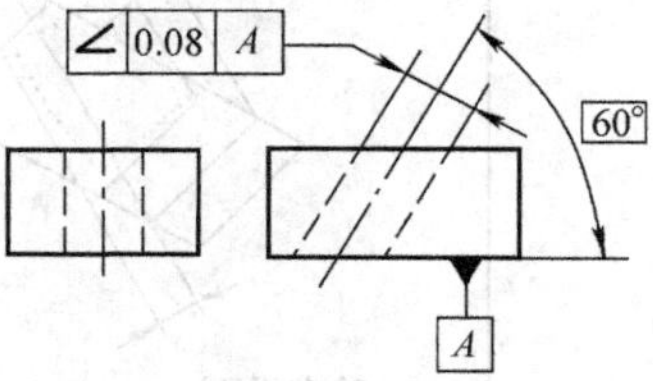

公差值前加注符号 ϕ，公差带为直径等于公差值 ϕ 的圆柱面所限定的区域。该圆柱面轴线按给定角度倾斜于基准平面 A 且平行于基准平面 B

提取（实际）中心线应限定在直径等于 $\phi0.1$ 的圆柱面内。该圆柱面的轴线按理论正确角度 60° 倾斜于基准平面 A 且平行于基准平面 B

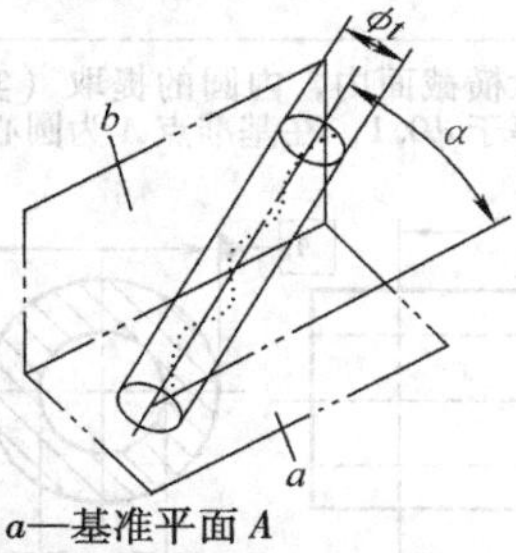

a—基准平面 A
b—基准平面 B

35

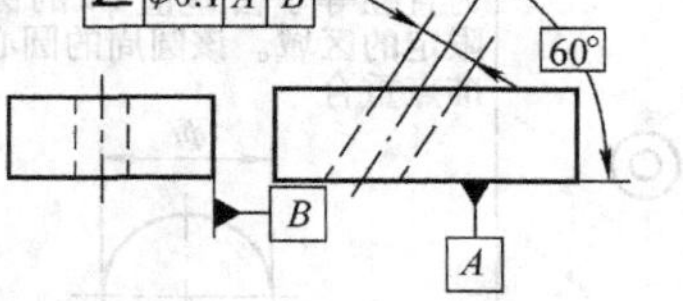

（续）

符　　号	公差带定义	标注和解释
倾斜度公差		
	面对基准线的倾斜度公差	
	公差带为间距等于公差值 t 的两平行平面所限定的区域。该两平行平面按给定角度倾斜于基准直线 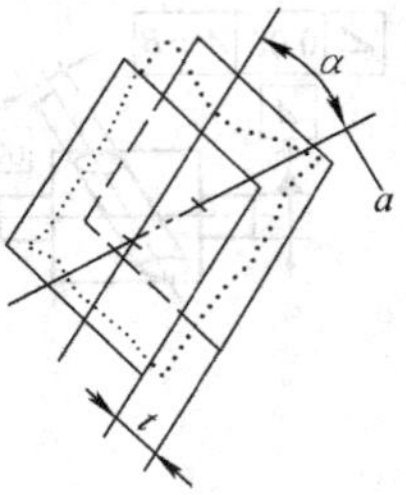	提取（实际）表面应限定在间距等于0.1的两平行平面之间。该两平行平面按理论正确角度 75° 倾斜于基准直线 A 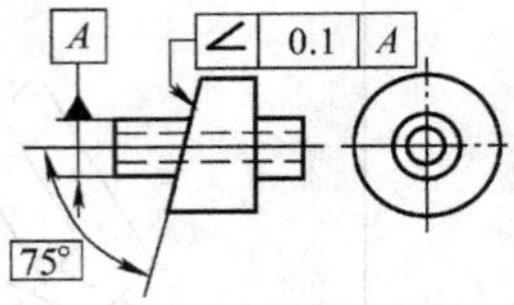
	\n\n$a$—基准轴线	
	面对基准面的倾斜度公差	
	公差带为间距等于公差值 t 的两平行平面所限定的区域。该两平行平面按给定角度倾斜于基准平面 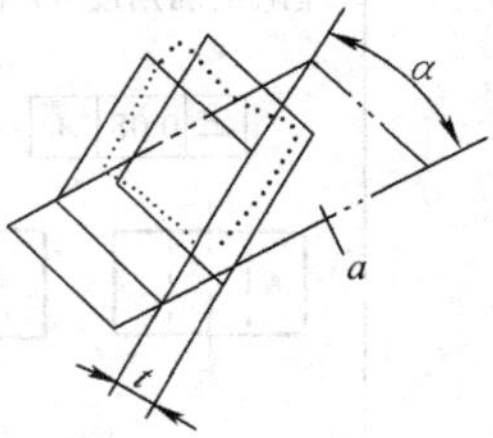	提取（实际）表面应限定在间距等于0.08的两平行平面之间。该两平行平面按理论正确角度 40° 倾斜于基准平面 A 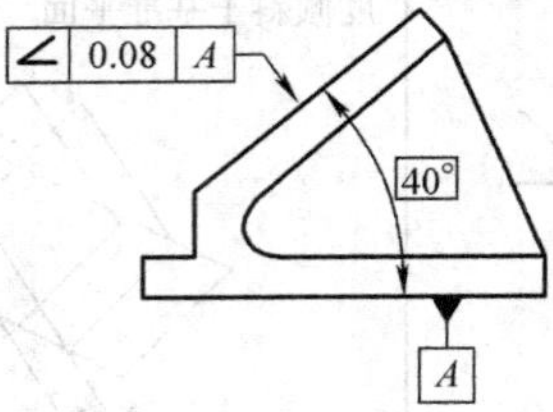
	\n\n$a$—基准平面	

表2-5　位置公差标注示例　　　　　（单位：mm）

符　　号	公差带定义	标注和解释
同轴度公差		
	点的同心度公差	
	公差值前加注符号 ϕ，公差带为直径等于公差值 ϕt 的圆周所限定的区域。该圆周的圆心与基准点重合 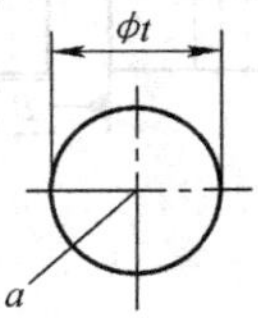	在任意横截面内，内圆的提取（实际）中心应限定在直径等于 $\phi 0.1$，在基准点 A 为圆心的圆周内 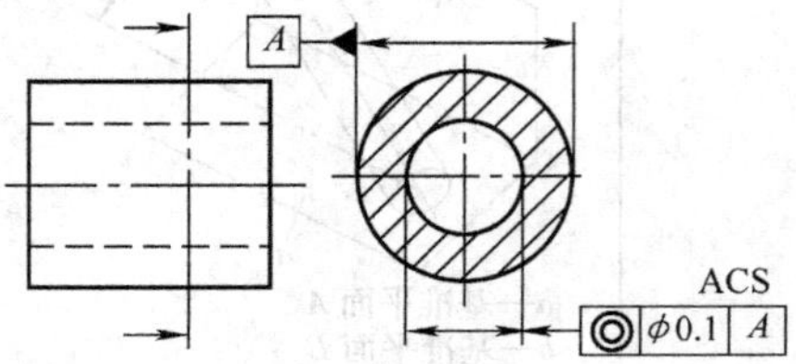
◎	\n\n$a$——基准点	

（续）

符　号	公差带定义	标注和解释
	同轴度公差	
	轴线同轴度公差	
◎	公差值前加注符号 ϕ，公差带为直径等于公差值 ϕt 的圆柱面所限定的区域。该圆柱面的轴线与基准轴线重合 a—基准轴线	大圆柱面的提取（实际）中心线应限定在直径等于 $\phi 0.08$、以公共基准轴线 A—B 为轴线的圆柱面内 大圆柱面的提取（实际）中心线应限定在直径等于 $\phi 0.1$、以基准轴线 A 为轴线的圆柱面内 大圆柱面的提取（实际）中心线应限定在直径等于 $\phi 0.1$、垂直于基准平面 A、以基准轴线 B 为轴线的圆柱面内
	对称度公差	
	中心平面的对称度公差	
〓	公差带为间距等于公差值 t、对称于基准中心平面的两平行平面所限定的区域 a—基准中心平面	提取（实际）中心面应限定在间距等于 0.08、对称于基准中心平面 A 的两平行平面之间 提取（实际）中心面应限定在间距等于 0.08、对称于公共基准中心平面 A—B 的两平行平面之间

（续）

符　　号	公差带定义	标注和解释
位置度公差		

点的位置度公差

公差值前加注符号 $S\phi$，公差带为直径等于公差值 $S\phi t$ 的圆球面所限定的区域。该圆球面中心的理论正确位置由基准 A、B、C 和理论正确尺寸确定

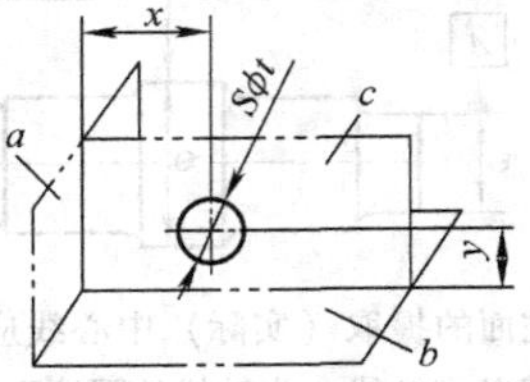

a—基准平面 A
b—基准平面 B
c—基准平面 C

提取（实际）球心应限定在直径等于 $S\phi0.3$ 的圆球面内。该圆球面的球心由基准平面 A、基准平面 B、基准中心平面 C 和理论正确尺寸 30、25 确定

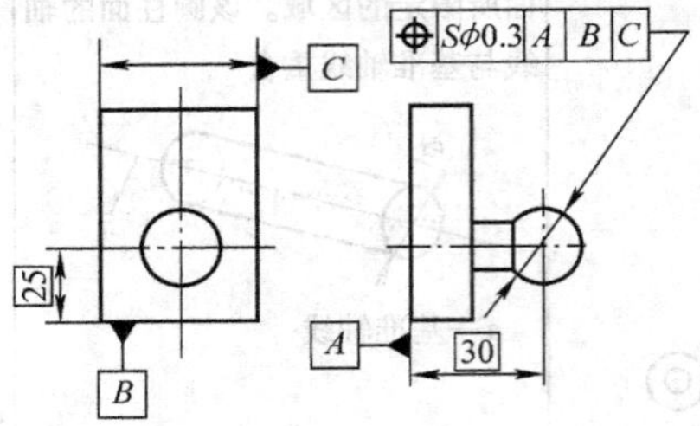

线的位置度公差

给定一个方向的公差时，公差带为间距等于公差值 t、对称于直线的理论正确位置的两平行平面所限定的区域。线的理论正确位置由基准平面 A、B 和理论正确尺寸确定。公差只在一个方向上给定

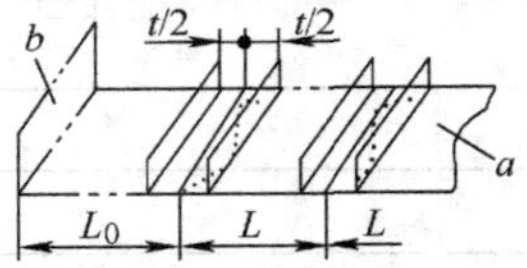

a—基准平面 A
b—基准平面 B

各条刻线的提取（实际）中心线应限定在间距等于 0.1、对称于基准平面 A、B 和理论正确尺寸 25、10 确定的理论正确位置的两平行平面之间

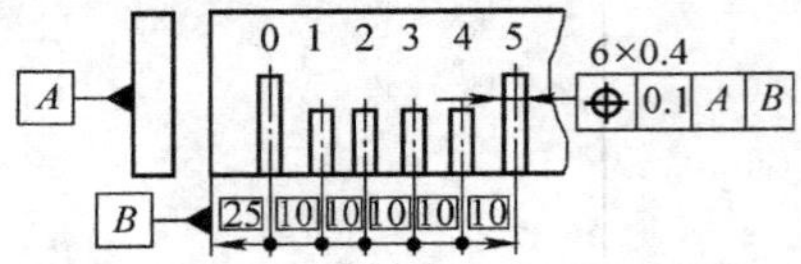

公差值前加注符号 ϕ，公差带为直径等于公差值 ϕt 的圆柱面所限定的区域。该圆柱面轴线的位置由基准平面 C、A、B 和理论正确尺寸确定

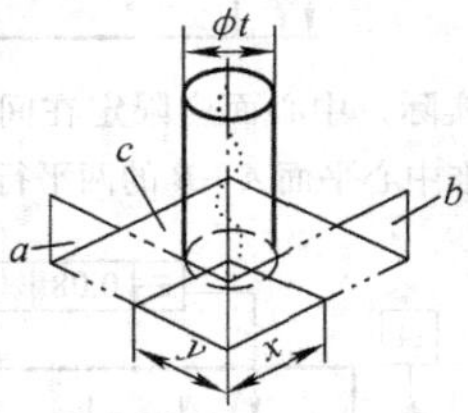

a—基准平面 A
b—基准平面 B
c—基准平面 C

提取（实际）中心线应限定在直径等于 $\phi0.08$ 的圆柱面内。该圆柱面的轴线的位置应处于由基准平面 C、A、B 和理论正确尺寸 100、68 确定的理论正确位置上

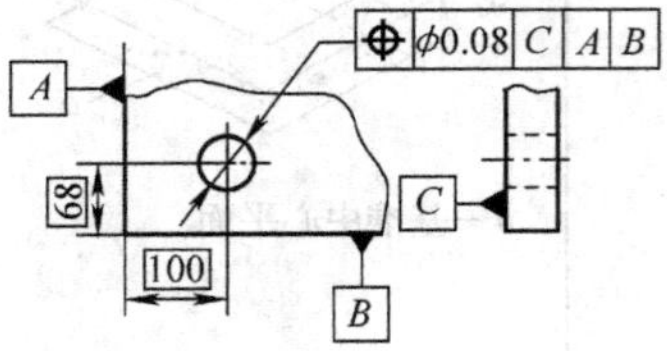

（续）

符 号	公差带定义	标注和解释

位置度公差

线的位置公差

各提取（实际）中心线应各自限定在直径等于 $\phi0.1$ 的圆柱面内。该圆柱面的轴线应处于由基准平面 C、A、B 和理论正确尺寸 20、15、30 确定的各孔轴线的理论正确位置上

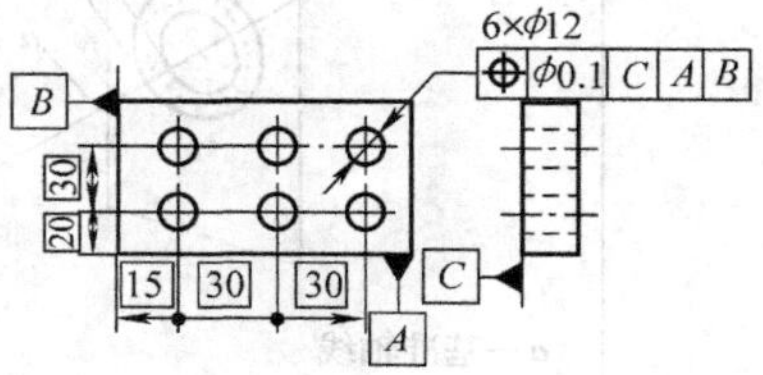

轮廓平面或中心平面的位置度公差

公差带为间距等于公差值 t、且对称于被测面理论正确位置的两平行平面所限定的区域。面的理论正确位置由基准平面、基准轴线和理论正确尺寸确定

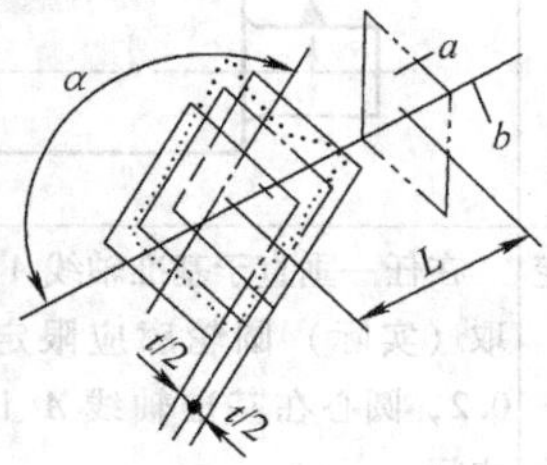

a—基准平面
b—基准轴线

提取（实际）表面应限定在间距等于 0.05、且对称于被测面的理论正确位置的两平行平面之间。该两平行平面对称于由基准平面 A、基准轴线 B 和理论正确尺寸 15、105° 确定的被测面的理论正确位置

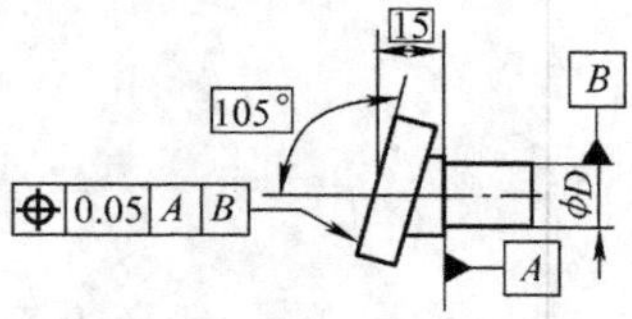

提取（实际）中心面应限定在间距等于 0.05 的两平行平面之间。该两平行平面对称于由基准轴线 A 和理论正确角度 45° 确定的各被测面的理论正确位置

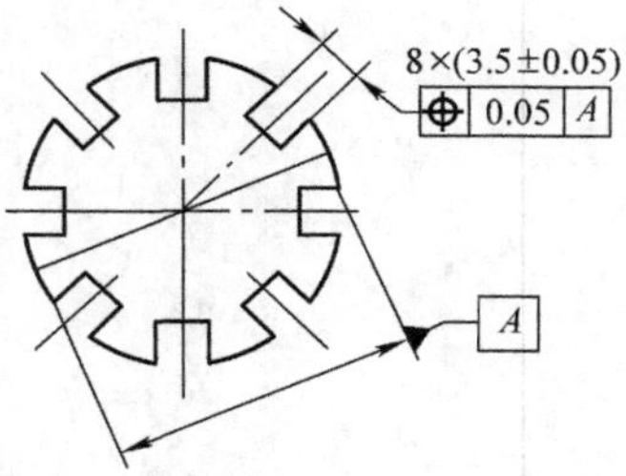

注：有关 8 个缺口之间理论正确角度的默认规定见 GB/T 13319

39

表 2-6　圆跳动公差标注示例　　　　　　　　　　（单位：mm）

符　号	公差带定义	标注和解释
	径向圆跳动公差	
	公差带为在任一垂直于基准轴线的横截面内、半径差等于公差值 t、圆心在基准轴线上的两同心圆所限定的区域 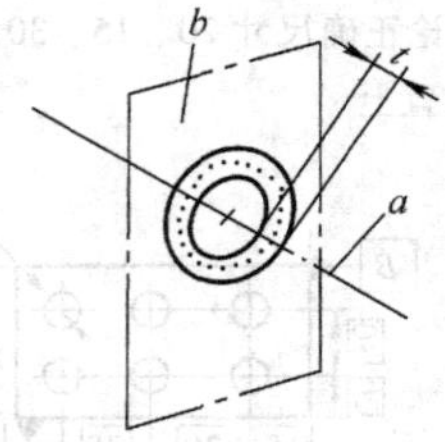 a—基准轴线 b—横截面	在任一垂直于基准 A 的横截面内，提取（实际）圆轮廓应限定在半径差等于0.8，圆心在基准轴线 A 上的两同心圆之间 在任一平行于基准平面 B、垂直于基准轴线 A 的横截面上，提取（实际）圆轮廓应限定在半径差等于0.1，圆心在基准轴线 A 上的两同心圆之间 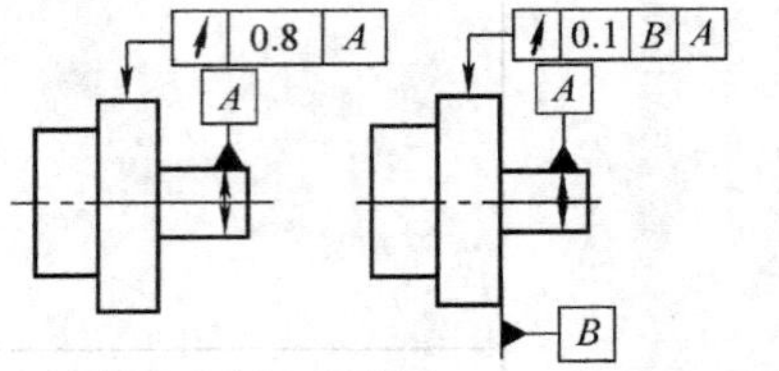
		在任一垂直于公共基准轴线 A—B 的横截面内，提取（实际）圆轮廓应限定在半径差等于0.1，圆心在基准轴线 A—B 上的两同心圆之间 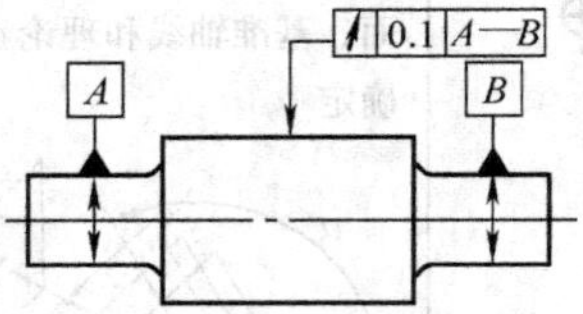
	圆跳动通常适用于整个要素，但也可规定只是用于局部要素的某一指定部分	在任一垂直于基准轴线 A 的横截面内，提取（实际）圆轮廓应限定在半径差等于0.2，圆心在基准轴线 A 上的两同心圆弧之间 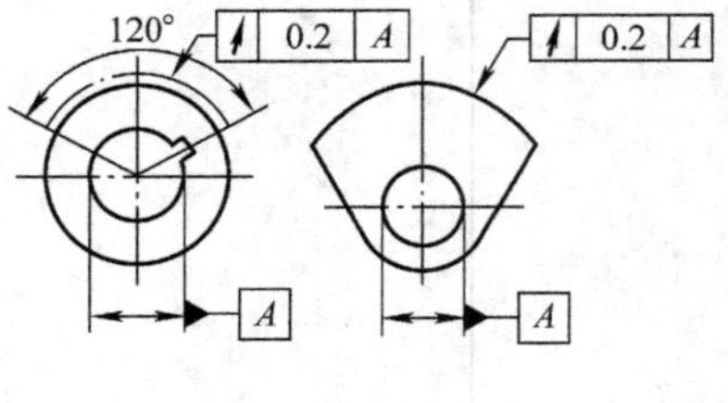

（续）

符　　号	公差带定义	标注和解释
	轴向圆跳动公差 公差带为与基准轴线同轴的任一半径的圆柱截面上，间距等于公差值 t 的两圆所限定的圆柱面区域 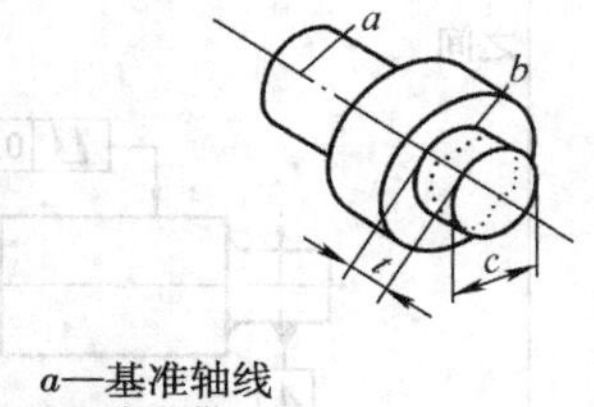 a—基准轴线 b—公差带 c—任意直径	在与基准轴线 D 同轴的任一圆柱形截面上，提取（实际）圆应限定在轴向距离等于0.1 的两个等圆之间 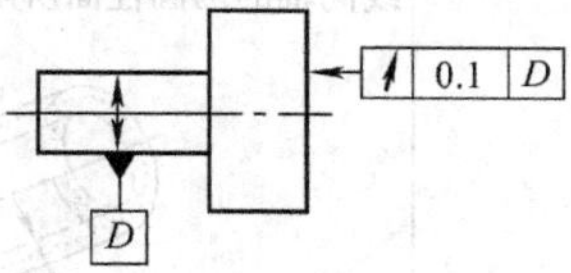
	斜向圆跳动公差 公差带为与基准轴线同轴的某一圆锥截面上，间距等于公差值 t 的两圆所限定的圆锥面区域 除非另有规定，测量方向应沿被测表面的法向 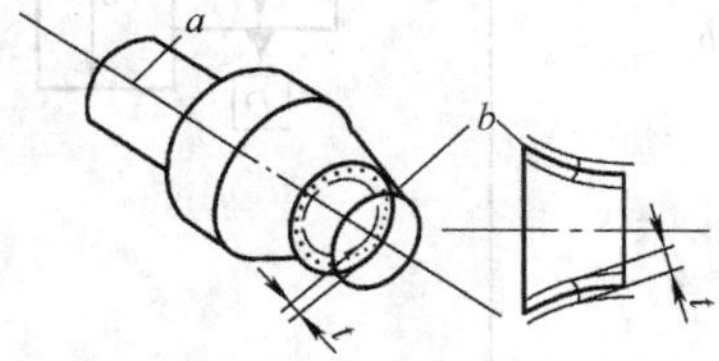 a—基准轴线 b—公差带	在与基准轴线 C 同轴的任一圆锥截面上，提取（实际）线应限定在素线方向间距等于0.1 的两不等圆之间 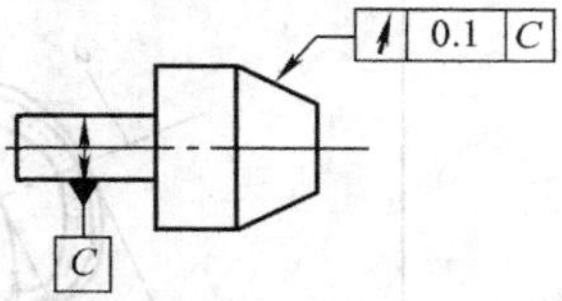 在标注公差的素线不是直线时，圆锥截面的锥角要随所测圆的实际位置而改变 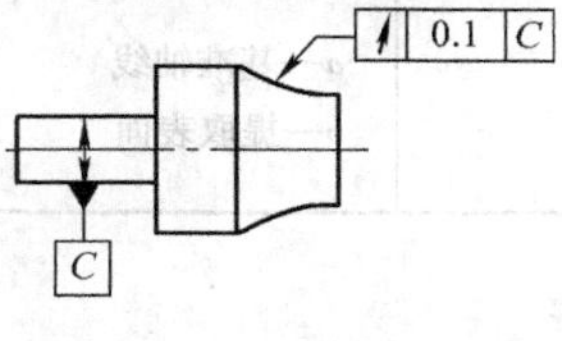
	给定方向的斜向圆跳动公差 公差带为与基准轴线同轴的、具有给定锥角的任一圆锥截面上，间距等于公差值 t 的两不等圆所限定的区域 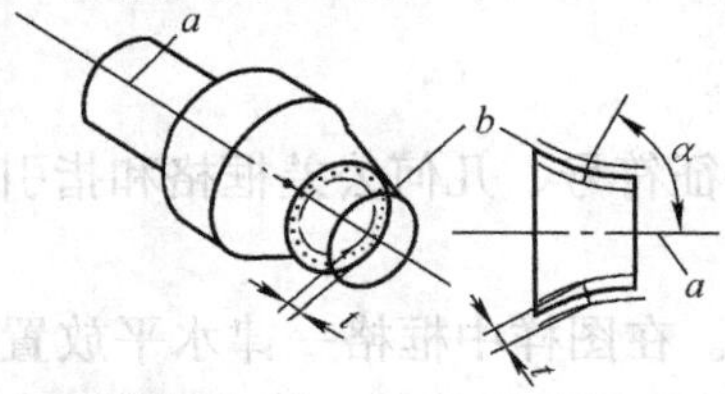 a—基准轴线 b—公差带	在与基准轴线 C 同轴且具有给定角度60°的任一圆锥截面上，提取（实际）圆轮廓应限定在素线方向间距等于0.1 的两不等圆之间 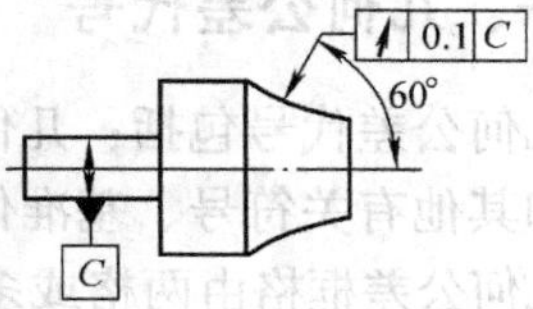

表 2-7　全跳动公差标注示例　　　　　　　　（单位：mm）

符　　号	公差带定义	标注和解释
	全跳动公差	
	径向全跳动公差	
	公差带为半径差等于公差值 t，与基准轴线同轴的两圆柱面所限定的区域 a—基准轴线	提取（实际）表面应限定在半径差等于 0.1，与公共基准轴线 A—B 同轴的两圆柱面之间
	轴向全跳动公差	
	公差带为间距等于公差值 t，垂直于基准轴线的两平行平面所限定的区域 a—基准轴线 b—提取表面	提取（实际）表面应限定在间距等于 0.1，垂直于基准轴线 D 的两平行平面之间

◇◇◇◇　第三节　几何公差的标注

一、几何公差代号

几何公差代号包括：几何公差特征符号、几何公差框格和指引线、几何公差数值和其他有关符号、基准代号。

几何公差框格由两格或多格组成。在图样中框格一律水平放置。框格中的内容从左到右依次填写：第一格为几何公差项目的符号；第二格为几何公差数值和有关符号；第三格以后为基准代号的字母和有关符号（图2-4）。几何公差数值为线性值，若公差带为圆柱形，则在公差值前加注"ϕ"；若为球形，则加注"$S\phi$"。

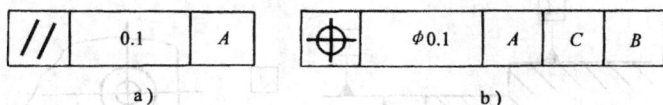

图 2-4　几何公差框格

二、几何公差的标注方法

1. 被测要素的标注方法

用箭头置于要素的轮廓线或轮廓线的延长线上，但必须与尺寸线明显地分开，如图 2-5a、b 所示。当指向实际表面时，箭头可置于带点的参考线上，该点指在实际表面上，如图 2-5c 所示。当公差涉及轴线、中心平面或由尺寸要素确定的点时，则带箭头的指引线应与尺寸线的延长线重合，如图 2-5d、e、f 所示。

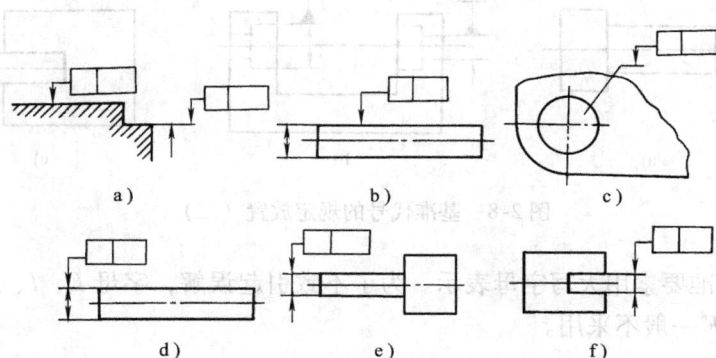

图 2-5　被测要素的标注

2. 基准要素的标注方法

（1）基准代号　与被测要素相关的基准用一个大写字母表示。字母标注在基准方框内，与一个涂黑的或空白的三角形相连以表示基准，如图 2-6 所示；表示基准的字母还应标注在公差框格内。涂黑的或空白的基准三角形含义相同。

（2）基准代号的规定放置

1）当基准要素是轮廓线或轮廓面时，基准三角形放置在要素的轮廓线或其延长线上（与尺寸线明显错开），如图 2-7a 所示；基准三角形也可放置在该轮

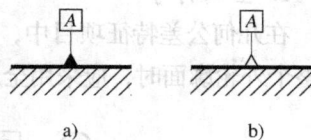

图 2-6　基准代号

廓面引出线的水平线上，如图 2-7b 所示。

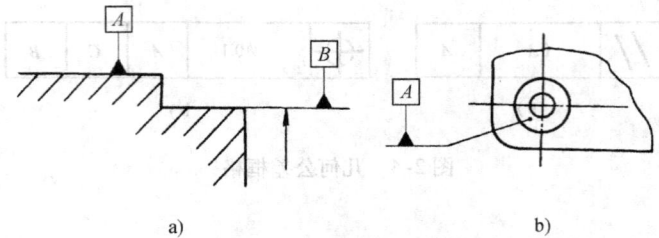

图 2-7　基准代号的规定放置（一）

2）当基准是尺寸要素确定的轴线、中心平面或中心点时，基准三角形应放置在该尺寸线的延长线上，如图 2-8 所示。如果没有足够的位置标注基准要素尺寸的两个箭头，则其中一个箭头可用基准三角形代替，如图 2-8a、b 所示。

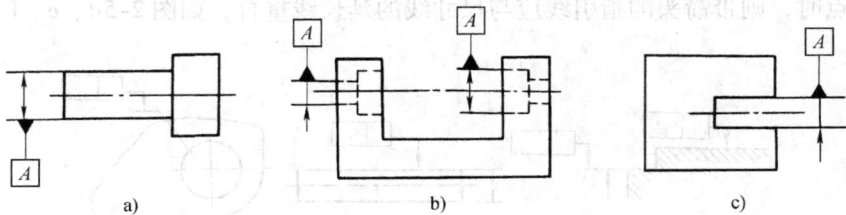

图 2-8　基准代号的规定放置（二）

单一基准要素用大写字母表示。为了不致引起误解，字母 E、I、J、M、O、P、L、R、F 一般不采用。

三、对几何公差有附加要求时的标注

1. 全周符号

在几何公差特征项目中，如轮廓度公差，当其适用于横截面内的整个外轮廓线或整个外轮廓面时，应采用全周符号表示，如图 2-9 所示。

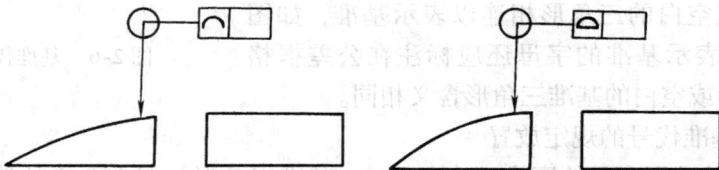

图 2-9　全周符号的标注

2. 理论正确尺寸

当给出一个或一组要素的位置、方向或轮廓度公差时，分别用来确定其理论正确位置、方向或轮廓的尺寸称为理论正确尺寸。

理论正确尺寸也用于确定基准体系中各基准之间的方向、位置关系。理论正确尺寸没有公差，并标注有一个方框中，如图2-10所示。

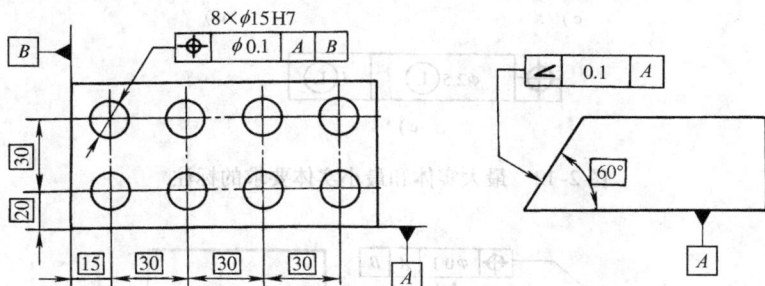

图2-10 理论正确尺寸的标注

3. 延伸公差带

延伸公差带用符号 P 表示，它要求公差带的位置延伸到被测要素的长度界限之外，标注时除在框格内加注 P 外，还要在图中注出相应延伸的尺寸。在被测要素尺寸之前也要加注，如图2-11所示。

4. 最大实体要求

最大实体要求用符号 M 表示，此符号置于给出的公差数值或基准代号的字母后面，也可同时置于两者后面，如图2-12a、b、c所示。

5. 最小实体要求

最小实体要求用符号 L 表示，此符号置于给出的公差数值或基准代号的字母后面，也可同时置于两者后面，如图2-12d、e所示。

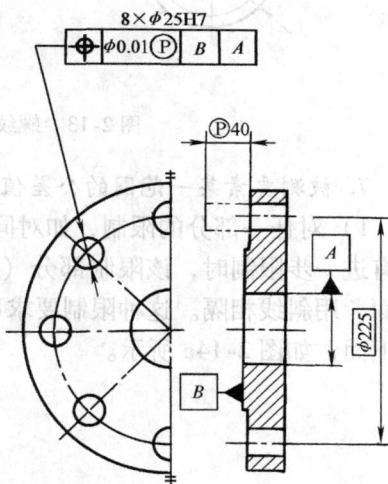

图2-11 延伸公差带的标注

6. 螺纹、齿轮和花键的标注

在一般情况下，螺纹轴线作为被测要素或基准要素均为中径轴线，如采用大径轴线则应用"MD"表示，采用小径轴线用"LD"表示，如图2-13所示。由齿轮和花键轴线作为被测要素或基准要素时，节径轴线用"PD"表示，大径（对外齿轮是顶圆直径，对内齿轮是根圆直径）轴线用"MD"表示，小径（对外齿轮是根圆直径，对内齿轮为顶圆直径）轴线用"LD"表示。

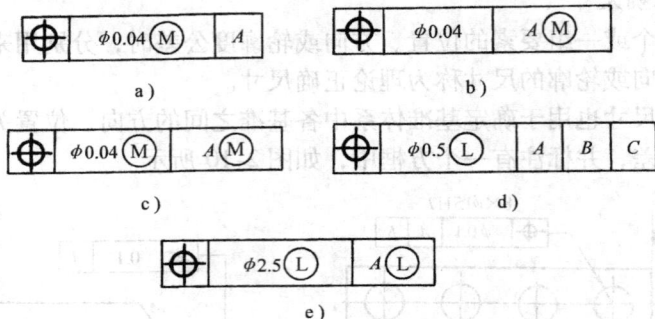

图 2-12　最大实体和最小实体要求的标注

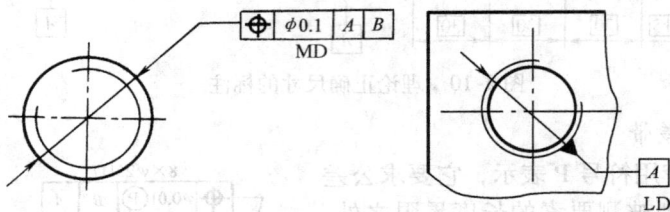

图 2-13　螺纹、齿轮和花键的标注方法

7. 被测要素某一范围的公差值的标注

1) 对任一部分的限制，如对同一要素的公差值在全部被测要素内的任一部分有进一步限制时，该限制部分（长度或面积）的公差值要求应放在公差值的后面，用斜线相隔。这种限制要求可以直接放在表示全部被测要素公差要求的框格下面，如图 2-14a 所示。

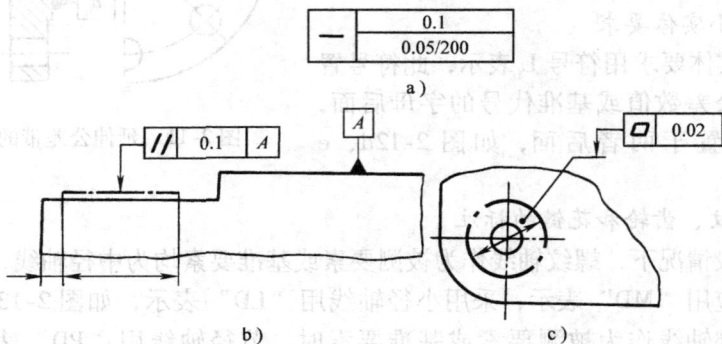

图 2-14　局部限制的标注

2）对某一部分的限制，如仅要求某一部分的公差值，则用粗点画线表示其范围，并加注尺寸，如图2-14b、c所示。

3）如仅要求要素的某一部分作为基准，则该部分应用粗点画线表示并加注尺寸，如图2-15所示。

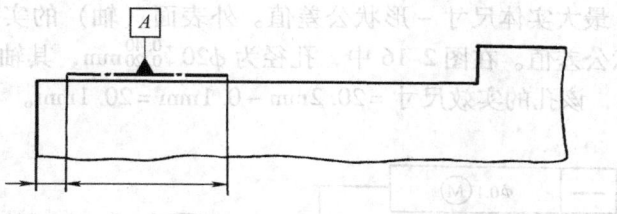

图 2-15 局部限制基准标注方法

◆◆◆◆ 第四节 公 差 原 则

零件的几何要素有尺寸公差和形状公差的要求，因此在进行检验时，判断是否合格，就必须明确几何公差和尺寸公差的关系。确定和处理几何公差和尺寸公差之间关系的原则称为公差原则。

一、有关公差原则的一些术语概念

1. 最大实体状态（MMC）和最大实体尺寸（MMS）

最大实体状态是指孔或轴在尺寸公差范围内，具有材料量最多时的状态。在此状态下的尺寸，称为最大实体尺寸，它是孔的下极限尺寸和轴的上极限尺寸的统称。尺寸为最大实体尺寸的极限包容面称为最大实体边界。

2. 最小实体状态（LMC）和最小实体尺寸（LMS）

最小实体状态是指孔或轴在尺寸公差范围内，具有材料量最少时的状态。在此状态的尺寸，称为最小实体尺寸，它是孔的上极限尺寸和轴的下极限尺寸的统称。尺寸为最小实体尺寸的极限包容面称为最小实体边界。

3. 作用尺寸

零件在加工之后，都会存在尺寸误差和几何误差。在这些误差综合影响下实际起作用的尺寸称为作用尺寸。在配合面的全长上，与实际孔内接的最大理想轴的尺寸，称为孔的作用尺寸；与实际轴外接的最小理想孔的尺寸，称为轴的作用尺寸。

4. 实效状态（VC）和实效尺寸（VS）

实效状态是指被测实际要素的实际尺寸是最大实体尺寸，并且几何误差是给定的几何公差值时，所形成的综合极限状态。这种状态是具有理想形状的极限边界，称为实效边界。实效边界所具有的尺寸称为实效尺寸。

单一要素的实效尺寸是最大实体尺寸与形状公差值的综合。内表面（孔）的实效尺寸 = 最大实体尺寸 - 形状公差值。外表面（轴）的实效尺寸 = 最大实体尺寸 + 形状公差值。在图2-16中，孔径为 $\phi 20^{+0.40}_{+0.20}$ mm，其轴线的直线度公差值是 $\phi 0.1$ mm，该孔的实效尺寸 = 20.2mm - 0.1mm = 20.1mm。

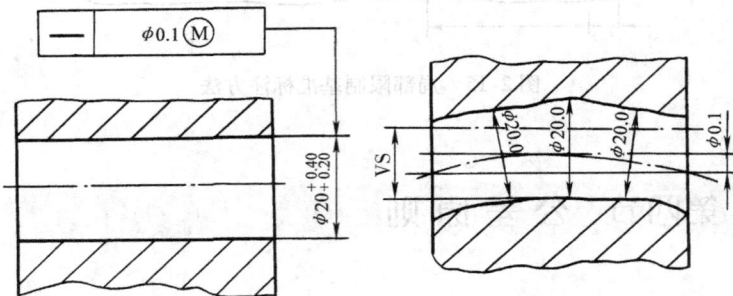

图2-16 孔的实效尺寸

在图2-17中轴的轴线直线度公差是 $\phi 0.1$ mm，直径是 $\phi 20^{\ 0}_{-0.2}$ mm，该轴的实效尺寸 = 20mm + 0.1mm = 20.1mm。

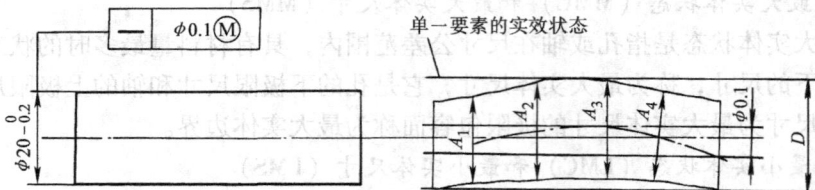

图2-17 轴的实效尺寸

关联要素的实效尺寸是最大实体尺寸与几何公差的代数和。

二、独立原则

图样给定的几何公差与尺寸公差之间相互无关，各自独立，分别满足要求的公差原则称为独立原则。独立原则主要是用来保证机器的特征要求，如运转特性、啮合特性、密封性能等，它是标注几何公差和尺寸公差相互关系遵循的基本原则。

例如图 2-18 所示的轧辊, 它要求母线直, 保证轧出来板材均匀, 此时轧辊直径的实际尺寸可以在 $\phi 49.95 \sim \phi 49.975$ mm 之间变化, 而同时轧辊的轴线直线度误差最大不能大于 $\phi 0.012$ mm。它应在 $\phi 0 \sim \phi 0.012$ mm 之间变化, 这个 $\phi 0.012$ mm 是由于特性要求决定的, 尺寸公差与形状公差相互独立、分别检验、互不影响。独立原则是一种基本原则, 设计中大多数采用独立原则。

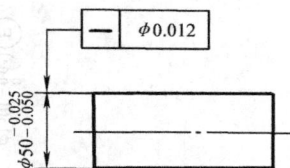

图 2-18 独立原则的标注

三、相关要求

图样上给定的几何公差与尺寸公差相互有联系, 在一定条件下可以相互转化和补偿的公差要求, 称为相关要求。按联系形式不同, 相关要求可分为最大实体要求, 最小实体要求和包容要求三种。

1. 最大实体要求

最大实体要求是控制被测要素的实际轮廓处于其最大实体实效边界之内的一种公差要求。当其实际尺寸偏离最大实体尺寸时, 允许其几何误差值超出其给出的公差值。此时应在图样标注符号Ⓜ、标注方法如图 2-19 所示。

2. 最小实体要求

最小实体要求是控制被测要素的实际轮廓处于其最小实体实效边界之内的一种公差要求。当其实际尺寸偏离最小实体尺寸时, 允许其几何误差值超出其给出的公差值。此时应在图样上标注符号Ⓛ。标注方法如图 2-20 所示。

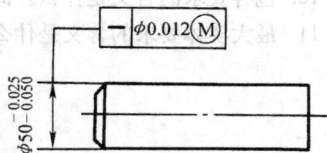

图 2-19 最大实体要求的标注

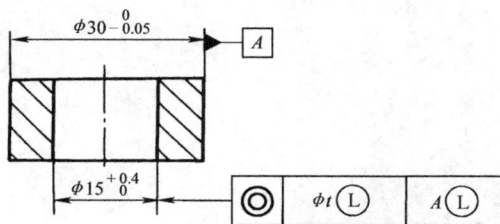

图 2-20 最小实体要求的标注

3. 包容要求

包容要求表示实际要素应遵守其最大实体边界, 其局部实际尺寸不得超出最小实体尺寸。采用包容要求的单一要素应在其尺寸极限偏差或公差代号后加注符

号 Ⓔ，标注方法如图 2-21 所示。

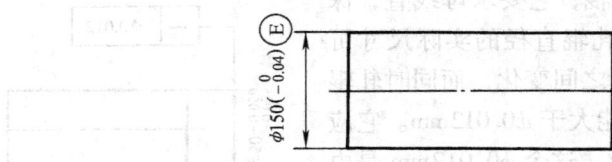

图 2-21　包容要求的标注

复习思考题

1. 写出几何公差的项目并画出符号。
2. 几何公差带有哪些主要形式？
3. 几何公差中有几种公差原则？它们在标注时有什么不同之处？
4. 几何公差在图上如何标注？其规则如何？
5. 平面度公差如何标注？试举例说明。
6. 圆度公差如何标注？试举例说明。
7. 平行度公差如何标注？试举例说明。
8. 同轴度公差如何标注？试举例说明。
9. 独立要求的含义是什么？简述其适用范围。
10. 包容要求的含义是什么？简述其适用范围。
11. 最大实体要求的含义是什么？简述其适用范围。

第 三 章

表面粗糙度

培训学习目标 了解表面粗糙度对机械零件使用性能的影响；掌握表面结构的符号、代号及其在图样上的标注方法。

◈◈◈ 第一节 基 本 概 念

一、表面粗糙度的定义

表面粗糙度是指零件被加工表面上具有的较小间距和峰谷组成的微观几何形状误差，一般是由所采用的加工方法和其他因素形成的。在零件同一表面上，除微观几何形状误差（即表面粗糙度）外，还有宏观几何形状误差（即几何误差）和中间几何形状误差（即表面波纹度）。它们的形状一般呈波浪形，我们常以波距的大小来划分这三类误差。

1）波距小于 10mm 的属于几何误差范围。

2）波距在 1～10mm 的属于表面波纹度范围。

3）波距小于 1mm 的属于表面粗糙度范围。

二、表面粗糙度对零件使用性能的影响

表面粗糙度虽然只是十分微小的加工痕迹，但它与机器零件的耐磨性、配合性质和耐腐蚀等均有密切关系。

1. 对摩擦和耐磨性的影响

零件实际表面越粗糙，摩擦因数就越大，两表面间的磨损就越快。

2. 对配合性质的影响

表面越粗糙的零件，在间隙配合中，由于微观不平度的波峰会加快磨损而使

间隙增大；对于过盈配合，由于压入装配时，粗糙表面的波峰被挤平填入波谷，造成实际过盈量小于要求的过盈量，以至降低联接强度。

3. 对耐腐蚀性能的影响

粗糙的表面易使腐蚀物质附着于表面的微观凹谷，并渗入到金属层内，造成表面锈蚀。

此外，表面粗糙度对疲劳强度、接触刚度、结合面密封性能、外观质量和表面涂层的质量等都有很大的影响。

◇◇◇◇ 第二节　表面粗糙度的术语及评定参数

一、常用基本术语及其定义

1. 取样长度 lr

用于判别具有表面粗糙度特征的一段基准线长度称为取样长度。规定取样长度是为了限制和减弱表面波纹度对表面粗糙度测量结果的影响，其数值要与表面粗糙度的要求相适应，在取样长度范围内，一般应包含至少 5 个波峰和波谷。

2. 评定长度 ln

评定轮廓所必需的一段长度称为评定长度。它可以包括一个或几个取样长度，即：$ln = nlr$，一般取 $ln = 5lr$，或被测表面较好，可以选用 $ln < 5lr$，反之可选用 $ln > 5lr$。

3. 基准线

用于评定表面粗糙度参数给定的线称为基准线。国家标准采用中线制。它有两种确定方法。

（1）轮廓的最小二乘中线　轮廓的最小二乘中线（简称中线）是在取样长度内，使轮廓上各点至一条假想线距离的平方和为最小，这条假想线被称为最小二乘中线，如图 3-1a 所示。

（2）轮廓的算术平均中线　轮廓的算术平均中线是具有几何轮廓形状，在取样长度内与轮廓走向一致的基准线。在取样长度内，由一条假想线将实际轮廓划分成上下两部分，而且使上部分面积之和等于下部分面积之和，这条假想线被称为轮廓算术平均中线，如图 3-1b 所示。

在轮廓图形上确定最小二乘中线的位置比较困难，故较少使用；而轮廓算术平均中线的位置可用目测估计来确定，比较简便，它是确定基准线的一种常用方法。

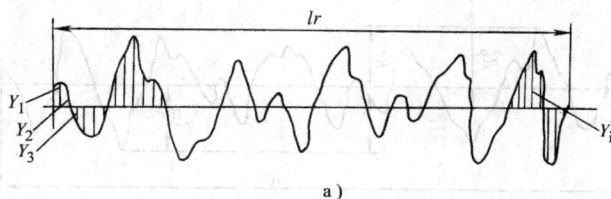

a)

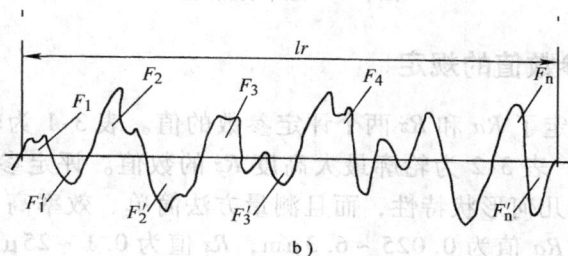

b)

图 3-1　表面粗糙度的基准线

二、评定参数

1. 轮廓算术平均偏差 Ra

轮廓算术平均偏差是指在取样长度 lr 内轮廓偏距绝对值的算术平均值，如图 3-2 所示。

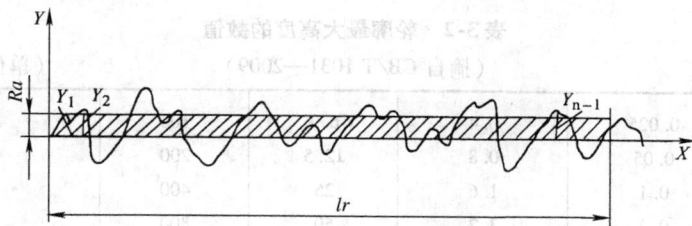

图 3-2　轮廓算术平均偏差

轮廓偏距是指表面轮廓线上各点到基准线 X 之间的距离。并且规定在 X 基准上方的轮廓偏距为正，在 X 基准下方的轮廓偏距为负，所以定义中对轮廓偏距取绝对值。Ra 参数越大，表面越粗糙；Ra 参数越小，表面越平整。

2. 轮廓最大高度 Rz

轮廓最大高度是指在取样长度内轮廓峰顶和轮廓谷底线之间的距离。如图 3-3 所示，Rz 值越大，表面越粗糙，反之就越平整。

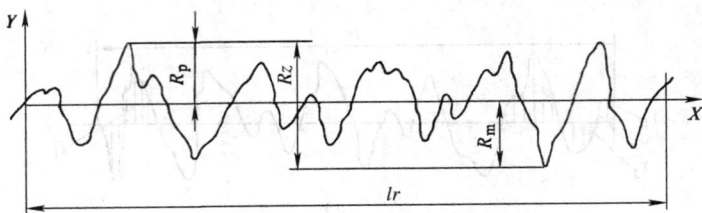

图3-3　轮廓最大高度

三、评定参数值的规定

国家标准规定了 Ra 和 Rz 两个评定参数的值。表3-1为轮廓算术平均偏差 Ra 的系列值，表3-2为轮廓最大高度 Rz 的数值。评定参数 Ra 能较客观地反映表面微观几何形状特性，而且测量方法简单、效率高，因此在常用的参数值范围内（Ra 值为 $0.025 \sim 6.3\,\mu m$，Rz 值为 $0.1 \sim 25\,\mu m$）推荐优先选用 Ra。

表3-1　轮廓算术平均偏差的系列值

（摘自 GB/T 1031—2009）　　　　　　　（单位：μm）

Ra	0.012	0.2	3.2	50
	0.025	0.4	6.3	100
	0.05	0.8	12.5	
	0.1	1.6	25	

表3-2　轮廓最大高度的数值

（摘自 GB/T 1031—2009）　　　　　　　（单位：μm）

Rz	0.025	0.4	6.3	100	1600
	0.05	0.8	12.5	200	
	0.1	1.6	25	400	
	0.2	3.2	50	800	

◇◇◇ 第三节　表面结构的标注

一、表面结构符号

表面结构按 GB/T 131—2006 规定，在图样上表示的符号有五种，其具体形式见表3-3。

表 3-3 表面结构符号及解释

符 号	意义及说明
	基本符号，表示表面可用任何方法获得。当不加注表面结构参数值或有关说明（例如：表面处理、局部热处理状况等）时，仅适用于简化代号标注
	基本符号加一短横，表示表面是用去除材料的方法获得。例如：车、铣、钻、磨、剪切、抛光、腐蚀、电火花加工、气割等
	基本符号加一小圆，表示表面是用不去除材料的方法获得，例如：铸、锻、冲压变形、热轧、冷轧、粉末冶金等 或者是用于保持原供应状况的表面（包括保持上道工序的状况）
	在上述三个符号的长边上均可加一横线，用于标注有关参数和说明
	在上述三个符号上均可加一小圆。表示所有表面具有相同的表面结构要求

二、表面结构代号

表面结构代号由基本符号、表面结构参数、极限值、取样长度、加工要求、加工纹理方向符号和余量等组成，其注写的位置如图 3-4 所示。

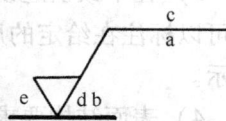

图 3-4 表面结构代号

a、b——表面结构高度参数代号及其数值（μm）；

c——加工方法、镀覆、涂覆或其他说明等；

d——加工纹理方向符号；

e——加工余量（mm）；

三、表面结构在图样上的标注方法

1. 概述

表面结构要求对每一表面一般只标一次，并尽可能注在相应的尺寸及其公差的同一视图上。

2. 表面结构的标注位置与方向

1）总原则规定，使表面结构的注写和读取方向与尺寸的注写和读取方向一致，如图 3-5 所示。

图 3-5　表面结构的注写方向

2）表面结构要求可标注在轮廓线上，其符号应从材料外指向接触表面。必要时，表面结构符号也可用带箭头或黑点的指引线引标注，如图 3-6 所示。

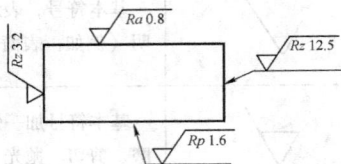

a)

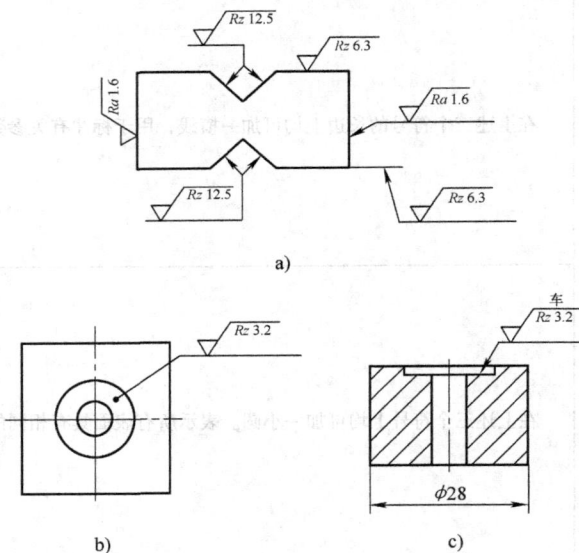

b)　　　　　　　　　　　c)

图 3-6　表面结构标注在轮廓线上或指引线上

3）在不致引起误解时，表面结构要求可以标注在给定的尺寸线上，如图 3-7 所示。

4）表面结构要求可标注在几何公差框格的上方，如图 3-8 所示。

5）表面结构要求可直接标注在延长线上或用带箭头的指引线引出标注，如图 3-9 所示。

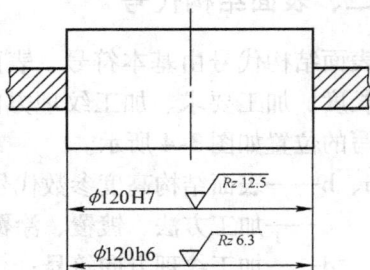

图 3-7　表面结构要求标注在尺寸线上

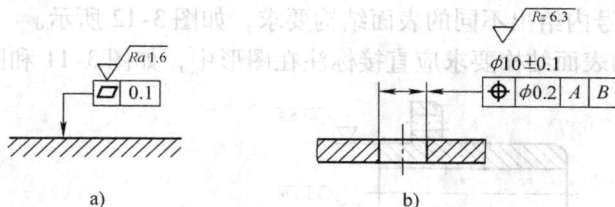

图 3-8　表面结构要求标注在几何公差框格的上方

6）圆柱和棱柱表面的表面结构要求只标注一次，如图 3-9 所示。如果每个棱柱表面有不同的表面结构要求，则应分别单独标注，如图 3-10 所示。

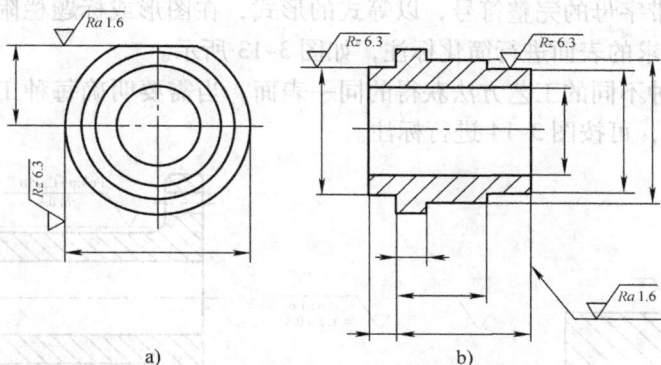

图 3-9　表面结构要求标注在圆柱特征的延长线上

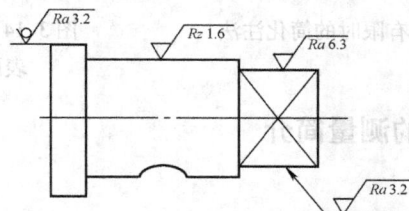

图 3-10　圆柱和棱柱的表面结构要求的注法

3. 表面结构要求的简化标注

1）如果在工作的多数（包括全部）表面有相同的表面结构要求，则其表面结构要求可统一标注在图样的标题栏附近。此时（除全部表面有相同要求的情况外），表面结构要求的符号后面应有：

a）在圆括号内给出无任何其他标注的基本符号，如图 3-11 所示。

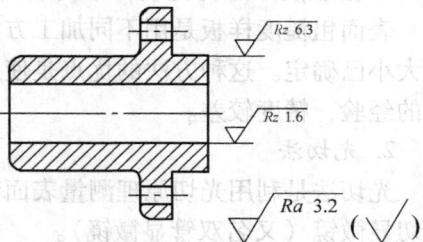

图 3-11　大多数表面有相同的表面结构要求的简化标注（一）

b）在圆括号内给出不同的表面结构要求，如图 3-12 所示。

不同表面的表面结构要求应直接标注在图形中，如图 3-11 和图 3-12 所示。

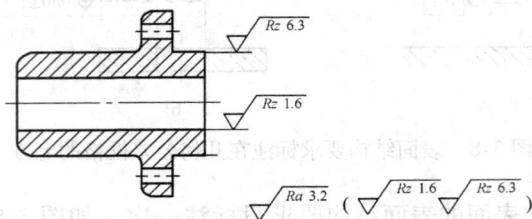

图 3-12　大多数表面有相同的表面结构要求的简化标注（二）

2）可用带字母的完整符号，以等式的形式，在图形或标题栏附近，对有相同表面结构要求的表面进行简化标注，如图 3-13 所示。

3）由几种不同的工艺方法获得的同一表面，当需要明确每种工艺方法的表面结构要求时，可按图 3-14 进行标注。

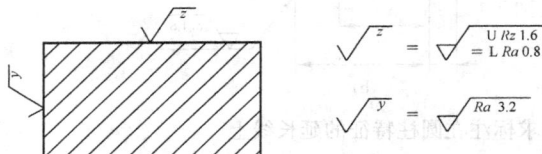

图 3-13　在图纸空间有限时的简化注法

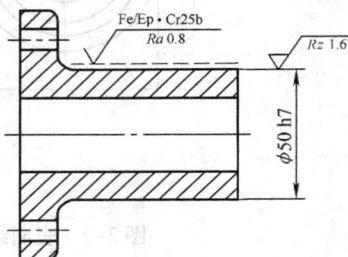

图 3-14　同时给出镀覆前后的表面结构要求的注法

四、表面粗糙度的测量简介

1. 比较法

比较法是将被测量表面对比表面粗糙度样板，借助于人的视觉（目测）、感觉（手指触摸）进行比较，来判断其表面粗糙度值的大小。

表面粗糙度样板是用不同加工方法加工出来的，并经测量，其表面粗糙度数值大小已确定。这种方法的优点是使用简便、迅速；缺点是可靠性取决于检验人员的经验，精度较差。

2. 光切法

光切法是利用光切原理测量表面粗糙度的一种方法。光切法所用测量仪器称光切显微镜（又名双管显微镜）。

光切显微镜由两个镜管组成，一个为投射照明管，另一个为观察镜管，两管轴线成 90°，如图 3-15b 所示。光源发出的光线照到狭缝上，形成一束平行的光带，这束光带通过物镜以倾斜45°角的方向投射到被测表面上。由于表面存在着微观不平峰谷，因此在与表面成另一个45°角倾斜方向的目镜分划板上可以看到表面反射所形成的锯齿形表面，如图 3-15a 所示。通过计算可以得出评定参数 Rz，测量范围为 $0.1 \sim 25\mu m$。若要测算参数 Ra 也可以，但数据处理十分麻烦，所以，实际中很少应用。另外还有干涉显微镜、电动轮廓仪等测量仪器，也是实际工作中常用的，在此不作专门介绍。

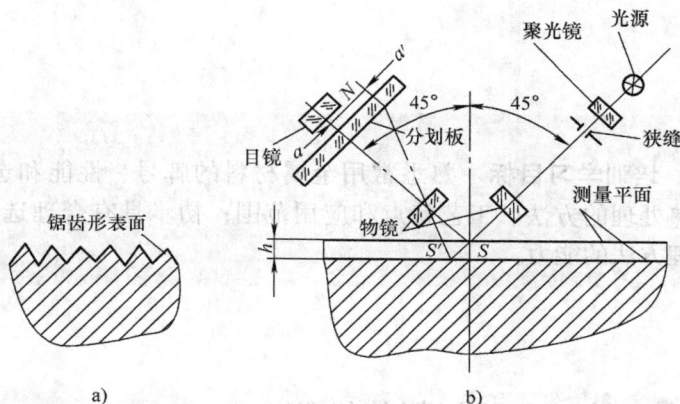

图 3-15　光切法测量原理

复习思考题

1. 表面粗糙度的取样长度和评定长度有什么区别？
2. 表面结构的标注应包括哪几项要求？是否在任何情况下都应全部标出？
3. 简述表面粗糙度符号的意义。
4. 什么是表面结构代号？试举例说明。
5. 什么是表面粗糙度？它对质量有什么影响？
6. 剪切、气割表面不需要专门标注其工艺方法时，表面结构应采用哪一种符号？

第 四 章

金属材料与热处理

> **培训学习目标** 熟悉常用金属材料的牌号、性能和选用原则；了解钢铁热处理的方法、工艺特点和应用范围；初步具有合理选用材料和确定热处理方法的能力。

◇◇◇ 第一节 金属材料的性能

一、金属材料的力学性能

任何机械零件工作时都会受到外力的作用，如行车吊运重物，钢丝绳会受到重物拉力的作用；柴油机连杆会受到拉力、压力、甚至交变外力和冲击力的作用等。在这些外力作用下，材料所表现出来的一系列特性和抵抗的能力称力学性能。

按作用形式不同，外力常分为静载荷、冲击载荷和交变载荷等。材料的力学性能也分为强度、塑性、硬度、冲击韧度和疲劳强度等。

1. 强度和塑性

强度是金属材料抵抗永久变形和断裂的能力。塑性是金属材料在断裂前发生不可逆永久变形的能力。金属材料的强度和塑性指标可以通过拉伸试验测得。

目前金属材料室温拉伸试验方法采用 GB/T 228.1—2010 新标准，原有的金属材料力学性能数据是采用 GB/T 228—1987 旧标准进行测定和标注的。关于金属材料强度与塑性的新、旧标准名词和符号对照见表 4-1。

（1）拉伸试验 拉伸试验是指用静拉伸力对试样进行轴向拉伸，测量拉伸力和相应的伸长量，并测量其力学性能的试验。拉伸时一般将拉伸试样拉至断裂。

GB/T 228.1—2010 新标准		GB/T 228—1987 旧标准	
名词	符号	名词	符号
断面收缩率	Z	断面收缩率	ψ
断后伸长率	A 和 $A_{11.3}$	断后伸长率	δ_5 和 δ_{10}
屈服强度		屈服点	σ_s
上屈服强度	R_{eH}	上屈服点	σ_{sU}
下屈服强度	R_{eL}	下屈服点	σ_{sL}
规定残余伸长强度	R_r 和 $R_{r0.2}$	规定残余伸长应力	σ_r 和 $\sigma_{r0.2}$
抗拉强度	R_m	抗拉强度	σ_b

注：在新标准 GB/T 228.1—2010 中，没有对屈服强度规定符号。本书中采用 R_{eL} 作为屈服强度的符号

1）拉伸试样。试验过程中通常采用圆柱形拉伸试样，试样尺寸按 GB/T 228.1—2010 新国家标准中金属拉伸试验试样中的有关规定进行制作。拉伸试样分为短拉伸试样和长拉伸试样两种。长拉伸试样，$L_0 = 10d$；短拉伸试样，$L_0 = 5d$。一般工程上为了节省成本，通常采用短试样。圆柱拉伸试样如图4-1所示，其中图4-1a 为拉伸试样拉断前的状态，图4-1b 为标准试样拉断后的状态。d 为标准试样的原始直径，d_u 为拉伸试样断口处的直径。L_0 为拉伸试样的原始标距，L_u 为拉断拉伸试样对接后测出的标距长度。

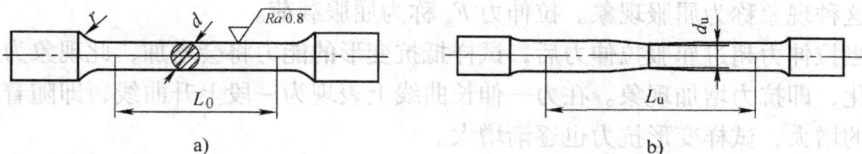

图4-1　圆柱形拉伸试样
a) 拉断前　b) 拉断后

2）试验方法。拉伸试验在拉伸试验机上进行。如图4-2所示为拉伸试验机示意图。将试样装在试验机的上、下夹头上，开动机器，在压力油的作用下，试样受到拉伸。同时，记录装置起动，并记录下拉伸过程中的力—伸长曲线。

（2）力—伸长曲线　在进行拉伸试验时，拉伸力 F 和试样伸长量 ΔL 之间的关系曲线，称为力—伸长曲线。通常把拉伸力 F 作为纵坐标，伸长量 ΔL 作为横坐标。如图4-3所示为退火低碳钢的力—伸长曲线图。

观察拉伸试验和力—伸长曲线，会发现在拉伸试验的开始阶段，试样的伸长量 ΔL 与拉伸力 F 成正比例关系，在力—伸长曲线图中为一条斜直线 Op。在该阶段当拉伸力增加时，试样伸长量 ΔL 也呈正比增加。当去除拉伸力后试样伸长

变形消失，恢复其原来形状，其变形表现为弹性变形。在图中 F_p 是试样保持弹性变形的最大拉伸力。

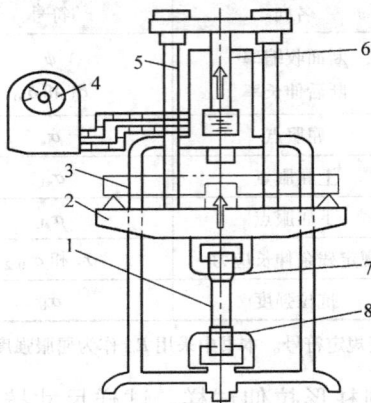

图 4-2　拉伸试验机示意图
1—试样　2—工作台　3—立柱　4—表盘　5—拉杆
6—工作活塞　7—上夹头　8—下夹头

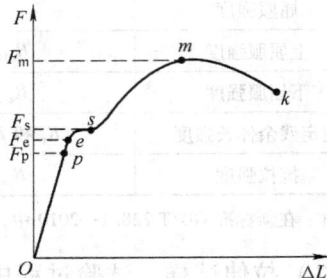

图 4-3　退火低碳钢的
力—伸长曲线图

当拉伸力不断增加，超过 F_p 时，试样将产生塑性变形，去除拉伸力后，变形不能完全恢复，塑性伸长将被保留下来。当拉伸力继续增加到 F_s 时，力—伸长曲线在 s 点后出现一个平台，即在拉伸力不再增加的情况下，试样也会明显伸长，这种现象称为屈服现象。拉伸力 F_s 称为屈服载荷。

当拉伸力超过屈服拉伸力后，试样抵抗变形的能力将会增加，此现象为冷变形强化，即抗力增加现象。在力—伸长曲线上表现为一段上升曲线，即随着塑性变形的增大，试样变形抗力也逐渐增大。

当拉伸力达到 F_m 时，试样的局部截面开始收缩，产生缩颈现象。由于缩颈使试样局部截面迅速缩小，最终导致试样被拉断。缩颈现象在力—伸长曲线上表现为一段下降的曲线。F_m 是试样拉断前能承受的最大拉伸力，称为最大伸力。

从完整的拉伸试验和力—伸长曲线可以看出，试样从开始拉伸到断裂要经过弹性变形、屈服阶段、变形强化阶段、缩颈与断裂四个阶段。

（3）强度指标　金属材料抵抗拉伸力的强度指标有屈服强度、规定残余伸长强度、抗拉强度等。

1）屈服强度和规定残余伸长强度。屈服强度是指拉伸试样在拉伸试验过程中力不增加（保持恒定）仍然能继续伸长（变形）时的应力。当金属材料呈现屈服现象时，在试验期间塑性变形发生而力不增加的应力点，应区分上屈服强度（R_{eH}）和下屈服强度（R_{eL}）。上屈服强度是试样发生屈服而应力首次下降前的最高应力；下屈服强度为屈服期间内，不计初始瞬时效应时的最低应力。屈服强

度[一]是工程技术上重要的力学性能指标之一，也是大多数机械零件选材和设计的依据。屈服强度可用下式计算

$$R_{eL} = F_s/S_0$$

式中　R_{eL}——屈服强度（MPa）；

　　　F_s——拉伸试样屈服时的拉伸力（N）；

　　　S_0——拉伸试样原始横截面积（mm^2）。

工业上使用的部分金属材料，如高碳钢、铸铁等，在进行拉伸试验时，没有明显的屈服现象，也不会产生缩颈现象，这就需要规定一个相当于屈服强度的指标，即规定残余伸长强度。

规定残余伸长强度是指拉伸试样卸除拉伸力后，其标距部分的残余伸长与原始标距的百分比达到规定值时的应力，用符号 R_r 表示。例如 $R_{r0.2}$ 表示规定残余伸长率为 0.2% 时的应力。

2）抗拉强度。抗拉强度是指拉伸试样拉断前承受的最大应力值，用符号 R_m 表示，R_m 可用下式计算

$$R_m = F_m/S_0$$

式中　R_m——抗拉强度（MPa）；

　　　F_m——拉伸试样承受的最大载荷（N）；

　　　S_0——拉伸试样原始横截面积（mm^2）。

R_m 是表征金属材料由均匀塑性变形向局部集中塑性变形过渡的临界值，也是表征金属材料在静拉伸条件下的最大承载能力。对于塑性金属材料来说，拉伸试样在承受最大拉应力 R_m 之前，变形是均匀一致的。但超过 R_m 后，金属材料开始出现缩颈现象，即产生集中变形。

（4）塑性指标　金属材料的塑性可以用拉伸试样断裂时的最大相对变形量来表示，如拉伸后的断后伸长率和断面收缩率。它们是表征材料塑性好坏的主要力学性能指标。

1）断后伸长率。拉伸试样在进行拉伸试验时，在力的作用下产生塑性变形，原始拉伸试样中的标距会不断伸长，如图 4-1 所示。试样拉断后的标距伸长与原始标距的百分比称为断后伸长率，用符号 A 表示。A 可用下式计算

$$A = \frac{L_u - L_0}{L_0} \times 100\%$$

式中　A——断后伸长率；

　　　L_u——拉断拉伸试样对接后测出的标距长度（mm）；

　　　L_0——拉伸试样原始标距（mm）。

[一]　在工程计算中，一般用下屈服强度代表其屈服强度。

由于拉伸试样分为长拉伸试样和短拉伸试样，使用长试样测定的断后伸长率用符号 $A_{11.3}$ 表示；使用短拉伸试样测定的断后伸长率用符号 A_5 表示，通常同一种材料的断后伸长率 $A_{11.3}$ 和 A_5 数值是不相等的，因而不能直接对 A_5 和 $A_{11.3}$ 进行比较。一般短拉伸试样 A_5 值大于长试样 $A_{11.3}$。

2）断面收缩率。断面收缩率是指拉伸试样拉断后缩颈处横截面积的最大缩减量与原始横截面积的百分比。断面收缩率用符号 Z 表示。Z 值可用下式计算

$$Z = \frac{S_0 - S_u}{S_0} \times 100\%$$

式中　Z——断面收缩率；

　　　S_0——拉伸试样原始横截面积（mm^2）；

　　　S_u——拉伸试样断口处的横截面积（mm^2）。

金属材料塑性的好坏，对零件的加工和使用具有重要的实际意义。塑性好的金属材料不仅适合应用锻压、轧制等成形工艺，而且如果在使用时超载，可以通过塑性变形避免突然断裂。所以，大多数机械零件除要求具有较高的强度外，还须具有一定的塑性。

2. 硬度

硬度是指材料抵抗其他硬物压入其表面的能力，它反映了材料抵抗局部塑性变形的能力。常用的硬度指标有布氏硬度、洛氏硬度和维氏硬度。

（1）布氏硬度（HB）　布氏硬度试验是根据 GB/T 231.1—2009 的规定，以直径为 D 的硬质合金球作压头，在压力 F 下压入金属表面，保持一定时间后卸去载荷、移去压头，此时试样表面出现直径为 d 的压痕，如图 4-4 所示。用压力 F 除以压痕表面积所得的商，作为被测材料的布氏硬

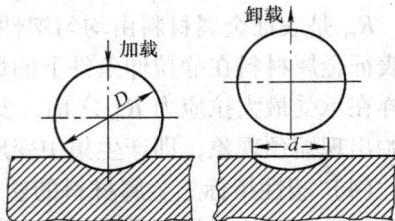

图 4-4　布氏硬度试验原理

度值，单位为 kgf/mm^2（MPa）。用硬质合金球作为压头测出的硬度值以 HBW 表示，适用于测量硬度不超过 650 的材料。

布氏硬度的表示方法为：硬度值 + HBW + 压头直径 + 试验力 + 试验力保持时间（10 ~ 15s 不标出）。例如，120HBW10/1000/30 表示用直径 10mm 的硬质合金球做压头，在 1000kgf（9.807kN）试验力作用下，保持 30s 所测得的布氏硬度值为 120。一般在零件图或工艺文件上，可标出硬度值的大小和符号，如 200HBW。布氏硬度试验的优点是测定结果准确；缺点是压痕大，不适合成品检测，而且操作不够方便。

（2）洛氏硬度（HR）　洛氏硬度试验是用一个顶角为 120° 的金刚石圆锥压头，在一定载荷下压入被测零件表面，以压入深度来确定硬度值。压痕越深，硬

度越低；反之，硬度越高。实际测定时，金属材料的硬度值可直接从洛氏硬度计的刻度盘上读出。常用的洛氏硬度标准有 A、B、C 三种，标注在硬度符号之后，洛氏硬度值写在符号 HR 之前，如 45HRC，表示 C 标尺测定的洛氏硬度值为 45。

由于洛氏硬度的测量方法简便、迅速、经济，同时又能间接反映强度的大小，所以在零件的技术要求中常标注洛氏硬度要求。洛氏硬度常用来测定淬火钢和工具、模具等零件。

布氏硬度与洛氏硬度是可以换算的。在常用范围内，布氏硬度值近似等于洛氏硬度值的 10 倍。

3. 冲击韧度

有些机器零件和工具在工作时会受到冲击作用，如蒸汽锤的锤杆、柴油机的曲轴、冲床的冲头等。由于瞬时的外力冲击作用所引起的变形和应力比静载荷时大得多。因此，凡承受冲击载荷的零件，要求材料应具有抵抗冲击载荷而不破坏的能力，这就是冲击韧度。

冲击韧度 a_K 是衡量金属韧性的常用指标之一。a_K 值大，表示韧性好；a_K 值小，表示脆性大。

4. 疲劳强度

机器中许多零件，如拖拉机曲轴、齿轮、弹簧等，是在交变载荷作用下工作的。在这种受力状态下工作的零件，断裂时的应力远低于该材料的抗拉强度，甚至低于屈服强度，这种现象称为金属的疲劳。机器零件在使用过程中，不允许金属产生疲劳破坏，因此在交变载荷作用下工作的零件，必须保证在无数次交变载荷（钢常以 10^7 为基数）作用下仍不会断裂，这时的最大应力值称疲劳强度，用 S 表示。

提高材料的疲劳强度，可通过改善零件的结构形状、避免应力集中、进行表面热处理等措施来实现。

二、金属的物理、化学及工艺性能

1. 物理性能

金属材料的物理性能包括密度、熔点、热膨胀性、导热性和导电性等。由于机器零件的用途不同，对于其物理性能的要求也有所不同。例如飞机零件要选用密度小的铝合金来制造；又如在制造电器零件时，常要考虑金属材料的导电性等。

金属材料的一些物理性能对于工艺性能还有一定的影响。例如高速钢的导热性较差，在锻造时就应该用很低的速度来进行加热，否则会产生裂纹。又如车削铜棒时，测量其长度时要适当放长些，因切削热使铜棒受热而伸长了。

2. 化学性能

金属材料的化学性能是指金属材料在化学作用下所表现的性能，它包括耐腐蚀性和抗氧化性。

耐腐蚀性是指金属材料在常温下抵抗周围介质（如大气、燃气、油、水、酸、碱、盐等）腐蚀的能力。

抗氧化性是指金属在高温下对氧化的抵抗能力。工业用的锅炉、加热设备、汽轮机等，有许多零件在高温下工作，制造这些零件的材料，就要求具有良好的抗氧化性。

3. 工艺性能

工艺性能是指金属材料是否易于加工成形的性能，包括铸造性、可锻性、焊接性、切削加工性等。

铸造性是指能否将金属材料用铸造方法制成优良铸件的性能，包括金属材料的液态流动性，冷却时的收缩性和偏析倾向等。

可锻性是指能否用锻压的方法将金属材料加工成优良工件的性能。可锻性一般与材料的塑性及其塑性变形抗力有关。

焊接性是指能否将金属用一定的焊接方法焊成优良接头的性能。焊接性好的金属材料能获得没有裂缝、气孔等缺陷的焊缝，并且焊接接头具有一定的力学性能。

切削加工性是指能否将金属材料用刀具切削成具有一定的精度和表面粗糙度的零件的性能。切削加工性能好的金属材料对使用的刀具磨损最小，切削用量大，加工的表面粗糙度值也比较小。

◇◇◇ 第二节 碳 素 钢

碳素钢是碳的质量分数大于 0.0218% 小于 2.11%，并含有少量锰、硅、磷、硫等元素的铁碳合金。在钢铁材料中，碳素钢占有很大的比重，与合金钢相比，碳素钢冶炼简便，加工容易，价格低廉，并且在一般情况下能满足使用要求，所以应用非常广泛。

一、杂质元素对钢的影响

碳素钢中常见的杂质有锰、硅、硫、磷等，它们对碳素钢的性能产生不同程度的影响。

1. 锰和硅

锰和硅是在炼钢时作为脱氧剂加入钢中的。锰具有一定的脱氧能力，能将 FeO 还原为 Fe，显著改善钢的质量；锰能与硫化合成 MnS，以减轻硫的有害作用；锰还能溶解于铁中，形成含锰铁素体，提高钢的强度和硬度。总之，锰对碳钢的性能有良好的影响，是一种有益元素。硅的脱氧作用比锰强，能将 FeO 还原为 Fe，能显著改善钢的质量。硅也能溶入 $\alpha - Fe$，从而提高钢的强度和硬度。

2. 硫和磷

硫和磷是从原料及燃料中带入钢中的有害杂质。硫不溶于 $\alpha - Fe$，以化合物（FeS）的形式存在。FeS 与 Fe 能形成低熔点共晶体（熔点 985℃）。当钢材在 1000～1200℃ 进行压力加工时，由于 FeS - Fe 共晶体已经熔化，从而导致钢在加工时开裂，这种现象称为"热脆"。但硫能改善钢材的切削性能，所以在制造要求表面粗糙度值较小而强度要求不十分严格的零件时，可采用硫的质量分数较高的易切削结构钢。

磷在钢中全部溶于 $\alpha - Fe$ 中，它在使钢的强度和硬度提高的同时，塑性和韧性却显著降低。当钢中磷的质量分数达 0.3% 时，钢完全变脆，冲击韧度接近零值。这种脆性现象在低温时更为严重，此现象称为"冷脆"。

二、碳素钢的分类

碳素钢有多种分类方法，现将几种主要的分类法简述如下：

1. 按碳的质量分数分类

根据碳的质量分数不同可分为低碳钢、中碳钢和高碳钢三类。

1）低碳钢—— $w(C) \leqslant 0.25\%$。

2）中碳钢—— $w(C)$ 在 $0.25\% \sim 0.60\%$ 之间。

3）高碳钢—— $w(C) > 0.60\%$。

2. 按钢的质量分类

碳钢质量的高低，主要根据钢中有害杂质硫、磷的质量分数来划分，可分为普通碳素钢、优质碳素钢和高级优质碳素钢三类。

1）普通碳素钢——钢中硫、磷含量较高，其中，$w(S) = 0.035\% \sim 0.050\%$，$w(P) = 0.035\% \sim 0.045\%$。

2）优质碳素钢——钢中硫、磷含量较低，其中 $w(S) \leqslant 0.035\%$，$w(P) \leqslant 0.035\%$。

3）高级优质碳素钢——钢中含有硫、磷杂质很低，其中 $w(S) = 0.020\% \sim 0.030\%$，$w(P) = 0.025\% \sim 0.030\%$。

3. 按用途分类

按用途可分为碳素结构钢和碳素工具钢两类。

1）碳素结构钢——用于制造机械零件和工程结构的碳钢，其碳的质量分数大多在 0.70% 以下。

2）碳素工具钢——用于制造各种工具（如刃具、模具及其他工具等）用的碳钢，其碳的质量分数大多在 0.70% 以上。

4. 按冶炼时脱氧程度的不同分类

按冶炼时脱氧程度不同可分为沸腾钢、镇静钢和半镇静钢三类。

1）沸腾钢——为不脱氧的钢。钢在冶炼后期不加脱氧剂，浇注时钢液在钢锭模内即产生气体溢出的沸腾现象。

2）镇静钢——为完全脱氧钢。浇注时钢液镇静不沸腾。这类钢组织致密、偏析小、质量均匀。优质钢和合金钢一般都是镇静钢。

3）半镇静钢——为半脱氧钢。钢的脱氧程度介于沸腾钢和镇静钢之间。

三、常用碳素钢

1. 碳素结构钢

碳素结构钢的钢号是由屈服强度字母、屈服点数值、质量等级、脱氧方法等四部分按顺序组成。其中屈服强度的数值以钢材厚度（或直径）不大于 16mm 钢的屈服强度表示；质量等级分 A、B、C、D 四级，A 级质量最低，D 级质量最高；屈服强度的字母以"屈"字汉语拼音字母"Q"表示；沸腾钢、镇静钢分别以"沸"、"镇"二字的汉语拼音字首"F"、"Z"表示；半镇静钢用字母"b"表示，"Z"可以省略。例如 Q235-AF 表示 $\sigma_s = 235\text{MPa}$ 的 A 级碳素结构钢，F 表示沸腾钢。

碳的质量分数为 0.06% ~ 0.38% 的碳素结构钢，属于低中碳的亚共析钢，室温组织为大量铁素体块与珠光体块均匀分布。其塑性、韧性好。适于制作钢筋、钢板等建筑用材料和一般机械构件。

2. 优质碳素结构钢

优质碳素结构钢钢号由两位数字构成，数字表示钢的平均碳的质量分数的万分之几。例如 45 钢，表示平均碳的质量分数为 0.45% 的优质碳素结构钢。若钢中锰含量较高，但不是特意加入的，则在两位数字之后加"Mn"。如 65Mn 钢表示平均碳的质量分数为 0.65% 且锰含量较高的优质碳素结构钢。若为沸腾钢，则在钢号的两位数字之后写上"F"，如 08F 表示平均碳的质量分数为 0.08% 的优质碳素结构沸腾钢。

10、15、20 等钢属于低碳钢，具有良好的冷冲压性能及焊接性，常用来制造受力不大、韧性要求较高的机械零件，如螺钉、螺母、法兰盘、拉杆及化工机械中的焊接容器等。经过渗碳淬火处理后，其表面硬而耐磨，心部保持高的塑性和韧性，常用于制造承受冲击载荷的耐磨零件，如凸轮、摩擦片等。

30、45、50 等钢属于中碳钢，经调质处理（即淬火后高温回火）后，有良好的综合力学性能，是受力较大的机器零件理想的原材料。主要用来制造截面尺寸不大的齿轮、连杆及轴类零件。

60 以上的钢属于高碳钢，经热处理后，有高强度和良好的弹性、适于制造弹簧、钢绳、轧辊等弹性零件及耐磨零件。

易切削钢也是结构钢的一种。其特点是易于切削加工。这种材料适用于自动机床上加工。它是向钢中加入一种或几种易生成脆性夹杂物的元素（硫和磷等），使钢中形成有利于断屑的夹杂物，从而改善了钢的切削加工性能。

3. 碳素工具钢

碳素工具钢的钢号以"碳"字汉语拼音字首"T"与其后面的一组数字组成，数字表示钢中平均碳的质量分数为千分之几。含锰较高的在数字后标注"Mn"，高级优质钢在钢号后标注"A"。如 T10A 表示平均碳的质量分数为 1.0% 的高级优质碳素工具钢。

碳素工具钢随着碳的质量分数的增加，其硬度和耐磨性逐渐增加，而韧性则逐渐下降，应用场合也因之不同。T7、T8 一般用于要求韧性稍高的工具，如：冲头、錾子、简单模具、木工工具等。T9、T10、T11 用于要求中等韧性、高硬度的工具，如手用锯条、丝锥、板牙等，也可用作要求不高的模具。T12、T13 具有高的硬度及耐磨性，但韧性低，用于制造量具、锉刀、钻头、刮刀等。

4. 铸钢

实际生产中，许多形状复杂的零件，很难用锻压等方法成形，用铸铁又难以满足性能要求，这时常需要选用铸钢，采用铸造的方法来获得铸钢件。因此，铸钢在机械制造中，尤其是在重型机械制造业中应用非常广泛。

铸钢的钢号用"ZG + 两组数字"表示，ZG 是"铸钢"二字汉语拼音首位字母，两组数字分别表示最低屈服强度和最低抗拉强度的值，单位是 MPa。如 ZG200—400，表示屈服强度不小于 200MPa，抗拉强度不小于 400MPa 的铸钢。

◈◈◈ 第三节　钢的热处理

一、金属及合金的构造

1. 纯金属的构造

固态物质按其原子（或分子）的聚集状态可分为晶体和非晶体两大类。在晶体中，原子（或分子）按一定的几何规律作周期性地排列；非晶体中原子（或分子）则是无规则地堆积在一起（如松香、玻璃、沥青）。所有的金属在固态下都是晶体。

金属晶体中原子（或分子）按一定规则排列的空间几何格架，简称晶格，不同的金属具有不同的晶格。常见金属的晶格类型有很多种，最主要的有体心立方晶格和面心立方晶格两种，如图 4-5 所示。

金属的晶格类型并非一成不变。有些金属在固态下存在两种或两种以上的晶格形式，如铁、钴、钛等，这类金属在冷却或加热过程中，其晶格形式会发生变化。金属在固态下随温度的改变，由一种晶格转变为另一种晶格的现象，称为同素异构转变。如液态纯铁在 1538℃进行结晶，得到具有体心立方晶格的 δ – Fe。继续冷却到 1394℃时发生同素异构转变，成为面心立方晶格的 γ – Fe。再冷却到 912℃时又发生一次同素异构转变，成为体心立方晶格的 α – Fe。以上两次晶格转变过程都是同素异构转变。

同素异构转变是可逆的，它是材料能否进行热处理的重要依据之一。

纯铁的同素异构转变过程可用下列转变式表示

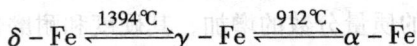

$$\delta - \text{Fe} \underset{}{\overset{1394℃}{\rightleftharpoons}} \gamma - \text{Fe} \underset{}{\overset{912℃}{\rightleftharpoons}} \alpha - \text{Fe}$$

纯铁的同素异构转变过程也可以用其冷却曲线表示，如图 4-6 所示。

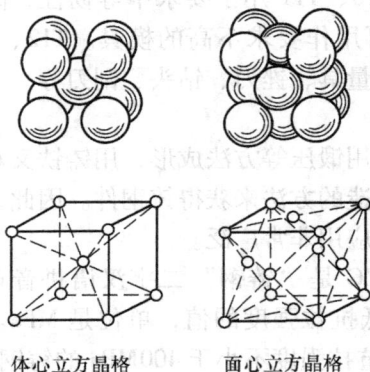

图 4-5　常见金属的晶格类型　　　　图 4-6　纯铁的冷却曲线

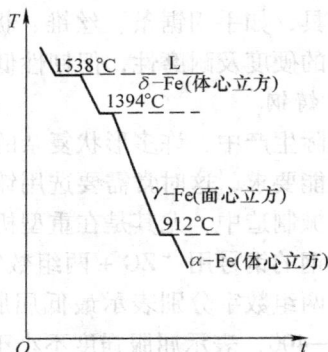

2. 合金的构造

合金是由两种或两种以上元素组成的具有金属特性的物质。例如，钢和生铁是铁和碳的合金，黄铜是铜和锌的合金。

合金的结构比纯金属复杂得多。由于构成合金的元素相互作用不同，合金的构造常分为固溶体、金属化合物和机械混合物。

（1）固溶体　合金在固态下，组元间能够互相溶解而形成的均匀相称为固溶体。如钢中铁素体就是碳原子溶入铁的晶格而构成的固溶体，固溶体保持了溶剂的晶格。通过溶入溶质元素形成固溶体，使金属材料的强度、硬度升高的现象，称为固溶强化。

（2）金属化合物　合金的晶体结构与组成元素的晶体结构均不相同的固相称金属化合物，并可用分子式表示其组成。如钢中的渗碳体就是铁和碳的金属化合物（Fe_3C），金属化合物具有较高的熔点、硬度和脆性。

（3）机械混合物 它是由两种或两种以上的金属晶体相互混合而成的组织。它可以由纯金属、固溶体、金属化合物等晶体相互任意混合而成，如钢中的珠光体就是由固溶体和金属化合物组成的机械混合物。机械混合物的性能取决于构成物体本身的性能及其相对数量和分布状态。

二、钢平衡状态下的组织和性能

钢是铁和碳的合金。当钢液以极其缓慢的速度冷却时，在室温下生成的组织，称为平衡组织。热处理正是通过改变这些平衡组织而改变其性能的。因此，要了解钢在热处理过程中的组织变化以及对性能的影响，还必须研究钢在热处理以前的内部的组织、构造和性能。

1. 钢的基本组织和性能

钢在平衡状态下的基本组织，主要有铁素体、奥氏体、渗碳体和珠光体等。

（1）铁素体 碳溶解在 α-Fe 中形成的固溶体叫铁素体，通常用 F 表示。它溶解碳的能力很小，所以它的性能接近于纯铁。铁素体的强度和硬度均较低，而塑性、韧性很好，能承受冷变形加工。

（2）奥氏体 碳溶解在 γ-Fe 中形成的固溶体叫奥氏体，通常用 A 表示。当奥氏体在 1148℃时，能够溶解的碳最多，可达 $w(C) = 2.11\%$，但随着温度降低，溶解碳的能力也减小。奥氏体的硬度、强度较低，而塑性较高，具有良好的塑性变形能力。

（3）渗碳体 碳与铁相互作用形成的化合物 Fe_3C 叫渗碳体。渗碳体中 $w(C) = 6.69\%$，且不随温度的变化而变化。渗碳体的硬度很高，脆性很大，塑性和韧性几乎等于零。

（4）珠光体 由铁素体和渗碳体组成的机械混合物叫珠光体，通常用 P 表示。珠光体的性能介于铁素体和渗碳体之间，它强度较好，硬度适中，并且有一定的塑性。

2. 钢的组织对性能的影响

随着碳的质量分数的变化，钢的内部组织是变化的，其中铁素体、渗碳体和珠光体的相对数量也是变化的，组织相对数量的变化会影响钢的性能。例如：碳的质量分数小于 0.77% 的碳钢，随着碳的质量分数的增加，由原来全部是铁素体的组织，转变为铁素体加珠光体的组织，并随着碳的质量分数的不断增加，珠光体数量增多，铁素体数量减少，其强度、硬度不断升高，而塑性、韧性不断降低。当碳的质量分数达到 0.77% 时，钢全部由珠光体组成，强度、硬度较高，有一定的塑性、韧性。当碳的质量分数大于 0.77% 时，在珠光体晶粒的晶界上，出现了硬而脆的渗碳体，随着碳的质量分数的增加，渗碳体的数量将增多，而珠光体的数量将减少，并且随着碳的质量分数的继续增加，渗碳体将形成网状。钢中的网状渗碳体，削弱了晶粒间的结合力，使钢的硬度有所提高，而强度、韧性明显降低。所以，钢中碳的质量分数不同，就有不同的组织，也就有不同的力学性能，而不同性能的钢，就有不同的用途。

例如：对于强度要求不高的普通零件，如螺钉、螺栓、普通小轴、销等，可用低碳钢来制造，因为低碳钢强度和硬度低，切削加工容易。对于要求有一定综合力学性能的零件，如机床主轴、传动轴、齿轮等，则可用中碳钢来制造，因为碳的质量分数适中，不仅有一定的强度和硬度，又有较好的塑性和韧性，加工性能也较好。对于各种刃具、量具、模具等工具，如锉刀、钻头、板牙等，则需要用高碳钢来制造，以便获得高的硬度和耐磨性。

三、钢的加热和冷却

钢的热处理是通过钢在固态下的加热、保温和冷却，改变钢的内部组织，从而得到所需要性能的工艺方法。

热处理在机械制造中应用十分广泛，它不仅能提高材料的使用性能，以充分发挥其潜力，还能延长机械零件的寿命，并能提高产品质量，节约金属材料。此外，热处理还可用来改善工件的加工工艺性能，提高劳动生产率。

根据加热、保温和冷却的方式不同，热处理可分为退火、正火、淬火、回火及化学热处理等基本方法。热处理工艺过程中的加热、保温和冷却三个阶段，通常可用温度—时间坐标图形表示，称为热处理工艺曲线，如图4-7所示。由于加热温度、保温时间和冷却速度的不同，将使钢产生不同的组织转变。

$Fe - Fe_3C$ 相图中的 PSK、GS、ES 线是钢在加热和冷却时相变的临界线。在热处理时，要经常使用这些特性线，并且把 PSK 线称为 A_1 线，GS 线称为 A_3 线，ES 线称为 A_{cm} 线，如图4-8所示。在实际生产中加热速度和冷却速度不是极其缓

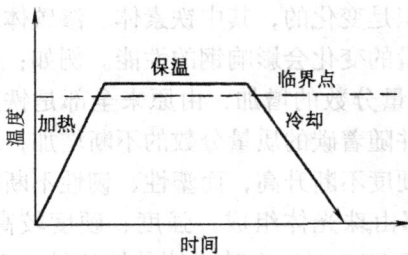

图4-7　热处理工艺曲线

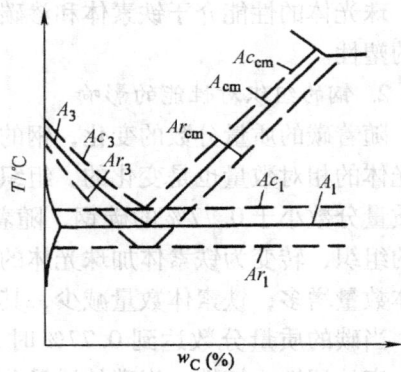

图4-8　加热、冷却时钢的相变温度

慢的，受"过热度"和"过冷度"的影响，加热时实际的相变临界线是 Ac_1、Ac_2 和 Ac_{cm}，冷却时实际的相变临界线是 Ar_1、Ar_3 和 Ar_{cm}。

1. 钢在加热时的组织转变

从 Fe-Fe_3C 相图知道，共析钢在 A_1 以下的组织为珠光体，珠光体是由铁素体和渗碳体混合组成的。加热至 Ac_1 或 Ac_1 以上时，珠光体向奥氏体转变。奥氏体形成过程如图 4-9 所示。

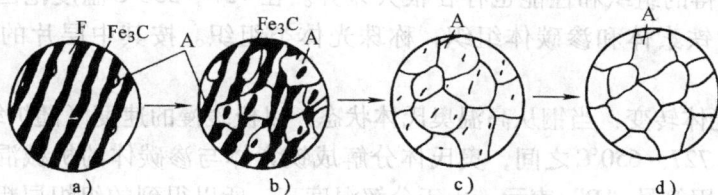

图 4-9 共析钢的奥氏体化过程

a) 界面形核 b) A 核长大 c) 未溶渗碳体的溶解 d) A 均匀化

奥氏体晶核易于在铁素体和渗碳体的交界面上形成。奥氏体晶核形成后，它一面与含有极少量碳的铁素体相接，另一方面与碳的质量分数很高的渗碳体相接，奥氏体中的碳的质量分数是不均匀的。由于碳的扩散，促使铁素体向奥氏体转变以及渗碳体的溶解，这样促成奥氏体的长大。随着时间的延长，奥氏体晶核的不断增多和逐渐长大，直至珠光体全部转变成奥氏体。

钢在加热后要有一定的保温时间，保温不仅是为了把工件热透，使其心部达到与表面同样的温度，还为了获得均匀一致的奥氏体组织，以便在冷却后得到良好的组织与性能。一般碳钢的保温时间比较短，合金钢的保温时间较长，其原因是合金元素充分溶解需要一定的时间。

2. 钢在冷却时的组织和性能

冷却是钢热处理过程中，继加热、保温后的重要工序，它往往决定钢热处理后的组织和性能。

（1）冷却的目的　冷却的目的是将加热到高温奥氏体状态的钢，冷却到低温，使钢中奥氏体发生转变的过程。目的是使奥氏体转变成人们预期的组织和性能，以满足加工和使用的要求。如工具钢退火时，需缓慢冷却，目的是降低硬度，便于切削加工。当加工成零件或工具后淬火时，又需急剧冷却，目的是提高硬度和耐磨性，延长使用寿命。

（2）钢热处理的冷却方式　钢热处理的冷却方式有等温冷却和连续冷却两种。

等温冷却，是将钢加热到奥氏体状态后，以较快的速度冷却到 727℃ 以下的某一温度，保持一段时间，促使奥氏体转变，然后再冷却到室温的冷却方式。连续冷却，是将钢加热到奥氏体状态后，以一定的速度，连续地冷却到室温的冷却方式，其转变是在一个温度范围内连续进行的。在生产中，因连续冷却方式比等温冷却方式操作简单，所以使用较广泛。

（3）钢在冷却时的转变　钢在冷却时所发生的转变以及转变后的组织和力学性能，主要取决于钢的冷却速度和转变温度。现以 T8 钢为例：

1）珠光体型转变。当钢从奥氏体状态冷却下来时，由于冷却速度和转变温度不同，获得的组织和性能也存在很大差异。在 727～550℃ 温度范围内，将获得层片状的铁素体和渗碳体组织，称珠光体类组织。按其中层片的厚薄又分三种。

① 珠光体转变：当钢从高温奥氏体状态，以极缓慢的速度（随炉缓慢冷却）冷却时，在 727～650℃ 之间，奥氏体分解成铁素体与渗碳体的机械混合物，称为珠光体，用符号"P"表示。由于分解温度高，所以得到的组织层粗、强化作用小，强度、硬度低（15HRC），而塑性、韧性好。

② 索氏体转变（又称细珠光体转变）：当钢从高温奥氏体状态，以较快的速度冷却时，在 650～600℃ 之间，奥氏体分解成层片较细的铁素体与渗碳体的机械混合物，称为细珠光体或索氏体，用符号"S"表示。由于分解温度降低，故层片变细，其强化作用增大，强度、硬度比粗层片的珠光体高（30HRC），而塑性、韧性比粗层片的珠光体差。

③ 托氏体转变（又称极细珠光体）：当钢从高温奥氏体状态，以更快的速度冷却时，在 600～550℃ 之间，奥氏体分解成层片极细的铁素体与渗碳体的机械混合物，称为极细珠光体或托氏体，用符号"T"表示。由于分解温度更低，故层片极细、极密，其强化作用更大，强度、硬度更高（40HRC），而塑性、韧性更低。

从以上分析可以清楚地看出，上述三种组织都由铁素体和渗碳体组成，均是层片状组织，其本质没有区别，都属于珠光体类型。但是，由于铁素体和渗碳体的层片厚薄不同，所以也影响到钢的性能。珠光体的层片越细密，其强度和硬度越高。除 T8 钢外，碳的质量分数低于 0.77% 的钢，从奥氏体状态冷却时，在生成珠光体以前，首先从奥氏体中分解出铁素体。转变后的组织，常由珠光体和铁素体组成。随碳的质量分数的增加和冷却速度增大，铁素体逐渐减少。

碳的质量分数高于 0.77% 的钢，从奥氏体状态冷却时，在生成珠光体之前，首先从奥氏体中分解出渗碳体。碳的质量分数越高，冷却速度越慢，分解出的渗碳体越多。缓慢冷却时渗碳体容易形成网状，称为网状渗碳体。

2）马氏体转变。当 T8 钢从高温奥氏体状态，以极快的速度冷却到 230℃（Ms）以下时，奥氏体转变成马氏体的过程，称马氏体转变。马氏体是碳溶解于

$\alpha - Fe$ 中的过饱和固溶体，是一种不稳定的组织，它有很高的硬度（60 ~ 65HRC），但塑性、韧性几乎等于零，马氏体常用符号"M"表示。临界冷却速度是指能使奥氏体冷却到低温，再向马氏体转变的最小冷却速度，常用符号 $V_{临}$ 来表示。如果冷却速度小于临界冷却速度，则奥氏体将在未转变成马氏体之前，就会分解成珠光体类型的组织。所以要获得马氏体，冷却速度就必须大于临界冷却速度。

奥氏体向马氏体转变，是在一定温度范围进行的。奥氏体向马氏体转变的开始温度，常用 Ms 表示，马氏体转变终止温度用 Mf 表示。对 T8 钢来说，只有到了 $-80℃$（Mf）时，过冷奥氏体才全部转变成马氏体。所以在 $Ms ~ Mf$ 之间的组织为马氏体和残余奥氏体。

四、钢的普通热处理

1. 退火

退火是将钢加热到工艺预定的某一温度，经保温后缓慢冷却下来的热处理方法。常用的退火方法有完全退火、球化退火和去应力退火等。

（1）完全退火　完全退火是指将钢完全奥氏体化，随之缓慢冷却，获得接近平衡组织的退火工艺。它主要用于亚共析钢件，目的是细化晶粒、改善组织和提高力学性能。

（2）球化退火　球化退火是将钢加热到工艺预定的温度，经长时间保温，钢中片状渗碳体自发地转变为颗粒状（球状）渗碳体，然后以缓慢的速度冷却到室温的工艺方法。主要用于共析钢和过共析钢件，目的是降低硬度、改善切削加工性能，为淬火作好组织准备，防止淬火加热时的变形和开裂。

（3）去应力退火　去应力退火是将钢加热到 600 ~ 650℃左右，保温一段时间，然后缓慢冷却到室温的工艺方法。它主要用于消除铸件、锻件、焊接结构的内应力，以稳定尺寸，减少变形。

2. 正火

正火是将钢加热到工艺规定的某一温度，使钢的组织完全转变为奥氏体，经保温一段时间后，在空气中冷却到室温的工艺方法。正火的冷却速度比退火稍快，过冷度稍大。因此，正火后所获得的组织较细，强度、硬度较高。

正火与退火的工艺和目的相似，在实际生产中，正火主要应用于下列几个方面：第一，凡碳的质量分数低于 0.45% 的碳钢，都用正火替代退火；第二，过共析钢常用正火来消除网状渗碳体，给球化退火作组织上的准备；第三，对使用性能要求不高的工件，常用正火代替调质。

3. 淬火

淬火是将钢加热到临界温度 Ac_1 或 Ac_3 以上，保温一段时间，然后快速冷却下来的一种热处理方法。淬火的目的是提高钢的硬度和耐磨性，使结构零件获得良好的综合力学性能。

（1）淬火加热温度的选择　各种钢的淬火加热温度主要由其组织的类型及临界温度来确定。

亚共析钢的淬火加热温度一般为 $Ac_3 +$（$30 \sim 50$℃），淬火后的组织为均匀的马氏体。如果淬火加热温度不足（小于 Ac_3），则淬火后的组织中保留原始组织中的铁素体，造成淬火硬度不足；反之，若加热温度过高，则又会使奥氏体的晶粒粗大。

过共析钢的淬火加热温度一般为 $Ac_1 +$（$30 \sim 50$℃），淬火后的组织为马氏体 + 渗碳体。由于渗碳体是硬度很高的小颗粒，它均匀分布在钢中，能进一步提高钢的硬度和耐磨性。如果过共析钢加热到 Ac_{cm} 以上，则得到单相奥氏体，淬火后只能得到单相马氏体组织，其硬度和耐磨性不如马氏体 + 渗碳体高。

（2）淬火加热的保温　淬火加热后保温的目的是为了热透工件，使组织转变一致，化学成分均匀。

（3）淬火介质　淬火是使钢获得马氏体的过程，其冷却速度必须大于临界冷却速度。获得该速度的方法，是把工件放在淬火介质中冷却。目前工厂中常用的有水、盐水和油类。

水是属于冷却能力较强的淬火介质，适用于碳素结构钢、低合金工具钢和碳素工具钢的淬火。盐水和碱水是食盐和碱类的水溶液，其冷却能力比水更强，因此适用于低碳钢或中碳钢的淬火。油类属于冷却能力较弱的淬火介质，适用于合金钢、小截面或形状复杂的碳钢工件的淬火。

（4）淬火方法及应用

1）单介质淬火：单介质淬火是指将钢件奥氏体化后，浸入一种淬火介质中连续冷却至室温。如碳钢件在水中淬火，合金钢件在油中淬火等。单介质淬火操作简便，但容易产生淬火应力，引起变形甚至裂纹。

2）双介质淬火：双介质淬火是指将钢件奥氏体化后，先浸入一种冷却能力强的介质，在钢件还未到达该淬火介质温度之前即取出，马上浸入另一种冷却能力弱的介质中冷却，如先水后油、先水后空气等。适用于形状复杂钢件的淬火工艺。

3）马氏体分级淬火：马氏体分级淬火是指将钢件奥氏体化后，随着浸入温度稍高或稍低于钢的上马氏体点（Ms）的液态介质（盐浴或碱浴）中，保持适当时间，待钢件的内外层都达到介质温度后取出空冷，以获得马氏体组织的淬火工艺。这种方法比双介质淬火容易控制，适用于尺寸较大、形状复杂钢件的淬火工艺。

4）贝氏体等温淬火：贝氏体等温淬火是指将钢件加热到奥氏体化后，随之快冷到贝氏体转变温度区间（260～400℃）等温，使奥氏体转变为贝氏体的淬火工艺，有时也称等温淬火，等温淬火产生的淬火应力与变形极小，适于小型复杂钢件的淬火工艺。

（5）淬透性与淬硬性：淬透性是指钢淬火后所能获得淬硬层深度的能力。淬透性越好，淬硬层越深。淬透性是衡量钢材热处理工艺性能好坏的重要指标。淬硬性是指钢经过淬火后所能达到的最高硬度值。

4. 回火

钢件淬火后必须经过回火。回火就是将淬火钢重新加热到工艺预定的某一温度（低于临界温度），经保温后再冷却到室温的热处理工艺。淬火钢回火的目的在于消除淬火内应力，调整钢的力学性能，稳定钢件的组织和尺寸。根据零件的力学性能要求和回火温度不同，回火方法有以下三种：

（1）低温回火　低温回火的温度为150～250℃，得到的组织为回火马氏体。目的是降低淬火钢的脆性及内应力，保持高硬度和高耐磨性。低温回火适用于量具、切削工具、冲模等以及滚动轴承和渗碳淬火零件。

（2）中温回火　中温回火的温度为350～450℃，得到的组织为回火托氏体。这种组织不仅具有一定的韧性和硬度，而且具有高的弹性和屈服强度。中温回火常用于各种弹簧和锻模的回火。

（3）高温回火　高温回火的温度为500～650℃，得到的组织为回火索氏体，它具有较高的强度和冲击韧度的力学性能。高温回火常用于传动件和重要的紧固件，如曲轴、连杆、气缸、螺栓等。在生产中常把淬火后进行高温回火的热处理，称为调质处理。

回火是热处理的最后一道工序，它直接影响成品的质量，因此回火温度必须严加控制。

五、钢的表面热处理

许多零件，如齿轮、凸轮、曲轴等，不仅要求表面具有高的硬度和耐磨性，还要求心部具有足够的韧性。若要满足这些要求，仅仅依靠选材和采用一般热处理方法是难以实现的，而采用表面热处理工艺则能满足上述要求。表面热处理是仅对工件表层进行热处理，以改善其组织和力学性能的工艺，它包括表面淬火和化学热处理两类。

1. 表面淬火

表面淬火是指使工件表面迅速加热到淬火温度，而不等热量传到中心就迅速冷却。表面淬火后，工件的表层获得硬而耐磨的马氏体组织，而心部仍保持原来的韧性较好的组织。为了使淬火工件的表面耐磨，钢中的碳的质量分数应大于0.3%。表面淬火用钢一般是中碳钢或中合金钢。

加热工件的方法主要有感应加热和火焰加热两种。感应加热是利用感应线圈中的交变电磁场，使工件表面产生感应电流，依靠电热效应使表面金属温度迅速升高至淬火温度，然后进行喷水冷却。火焰加热是利用氧－乙炔焰直接加热工件，使其表面迅速升温至淬火温度，然后进行喷水冷却。表面淬火常应用于齿轮、曲轴轴颈、凸轮等零件的表面硬化处理。

2. 化学热处理

化学热处理是将工件置于化学介质中加热保温，使工件表面渗入某种元素以改变其化学成分组织和力学性能的热处理工艺。化学热处理包含分解（化学介质在一定温度下分解出活性原子）、吸收（活性原子被工件表面吸收并渗入工件表面）和扩散（渗入的活性原子由表及里的渗透形成扩散层）三个基本过程。最常用的化学热处理方法有渗碳和渗氮两种。

（1）渗碳　渗碳是使介质分解出的活性碳原子渗入工件表层，提高表层组织中的碳的质量分数，经淬火及低温回火使工件表层具有高的硬度和耐磨性，而心部仍保持原来的组织和性能的热处理工艺方法。

渗碳主要用于低碳钢和低碳合金钢，渗碳后工件表层碳的质量分数为0.85%～1.05%，经淬火与低温回火后表面硬度为56～64HRC，而心部仍保持良好的塑性、韧性。按所用的渗碳剂不同，渗碳的方法分为固体渗碳法和气体渗碳法等，目前生产中广泛应用的是气体渗碳法。

（2）渗氮　渗氮是使化学介质分解出的活性氮原子，渗入工件表层形成氮化层的热处理工艺方法。渗氮后的工件表面生成的氮化物，由于结构致密，硬度高，所以能抵抗化学介质的侵蚀，并具有比渗碳更高的表面硬度、耐磨性、热硬性和疲劳强度，不再需要淬火强化。

目前，常用的渗氮方法是气体渗氮，气体渗氮用钢以中碳合金钢为主，使用最广泛的钢为38CrMoAlA。

六、钢的表面处理

在实际生产中，许多零件和工具为了防止其使用时表面产生腐蚀及增加表面的美观，常对其进行适当的处理，使零件和工具的表面生成一层均匀而致密的氧化膜。这不仅提高了表面的抗蚀性能，而且氧化膜所具有的光泽也增加了美观。目前常用的表面处理方法有氧化、发黑和磷化等。

1. 氧化

氧化是一种表面处理方法。其基本原理是将工件置于浓碱（NaOH）和氧化剂亚硝酸钠（$NaNO_2$）或硝酸钠（$NaNO_3$）的溶液中加热。如需改善表面质量和色泽，可适量增加一些磷酸三钠（Na_3PO_4），使零件表面很快生成一层均匀而致密的氧化膜，其颜色随氧化膜的加厚，由初现时的黄色转变为橙色、红色、紫

红色、紫色、蓝色到黑色。

若使用的氧化剂是亚硝酸钠，得到的氧化膜呈蓝褐色，光泽较好，俗称发蓝。若使用的氧化剂是硝酸钠，得到的氧化膜呈深黑色，俗称发黑。

2. 磷化

磷化是把工件置于磷酸盐溶液中进行处理，使金属表面生成一层不溶于水的磷酸盐薄膜的过程。由于磷化层有微孔，能促使清漆、切削液和润滑油的浸润，而且磷化层和油漆有很强的结合力，可作油漆的底层。磷化层的抗蚀能力很强，并且有一定的抗氧化能力，可抵抗多种介质的侵蚀，电绝缘性也很高，所以在机械制造中可以用它作为机械零件的防护层。

◇◇◇◇ 第四节　合　金　钢

合金钢就是在碳素钢的基础上，为了改善钢的性能，在冶炼时有目的地加入一些元素的钢，加入的元素称合金元素。合金钢常用的合金元素有锰、硅、铬、镍、钨、钒、钛、硼、稀土等。

一、合金钢的特点及分类

1. 合金钢的特点

与碳素钢相比，合金钢具有如下特点：

1）力学性能好。碳的质量分数相同的碳素钢与合金钢，经同样的热处理，其力学性能区别较大。如 40 钢经调质其抗拉强度 $R_m > 750MPa$，而 40Cr 钢经调质其抗拉强度 $R_m > 1\,000MPa$。在 40 钢和 40Cr 钢调质后硬度相同的情况下，40Cr 钢的塑性和韧性比 40 钢好。

2）具有较好的淬透性。工件淬火时，若能完全淬透，则经高温回火后，工件整个截面上都能获得良好的综合力学性能。如仅表面淬硬而心部未淬硬，即淬透性差，那么经高温回火后，工件的综合力学性能明显降低。相同直径的碳素钢与合金钢，碳素钢即使在剧烈的冷却介质中淬火，其淬透深度也是有限的。合金钢在同样介质中淬火，淬透深度要比碳素钢深，甚至在较缓慢的冷却介质中冷却，也能获得较深的淬透层。因此，大型结构零件一般均采用合金钢来制造。

3）某些合金钢还具有特殊的物理、化学性能。如大量的镍、锰加入钢中，能使钢在室温下保持奥氏体组织，消失磁性成为无磁钢。大量的铬、镍加入钢中，能使钢的耐蚀性提高，成为不锈耐酸钢。硅、钼、铬、铝等元素加入钢中，又会使钢的抗氧化性和高温强度提高，成为耐热钢和抗氧化不起皮钢等。

但是，合金钢冶炼较困难、价格较高，且容易产生冶金缺陷，所以只有当碳素钢不能满足要求时才使用。

2. 分类

合金钢的种类繁多，按用途可分为合金结构钢、合金工具钢和特殊性能钢。按合金元素的含量分为低合金钢 [$w(Me) \leqslant 5\%$]、中合金钢 [$w(Me) = 5\% \sim 10\%$] 和高合金钢 [$w(Me) > 10\%$]。

3. 合金钢钢号的表示方法

合金结构钢的钢号是采用"二位数字 + 化学元素符号 + 数字"的方法来表示的。前面的数字表示钢中碳的平均质量分数的万分之几，合金元素直接用化学元素符号表示，后面的数字表示合金元素平均质量分数的百分之几。凡合金元素平均质量分数 $w(Me) < 1.5\%$ 时，钢号中只标明元素，一般不标明质量分数；如果平均质量分数 $w(Me) \geqslant 1.5\%$、2.5%、3.5%……则相应地以2、3、4……表示。如果为高级优质钢，则在钢号后加"A"。例如：

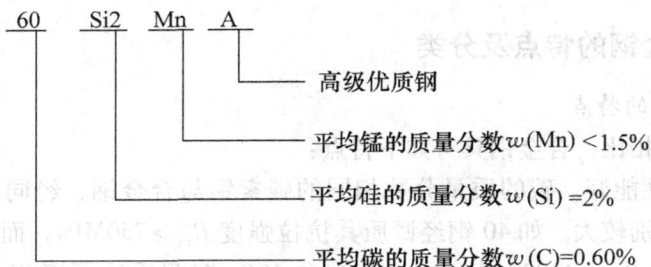

```
60   Si2   Mn   A
                └──── 高级优质钢
            └──────── 平均锰的质量分数 w(Mn) <1.5%
      └────────────── 平均硅的质量分数 w(Si) =2%
└──────────────────── 平均碳的质量分数 w(C)=0.60%
```

合金工具钢牌号的表示方法与合金结构钢大体相同，所不同的是碳的质量分数的表示方法。当平均碳的质量分数 $w(C) \geqslant 1.0\%$ 时，在牌号中不标出；当平均碳的质量分数 $w(C) < 1.0\%$ 时，则在牌号前以千分之几表示。例如：

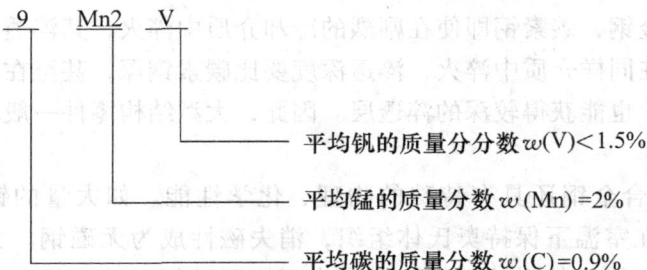

```
9   Mn2   V
          └──── 平均钒的质量分数 w(V)<1.5%
      └──────── 平均锰的质量分数 w(Mn)=2%
└────────────── 平均碳的质量分数 w(C)=0.9%
```

Cr12

———— 平均铬的质量分数 $w(Cr)=12\%$

———— 不写数字，平均碳的质量分数 $w(C)>1.0\%$

一些特殊专用钢，为表明其用途，在钢号前需附加字母。如滚动轴承钢（GCr15），其钢号前面加"滚"字汉语拼音大写字母"G"表示。

二、常用合金钢

1. 低合金高强度结构钢

低合金钢是一类可焊接的低碳低合金工程结构用钢，主要用于房屋、桥梁、船舶、车辆、铁道、高压容器及大型军事工程等工程结构件。其中低合金高强度结构钢是结合我国资源条件（主要加入锰）而发展起来的优良低合金钢之一，钢中 $w(C) \leqslant 0.2\%$（低碳使钢具有较好的塑性和焊接性），$w(Mn)=0.8\%$~1.7%（Mn 为我国富有而便宜的元素），辅以我国富产资源钒、铌等元素，通过强化铁素体、细化晶粒等作用，使其具备了高的强度和韧性、良好的综合力学性能、良好的耐蚀性等。

低合金高强度结构钢通常是在热轧经退火（或正火）状态下供应的，使用时一般不进行热处理。

低合金高强度结构钢分为镇静钢和特殊镇静钢，在钢号的组成中没有表示脱氧方法的符号，其余表示方法与碳素结构钢相同。例如 Q390A，表示屈服点为390MPa 的 A 级低合金高强度结构钢。

由于低合金高强度结构钢具有一系列优良的性能，所以近年来发展极为迅速，有取代碳素结构钢的趋势，已成为我国钢铁生产的方向之一。特别是 Q345A（原 16Mn）生产最早，产量最大，低温性能较好，可以在 -40~450℃范围内使用。南京长江大桥就是采用 Q345A 建造的。目前，它已在锅炉、高压容器、油管、大型钢结构，以及汽车、拖拉机、挖掘机等方面获得广泛应用。

2. 机械结构用合金钢

机械结构用合金钢是在碳素结构钢的基础上加入适量的合金元素的钢。按照用途及热处理的不同，可分为：渗碳钢、调质钢、弹簧钢、滚动轴承钢等。

（1）合金渗碳钢 合金渗碳钢碳的质量分数在 0.15%~0.25% 之间，主要加入锰、铬、硼等合金元素。经过渗碳、淬火、回火处理，可获得很硬的表面层，又保持心部有很高的塑性、韧性，适于制造易磨损而又承受较大冲击载荷的零件，如汽车、拖拉机的齿轮、凸轮轴、气门顶杆等。常用的渗碳钢有 20Cr、20Mn2B、20CrMnTi、20MnVB。

（2）合金调质钢 合金调质钢碳的质量分数在 0.3% ~ 0.5% 之间，主要加入锰、硅、铬、钼、钒等合金元素，改善了钢的淬透性。经调质处理后，具有良好的综合力学性能，适用于制造性能要求高及截面尺寸较大的重要零件，如承受交变载荷、中等转速、中等载荷的轴类、杆类、齿轮等零件。常用的合金调质钢有 40Cr、40Mn2、35CrMnSi 和 40MnB 等。

（3）合金弹簧钢 合金弹簧钢碳的质量分数在 0.45% ~ 0.70% 之间，主要加入锰、硅、铬、钒等合金元素，经过淬火及中温回火后，能获得高的弹性。重要的或大断面的弹簧，都采用合金弹簧钢制造，如机车车辆、汽车、拖拉机上的螺旋弹簧及板弹簧、阀门弹簧等。常用的合金弹簧钢有 60Si2Mn、50CrVA 等。

（4）滚动轴承钢 滚动轴承钢是制造滚动轴承的内圈、外圈和滚动体的专用钢，也可用于制造工具、量具和模具等。

一般采用高碳铬钢作为滚动轴承钢，它的合金元素含量低，价格便宜，具有高强度、高耐磨性、良好的耐疲劳性和淬透性，还有良好的工艺性能。常用的滚动轴承钢有 GCr6、GCr9、GCr15、GCr15SiMn 等。

3. 合金工具钢和高速工具钢

（1）合金工具钢

1）量具刃具钢。量具刃具钢中的合金元素总量少，主要有铬、硅、锰等元素。与碳素工具钢相比，主要在淬透性方面有明显提高，在热硬性、硬度、耐磨性等方面并无显著改善。因此，从应用方面看，量具刃具钢主要用于制造形状较复杂、截面尺寸较大的低速切削刃具。

量具是机械制造过程中控制加工精度的测量工具，如游标卡尺、千分尺、量块、样板等。它们在使用时常与被测工件接触，受到磨损和碰撞，因此量具应该有高硬度、耐磨，高的尺寸稳定性以及足够的韧性。量具刃具钢含碳量高，一般为 $w(C)$ =0.9% ~1.5%。为了减少淬火变形，常加入 Cr、W、Mn 等元素，提高钢的淬透性，在淬火时可采用较缓和的冷却介质，减少热应力及变形，以保证高的尺寸精度。对简单量具如游标卡尺、样板、直尺、量规等，采用 T10A、T11A、T12A、Cr2、9SiCr 等钢制造；对形状复杂，精度要求高的量具如量块、塞规等，一般都采用热处理变形小的冷作模具钢，如 CrWMn、CrMn 或滚动轴承钢制造；对要求耐蚀性的量具可用马氏体型不锈钢如 3Cr13、4Cr13、9Cr18 等制造。

2）耐冲击工具钢。这类钢是在 CrSi 钢的基础上添加质量分数为 2.0% ~2.5% 的 W，以细化晶粒，提高回火后的韧性，例如 5CrW2Si 钢等（GB/T 1299—2000），主要用作风动工具、錾、冲模、冷作模具等。

3）模具钢。按模具工作条件不同，可分为冷作模具钢和热作模具钢。

① 冷作模具钢——是用来制造冷冲模、下料模、剪切模、拉丝模等冷态工作的模具。工作时，要求模具具有高的硬度（50～60HRC）、耐磨性和一定的韧性，同时要求在热处理时变形小，通常可以采用 T10A、T12A、9Mn2V 和 9SiCr 等。对于形状复杂，要求高精度、高耐磨性的模具，则选用 Cr12 和 Cr12MoV 等来制造。

② 热作模具钢——如热锻模、热压模，在工作过程中常常受到加热和冷却的交替作用，因此要求模具有足够的室温强度和韧性外，还应具有高的高温强度和耐热疲劳性。目前，常用的热作模具钢有 5CrMnMo 和 5CrNiMo 等。

（2）高速工具钢　高速工具钢是一种高合金钢，碳的质量分数范围为 0.70%～1.65% 之间，主要合金元素有钨、钼、钒等，$w(Me)$ 达 10%～25%，具有很高的淬透性。热处理后具有高的热硬性和足够的强度，高的硬度和耐磨性。当以较高的切削速度进行加工时，仍能保持刃口锋利，故俗称为"锋钢"。高速钢在刀具材料中占有十分重要的位置。

高速钢的品种繁多，主要有钨系高速钢和钨钼系高速钢。钨系高速钢以 W18Cr4V 为代表，其突出优点是通用性强，工艺较成熟，所以广泛使用。但其碳化物偏析严重，热塑性低，不便于热成形，在加工特硬、特韧材料时，硬度和热硬性都不符合要求。同时它的合金元素含量较高，价格贵，主要用于制造工作温度在 600℃ 以下、结构复杂的成形刀具和普通麻花钻等。

钨钼系高速钢以 W6Mo5Cr4V2 为代表，它是在钨系高速钢的基础上，以钼代替部分钨而制成的。其主要优点是由于钼的存在降低了碳化物偏析程度，提高热塑性，为高速钢的热成型创造了条件。经淬火、回火后，韧性和耐磨性均优于钨系高速钢，且通用性强，使用寿命长，价格低，故应用日益广泛。除可代替 W18Cr4V 制造麻花钻、滚刀、铣刀、插齿刀和扩孔刀等外，还适合制造薄棱刃及大截面的刀具。

4. 特殊性能钢

具有特殊用途和特殊物理、化学性能的钢，称为特殊性能钢。常用的特殊性能钢主要有不锈钢、耐热钢和耐磨钢。

（1）不锈钢　不锈钢具有抵抗空气、水、酸、碱等腐蚀作用的能力，其成分特点是铬和镍的质量分数较高，碳的质量分数较低。常用的有铬不锈钢和铬镍不锈钢两种。

铬不锈钢的主要钢号有 12Cr13、20Cr13、30Cr13 和 40Cr13，主要用来制造医疗工具、量具、阀门和滚动轴承配件等。

铬镍不锈钢主要钢号有 06Cr18Ni10、12Cr18Ni9 和 17Cr18Ni9 等。这类钢不

仅具有良好的抗蚀能力，而且还能耐酸，可以用来制造盛酸类的容器与管道等。

（2）耐热钢　耐热钢能适应高温条件下工作，即在高温条件下仍具有高的强度和不被氧化的性能。耐热钢也含有较高的铬、镍，另外还含有钨、钼、钒等。

常用的耐热钢如下：15CrMo 是典型的锅炉钢，可制造在 350℃ 以下工作的零件；42Cr9Si2、40Cr10Si2Mo 又称阀门钢，用以制造在 500℃ 以下工作的排气阀。

（3）耐磨钢　耐磨钢可以在严重磨损及强烈撞击条件下工作。目前耐磨钢最常用的是高锰钢，钢号为 ZGMn13（"Z"、"G" 是 "铸"、"钢" 二字的汉语拼音字首）。这种高锰钢中锰的质量分数为 13% 左右，在铸造后经 "水韧处理" 即可使用。其方法是把钢加热到 1 000 ~ 1100℃，保持一段时间，然后迅速把钢淬于水中冷却。水韧处理后，高锰钢组织为单一奥氏体，硬度并不高，但当零件受到剧烈冲击作用，便产生加工硬化现象，使硬度大大提高，因而具有耐磨性。高锰钢主要用来制造拖拉机履带板、挖掘机铲齿、颚式破碎机的颚板和球磨机衬板等。

◆◆◆ 第五节　铸　铁

铸铁具有良好的铸造性、减振性和切削加工性等特点，在机械制造中应用很广，常见的机床床身、工作台、箱体等形状复杂或受压力及摩擦作用的零件大多用铸铁制成。

工业上常用铸铁的碳的质量分数一般为 2.5% ~ 4.0%，此外，还含有较多的硅、锰、硫、磷等杂质。有时为了提高力学性能或物理、化学性能，还可以加入一定量的合金元素，得到合金铸铁。

一、铸铁的分类及石墨化

1. 分类

铸铁按其碳的存在形式和石墨的形状分为白口铸铁、灰铸铁、可锻铸铁、球墨铸铁和蠕墨铸铁。此外还有含合金元素的合金铸铁。

（1）白口铸铁　碳全部以渗碳体的形式存在，其断口呈白亮色。由于白口铸铁中的渗碳体硬而脆，切削加工极为困难，工业上很少直接应用它来制造零件的毛坯。

（2）灰铸铁　碳大部分以片状石墨形式存在，其断口呈暗灰色，在工业中得到广泛的应用。

（3）可锻铸铁　碳大部分以团絮状石墨存在，有较高的塑性、韧性。

（4）球墨铸铁　碳大部分以自由状态的球状存在，其抗拉强度、塑性和韧性都大大超过灰铸铁，在一定程度上可以代替钢用于制造重要零件。

（5）蠕墨铸铁　将高碳、低硫、低磷及含有一定硅、锰的铁液，经过炉前处理后，得到的一种蠕虫状石墨的铸铁，具有良好的铸造性能和较高的力学性能。

为了进一步提高铸铁的性能，或为了得到某种特殊的物理、化学性能，在铸铁中加入铬、钼、钒、铜、铝等元素，即成为合金铸铁。

2. 影响石墨化的因素

铸铁中的碳可以呈自由的石墨（G）状态存在，也可以与铁结合成渗碳体（Fe_3C）的状态存在。铸铁中的碳以石墨状态析出的过程称为石墨化，铸铁的石墨化主要受到化学成分和冷却速度两种因素的影响。

（1）化学成分的影响　碳和硅是促进石墨化的元素。铸铁中碳和硅的含量越高，则越易得到灰口组织。锰和硫是阻碍石墨化的元素，容易使碳以渗碳体的状态存在。磷对石墨化的影响不大。

（2）冷却速度的影响　铸铁的冷却速度对铸铁的石墨化影响很大。冷却速度越慢，石墨析出越多；若冷却速度越快，石墨不易析出，却容易形成白口组织。生产上为了促使石墨化的充分进行，防止产生白口和提高铸铁质量，常合理调整碳、硅、硫、锰的含量，并控制冷却速度，以影响石墨化的过程。图 4-10 表示化学成分（C+Si）和冷却速度（铸件壁厚）对铸铁组织的综合影响。

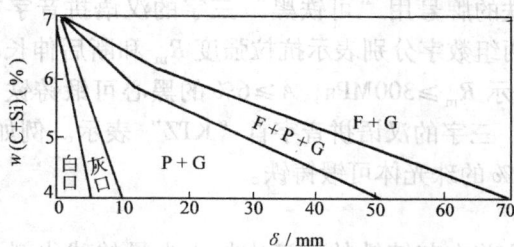

图 4-10　铸铁成分和冷却速度对铸铁组织的影响

二、常用铸铁件

1. 灰铸铁

灰铸铁的石墨呈片状分布，其基体可以是铁素体、铁素体 + 珠光体和珠光体三种，分别称为铸素体灰铸铁、铁素体—珠光体灰铸铁和珠光体灰铸铁。

强度极低的石墨呈片状分布于基体上，造成对基体的割裂作用，同时会在石墨片的夹角处引起应力集中。因此灰铸铁的抗拉强度和塑性大大低于具有同样基体的钢。但它的抗压强度却与相同基体的退火钢相近。此外，由于石墨的存在，使灰铸铁具有良好的减振性、耐磨性和较低的缺口敏感性。由于普通灰铸铁具有上述特性，因而它主要用于制造承受压力和要求减振的床身、机架、箱体、壳体，经受摩擦的导轨等，以及其他低负荷、不重要的零件。

灰铸铁的牌号用"灰铁"二字的汉语拼音字首"HT"与其后面一组数字表示。数字表示铸铁最小抗拉强度 R_m 值。例如 HT150 表示最小抗拉强度 R_m 为150MPa 的灰铸铁。

经孕育处理的铸铁称孕育铸铁。孕育处理可以使铸铁中的石墨细化并分布均匀，使铸铁各个部位都获得均匀一致的珠光体＋细石墨片的组织。它的强度、硬度、塑性和韧性均比其他牌号的灰铸铁高。

2. 可锻铸铁

可锻铸铁是将白口铸铁进行长时间退火而得到一种铸铁，其石墨呈团絮状。由于石墨呈团絮状，对基体的割裂作用较片状石墨小。因此，它比灰铸铁有良好的塑性、韧性和强度，但实际上仍是不可锻的。可锻铸铁可用来制造承受冲击、振动及扭转载荷下的工作零件。如凸轮、连杆、齿轮等。

根据采用的可锻化退火不同，可锻铸铁分为铁素体（黑心）可锻铸铁与珠光体可锻铸铁两种。

铁素体可锻铸铁断口呈黑灰色，基体组织为铁素体，具有较好的塑性、韧性。珠光体可锻铸铁，断口呈亮灰色，基体组织为珠光体，具有一定的塑性和较高的强度。

铁素体可锻铸铁的牌号用"可铁黑"三字的汉语拼音字首"KTH"及其后面两组数字表示。两组数字分别表示抗拉强度 R_m 和断后伸长率 A 的最小值。例如：KTH300—06 表示 $R_m \geqslant 300MPa$，$A \geqslant 6\%$ 的黑心可锻铸铁；珠光体可锻铸铁的牌号用"可铁珠"三字的汉语拼音字首"KTZ"表示。例如 KTZ450—06 表示 $R_m \geqslant 450MPa$，$A \geqslant 6\%$ 的珠光体可锻铸铁。

3. 球墨铸铁

球墨铸铁是浇注前在灰铸铁的铁液中加入少量的球化剂（镁、钙和稀土元素等）和孕育剂（硅铁或硅钙合金），使石墨呈球状析出而得到的。按基体组织不同，球墨铸铁可分为铁素体球墨铸铁和珠光体球墨铸铁。以铁素体为基体的球墨铸铁，具有较高的塑性、韧性和一定强度，但硬度较低。以珠光体为基体的球墨铸铁具有较高强度、硬度和一定的韧性。

由于球墨铸铁中的石墨呈球状存在，对基体的割裂作用而引起应力集中程度较团絮状石墨小。球墨铸铁的热处理工艺性能较好，凡是钢可进行的热处理，一般都适合球墨铸铁，因此具有良好的综合力学性能。其屈服强度、抗拉强度、疲劳强度、耐磨性、耐热性都接近于钢甚至超过钢。球墨铸铁还具有良好的切削加工性和低的缺口敏感性。球墨铸铁具有优良性能，在许多地方可以代替钢材，甚至合金钢。它被广泛应用于制造柴油机、汽车发动机的曲轴、连杆、缸套、齿轮、支架等。

球墨铸铁的牌号用"球铁"二字汉语拼音字首"QT"及其后面两组数字表示。两组数字分别表示最低抗拉强度 R_m 与断后伸长率 A 的值。例如 QT400—18 表示 $R_m \geqslant 400MPa$，$A \geqslant 18\%$ 的球墨铸铁。

4. 蠕墨铸铁

对铁液进行蠕墨化处理可以获得蠕虫状形态石墨的蠕墨铸铁。其力学性能优于灰铸铁而低于球墨铸铁，与灰铸铁相比蠕墨铸铁不但韧性稍高、耐磨性好、断面敏感性小，而且抗氧化、抗热冲击性均比灰铸铁优越，但切削加工性稍差。蠕墨铸铁用于制造复杂的大型铸件和大型机床零件，如立柱等。特别适用于制造受冲击的铸件，如大型柴油机的气缸盖、制动盘和制动毂；也适用于制造耐压气密件，如阀体等。

蠕墨铸铁的牌号用符号"RuT"及其后数字表示，其中"RuT"是蠕铁两字汉语拼音的第一字母，其后面的数字表示最低抗拉强度（R_m）值。如 RuT340 表示抗拉强度 $R_m \geqslant 340MPa$ 的蠕墨铸铁。

◇◇◇◇ 第六节　非铁金属材料

在工业生产中通常称钢铁为黑色金属材料，而把所有钢铁以外的其他金属材料称为非铁金属材料。非铁金属材料的种类较多，它们常具有某些独特的性能和优点，如银、铜、铝及其合金具有较好的导电和导热性；铝、镁、钛等及其合金密度小；钨、钼、钽等及其合金能耐高温。因此，非铁金属材料是现代工业中不可缺少的金属材料。在机械工业中，常用的非铁金属材料，主要有铝及铝合金、铜及铜合金、轴承合金等。

一、铝及铝合金

1. 纯铝

纯铝的密度小（$\rho = 2.7 \times 10^3 kg/m^3$），熔点低（660℃），具有较好的导电和导热性。纯铝的强度和硬度都很低，但塑性好（$\psi = 80\%$）。铝在大气中容易氧化，使表面生成一层致密的三氧化二铝保护薄膜，能阻止铝继续氧化，故铝在大气中具有良好的抗蚀能力。所以纯铝可以做导电体、电缆、铝丝及一些要求不锈耐蚀的用品和器皿。

工业纯铝的旧牌号有 L1、L2、L3…，符号 L 表示铝，后面的数字越大纯度越低。对应新牌号为1070、1060、1050……。

2. 铝合金

由于纯铝的强度很低，不适宜作承受载荷的结构零件。在纯铝中加入适量的硅、铜、镁、锰等合金元素，得到的铝合金，则可大大提高其力学性能，而仍保持其密度小、耐腐蚀的优点。许多铝合金还可通过热处理使其强化。铝合金可分为变形铝合金和铸造铝合金两大类。

（1）变形铝合金 按GB/T 3190—2008规定，变形铝合金采用四位字符牌号命名，牌号用2×××~8×××系列表示。牌号的第一位数字是以主要合金元素Cu、Mn、Si、Mg、Mg + Si、Zn和其他元素的顺序来表示变形铝合金的组别。牌号第二位的字母表示原始纯铝的改型情况，如果字母为A，则表示为原始纯铝，若为其他字母，则表示为原始纯铝的改型。牌号的最后两位数字用来区分同一组中不同的铝合金。如：2A11表示以铜为主要合金元素的变形铝合金。

变形铝合金根据其主要性能特点，分为防锈铝合金、硬铝合金、超硬铝合金和锻造铝合金。它们常由冶金厂加工成各种规格的型材、板、带、线、管等供应。

1）防锈铝合金。防锈铝合金属于铝—锰系或铝—镁系合金。这类合金不能进行时效强化，一般采用冷变形方法来提高其强度。铝—锰系合金常用的牌号是3A21。铝—镁系合金常用的牌号是5A02、5A05等。

防锈铝的塑性和焊接性能很好，但切削加工性较差。主要用于制造各种高耐蚀性的薄板容器、防锈蒙皮、管道、窗框等受力小、质轻的制品与结构件。

2）硬铝合金。硬铝合金属于铝—铜—镁系三元合金。常用的硬铝如2A01、2A10、2A11、2A12等，都可以通过时效强化获得较高的强度和硬度，也可进行变形强化。

目前，硬铝2A01、2A10主要用来制造飞机上常用的铆钉；2A11主要用于制造中等载荷、形状复杂的结构零件，如骨架、螺旋桨叶片、螺栓等；2A12主要用于制造飞机上的重要构件，如飞机翼肋、翼梁等受力构件。

3）超硬铝合金。超硬铝合金属于铝—铜—镁—锌系四元合金，时效强化后具有比硬铝更高的强度和硬度。超硬铝的抗拉强度R_m可达600MPa，其比强度已相当于超高强度钢，故名超硬铝。但其耐蚀性较差，常用包铝法来提高耐蚀性。

目前最常用的超硬铝有7A04，主要用于制作受力大的结构零件，如飞机起落架、大梁、加强框、桁条等。在光学仪器中，用于要求质量轻而受力大的结构零件。

4）锻造铝合金。锻造铝合金多数为铝—铜—镁—硅系四元合金，具有良好的热塑性，适于锻造。

常用的锻铝有 2A50、2A14 等，主要用于制造航空及仪表工业中各种形状复杂、受力较大的锻件或模锻件，如各种叶轮、框架、支杆等。

（2）铸造铝合金 铸造铝合金的代号用"铸铝"二字的汉语拼音字首"ZL"加三位数字表示。其中第一位数字表示合金的类别，第二、三位数字表示合金的顺序号。例如：ZL102 表示 2 号铸造铝硅合金。铸造铝合金种类较多，但应用最广的是铝—硅合金。它具有良好的铸造性能和耐蚀性。常用来制造内燃机活塞、气缸盖、气缸体、气缸散热套等。

二、铜及铜合金

1. 纯铜

纯铜具有很好的导电导热性，其熔点为 $1083℃$，密度为 $8.93 × 10^3 kg/m^3$，有很好的塑性、抗蚀性。工业纯铜牌号有 T1、T2、T3 三种，序号越大，纯度越低。T1、T2 主要用来制造导电器材或配制高级铜合金，T3 主要用来配制普通铜合金。

2. 黄铜

黄铜是铜和锌的合金，它的颜色随锌的质量分数的增加，由黄色变到淡黄色。它分普通黄铜和特殊黄铜两大类。

（1）普通黄铜 普通黄铜为简单的铜锌合金。当锌的质量分数 $w(Zn) = 30\% \sim 32\%$ 时，塑性最好，$w(Zn) = 39\% \sim 40\%$ 时，塑性下降，而强度增加，$w(Zn) = 45\% \sim 47\%$ 时，强度也要下降。因此，常用普通黄铜锌的质量分数不超过 47%。

黄铜的牌号以黄字汉语拼音字首"H"加二位数字表示，数字表示铜的质量分数的平均值，用百分之几表示。例 H68 即为铜的质量分数 $w(Cu) = 68\%$ 的铜锌合金。其中 H96 具有良好的塑性和抗蚀性，可冷拉成黄铜管，用作散热器、冷凝器的管子；H70 具有较高的强度和优异的冷热变形能力，可以热轧和冷轧成板材、带材、棒材和冷拉成线材、管材，用作深冲压零件，如弹壳、轴套、散热器等。

（2）特殊黄铜 特殊黄铜是在普通黄铜中另加铝、锰、锡、铁、镍等元素，以提高强度。铝、镍、硅、锰等还可提高黄铜的耐蚀性。

3. 青铜

青铜是指黄铜、白铜（铜镍合金）以外的其他铜合金。其中铜锡合金称锡青铜，其他青铜称特殊青铜。

（1）锡青铜 锡青铜的特点是具有高的耐磨性、耐磨蚀性和良好的铸造性能。合金中锡的质量分数一般不超过 10%。锡的质量分数过高会降低塑性。锡含量低的锡青铜适于压力加工，锡含量较高的锡青铜适于铸造。

压力加工锡青铜的牌号用"Q + Sn + 数字"表示，Q 是"青"字的汉语拼音字首，Sn 表示主加元素锡，数字依次表示主加元素和其他加入元素平均质量分数的百分之几。例 QSn6.5—0.4 表示 $w(Sn)$ = 6.5%，$w(P)$ = 0.4% 的锡青铜。铸造锡青铜的牌号前加"铸"字的汉语拼音字首"Z"字和基体金属及主要合金元素符号表示，合金元素的质量分数大于或等于 1% 时，用其百分数的整数标注，小于 1% 时，一般不标注。如 ZCuSn10P1 表示 $w(Sn)$ = 10%，$w(P)$ = 1% 的铸造青铜。

锡青铜一般多用于耐磨零件和酸、碱、蒸汽等腐蚀性气体接触的零件，如蜗轮、衬套、轴瓦等。

（2）特殊青铜　其中以铝为主加合金元素的铜合金，称为铝青铜；铝青铜具有高的强度、耐蚀性和抗磨性，适于制作蜗轮等零件。以铍为主加合金元素的铜合金，称为铍青铜；铍青铜具有高的弹性极限，主要用于制作各种精密仪器、仪表的重要弹性元件，如钟表齿轮、高温高速下工作的轴承等。

三、滑动轴承合金

用来制造滑动轴承中的轴瓦及轴承衬的合金称为轴承合金。当轴旋转时，轴颈和轴瓦之间有剧烈的摩擦，因此轴承合金必须具备下列特性：

1）足够的强度，以便承受载荷。

2）足够的硬度和耐磨性，以免过早磨损而失效。

3）良好的减摩性、耐磨性。

4）良好的耐蚀性和导热性。

5）足够的韧性、塑性，以抵抗冲击和振动。

为了满足这些要求，轴承合金组织通常是软的基体上均匀地分布着硬质点组成，或者反过来，由硬基体加软质点组成。当轴运转时，软的基体很快被磨损而留下凹坑，硬的质点则因较耐磨而凸出。凸起的硬质点支承着轴，如图 4-11 所示，凹坑能够储存润滑油，所以能减小摩擦因数。另外，软基体组织具有抗冲击、减振和较好的磨合性。

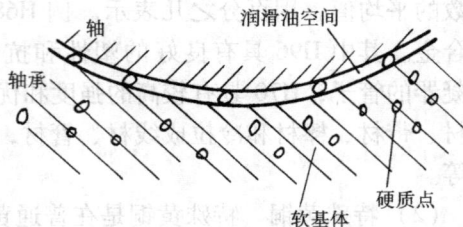

图 4-11　轴承合金组织示意图

硬基体加软质点的轴承合金也基本达到上述效果，但承载能力更大而磨合性稍差。

常用的轴承合金有锡基轴承合金和铅基轴承合金两类。

1．锡基轴承合金

锡基轴承合金是以锡、锑以及少量铜构成的铸造合金（如 ZChSnSb10Cu6、ZChSnSb8Cu4）。主要用于高速、重载等情况下，如大功率汽轮机、电动机、发电机的轴承。

2．铅基轴承合金

铅基轴承合金是以铅、锑、锡以及少量铜构成的铸造合金（如 ZChPbSb16Sn16Cu2）。主要用于高速、中载或中速、重载条件下，如汽轮机、发电机、减速器、球磨机及轧钢机等机械的轴承。

四、硬质合金

硬质合金是用粉末冶金工艺制成的一种工具材料。它是将一些难熔的碳化钨（WC）、碳化钛（TiC）化合物粉末和粘结剂金属钴（Co）相混合，经加压成形、烧结而制成的。其特点是具有很高的硬度（69～81HRC）和热硬性（可达900～1000℃）、良好的耐磨性并具有较高的抗压强度。它可以加工高速钢刀具所不能加工的材料，能成倍地提高切削速度，延长刀具寿命。由于硬质合金的硬度高、性脆，故经常制成一定规格的刀片，镶焊在刀体上使用。

常用的硬质合金有钨钴类（K类）$^{\ominus}$和钨钛钴类（P类）两类。

1．钨钴类硬质合金

钨钴类硬质合金的牌号用"硬"、"钴"二字汉语拼音字首"YG"加钴的百分含量表示。如 YG6 表示 $w(Co)=6\%$ 的硬质合金，其余成分为 WC。钴的含量越高，硬质合金的强度越高，韧性越好，而硬度越低，耐磨性越差。含钴量高的硬质合金刀具用于冲击振动大的粗加工，含钴量少的硬质合金刀具用于精加工。

2．钨钛钴类硬质合金

钨钛钴类硬质合金的牌号用"硬""钛"字汉语拼音字首"YT"加 TiC 的百分含量表示。如 YT14：表示 $w(TiC)=14\%$ 的硬质合金，其他主要化学成分是WC 及 Co。TiC 的含量越高，硬质合金的硬度越高，耐热性越好，而强度越低，韧性越差。因此，含 TiC 多的硬质合金刀具用于工作条件比较稳定的精加工；含TiC 少的硬质合金刀具用于粗加工。

钨钴类硬质合金有较好的强度和韧性，刃磨性也较好。这类硬质合金制作的刀具适于加工铸铁和有色金属；钨钛钴类硬质合金有较好的耐磨性和耐热性，这类硬质合金制作的刀具适于加工钢材。

$\ominus$　国际标准分类将硬质合金分为 K、P、M 三大类，但国内大多数仍使用旧牌号。

复习思考题

1. 什么叫强度？机器零件工作时所受到的应力如果大于 R_{eL} 将会发生什么变化？

2. 什么叫塑性？常用的塑性指标有哪些？写出它们的计算公式。

3. 常用的硬度试验方法有哪两种？测定原材料常用什么硬度试验？测定淬火钢常用什么硬度试验？

4. 下列几种材料和零件各用什么硬度试验来测定其硬度？

    1）检验车刀（高碳钢）、锉刀的硬度。

    2）检验钢材库的钢材。

    3）检验青铜的硬度。

5. 什么叫冲击韧度？写出冲击韧度的符号。

6. 什么叫金属的疲劳现象？疲劳强度的符号是什么？

7. 写出下列符号代表的含义：R_{eL}、R_m、A、Z、a_K。

8. 金属的工艺性能包括哪些内容？

9. 铁碳合金的基本组织有哪些？它们的性能如何？

10. 说明碳含量对铁碳合金组织及性能的影响。

11. 钢中的硫、磷杂质给钢的性能带来什么危害？原因是什么？

12. 通常所述的中碳钢碳含量的范围是多少？低碳钢和高碳钢碳含量的范围是多少？

13. 普通、优质、高级优质碳素钢是如何划分的？

14. 说明下列钢号的含义：45、Q215 AF、65Mn、T10A、ZG270—500。

15. 举例说明下列各种材料的应用：T7、T10A、T12、65Mn、40、08F、ZG230—450。

16. 什么是钢的热处理？热处理的基本方法有哪几种？

17. 何谓碳素结构钢？何谓碳素工具钢？它们的碳含量范围如何？

18. 什么是马氏体？它的性能有何特点？

19. 什么是退火？常用的退火方法有哪几种？

20. 什么叫正火？正火的主要目的是什么？

21. 什么叫淬火？淬火目的及常用的方法有哪几种？

22. 什么叫回火？回火的目的是什么？按回火温度不同，回火可分为哪几种？

23. 什么叫表面淬火？其目的是什么？常用的表面淬火方法有哪两种？

24. 什么叫化学热处理？试述其基本过程。

25. 什么是合金钢？合金钢中常见的合金元素有哪些？

26. 合金元素对钢的性能有哪些影响？

27. 合金钢的分类方法有哪些？按钢中合金元素的总量多少如何分类？按用途如何分类？

28. 试述下列钢号是什么钢，各合金元素含量为多少？

    20CrMnTi、40CrNi、60Si2Mn、GCr15

29. 什么叫渗碳钢？说明渗碳钢的热处理、性能和用途。

30. 说明合金调质钢的热处理、性能和用途。

31. 滚动轴承钢有什么特点？

32. 常用的高速钢有哪两类？W18Cr4V 和 W6Mo5Cr4V2 各属哪一类？用途如何？

33. 指出下列钢号各属哪种模具钢：

　　9Mn2V、9SiCr、CrWMn、Cr12MoV、5CrMnMo、5CrNiMo

34. 常用的不锈钢有哪些？

35. 什么叫耐热钢？什么叫耐磨钢？

36. 什么叫铸铁？根据碳在铸铁中存在形态的不同，铸铁可分为哪几类？

37. 什么叫铸铁的石墨化？影响石墨化的因素有哪些？

38. 什么叫灰铸铁？按基体组织，灰铸铁可以分为哪几类？

39. 什么叫可锻铸铁？可锻铸铁是怎样获得的？可锻铸铁是否可以进行锻造加工？

40. 为什么球墨铸铁的强度和韧性要比灰铸铁、可锻铸铁的高？

41. 写出下列牌号的名称、字母和数字的含义：

　　HT150、KTH350—10、KTZ550—04、QT450—10、QT600—03

42. 试述纯铝的特性和用途。

43. 铝合金如何分类？

44. 硬铝合金属于哪类铝合金？试述其代号、性能及用途。

45. 什么是黄铜？牌号如何表示？什么是青铜？牌号如何表示？

46. 铸造铝硅合金的特点是什么？

47. 什么叫轴承合金？其组织具有哪些特点？

48. 什么叫硬质合金？常用的硬质合金有哪两类？

49. YG8 和 YT15 各属于哪类硬质合金？它们的组成物各有哪些？含量为多少？分别适用加工什么材料？

第 五 章

机械传动基础知识

培训学习目标 了解常用的传动方式及机械传动在机器中的运用；熟悉带传动、链传动、齿轮传动、螺旋传动、液压传动的组成、特点及应用场合。

◇◇◇◇ 第一节 机械传动的概念

一、常用的传动方式

为了适应生活和生产的需要，人类创造出各种各样的机器来代替或减轻人的劳动。例如汽车、洗衣机以及各种机床。在机器中，通常工作部分的转速（或速度）不等于动力部分的转速（或速度），运动形式往往也不同。图 5-1 所示为牛头刨床的外形图，其中电动机 5 是机器的动力来源，是刨床的动力部分。刀架 2 和工作台 1 是直接完成切削任务的工作部分。要将动力部分的动力和运动传到工作部分，就离不开这两者之间的传动部分，也称为传动装置。图 5-2 所示为牛头刨床传动简图，在动力部分和工作部分之间，有带传动、齿轮传动、平面连杆机构等传动装置。

在现代工业中，主要应用着下列四种传动方式：

1. 机械传动

机械传动是采用带轮、齿轮、链轮、轴、蜗杆与蜗轮、螺母与螺杆等机械零件组成的传动装置，即采用带传动、链传动、齿轮传动、蜗杆传动和螺旋传动等装置来进行功率和运动的传递。

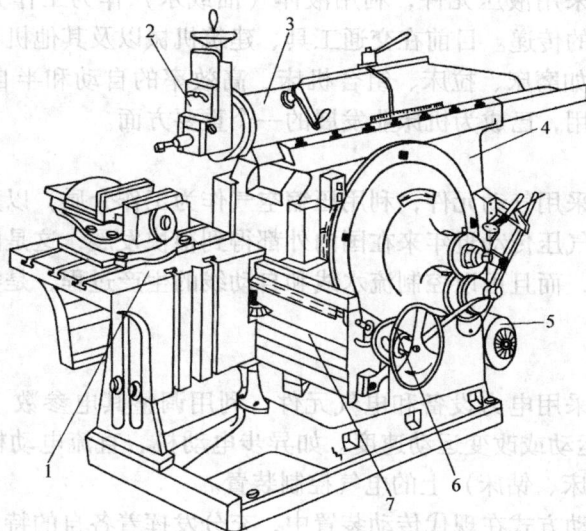

图 5-1　牛头刨床外形图

1—工作台　2—刀架　3—滑枕　4—床身　5—电动机　6—进给机构　7—横梁

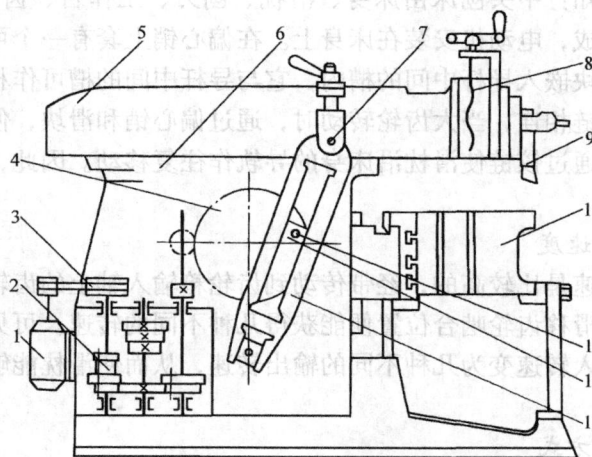

图 5-2　牛头刨床的传动简图

1—电动机　2—齿轮传动　3—带传动　4—大齿轮　5—滑枕　6—床身　7—销钉
8—螺旋传动　9—刨刀　10—工作台　11—偏心销　12—滑块　13—导杆

2. 液压传动

液压传动是采用液压元件，利用液体（油或水）作为工作介质，以其压力进行功率和运动的传递。目前在交通工具、建筑机械以及其他机器上，特别是在金属切削机床（如磨床、拉床、组合机床、高效率的自动和半自动机床）上获得更为广泛的应用，已成为机床业发展的一个重要方面。

3. 气压传动

气压传动是采用气动元件，利用压缩空气作为工作介质，以其压力进行运动和功率的传递。气压传动近年来在国内外都得到很快发展，这是因为它不仅可以实现单机自动化，而且可以控制流水线和自动线的生产过程，是实现自动控制的一种重要方法。

4. 电气传动

电气传动是采用电力设备和电气元件，利用调整其电参数（电压、电流和电阻），来实现运动或改变运动速度。如异步电动机、直流电动机及用于典型机床（如车床、磨床、钻床）上的电气控制装置。

以上四种传动方式在现代传动装置中，充分发挥着各自的特点和作用。本章着重介绍机械传动和液压传动。

二、机械传动在机器中的运用

由图5-2可知：牛头刨床由床身、滑枕、刨刀、工作台、齿轮、带轮、带、导杆、滑块等组成，电动机安装在床身上。在偏心销上套有一个可以绕其轴线回转的滑块，而滑块嵌入导杆中间的槽内，它与导杆中间的槽可作相对滑移。导杆上端与滑枕用铰链相连，当大齿轮转动时，通过偏心销和滑块，便可带动导杆作往复摆动，从而通过铰链使滑枕沿床身的导轨作往复移动。因此，机械传动在其中有如下作用：

1. 改变运动速度

电动机的转速是比较高的，经带传动到齿轮箱输入轴上的齿轮时，转速已降低，再通过改变滑移齿轮啮合位置便能获得几种不同的转速。可见带传动和齿轮传动可将某一输入转速变为几种不同的输出转速，从而使滑枕能够获得多种不同的移动速度。

2. 改变运动方式

牛头刨床的动力部分是电动机，输入的运动形式是回转运动，经带传动和齿轮传动后仍为回转运动，但经平面连杆机构（由偏心销11、滑块12和导杆13、销钉7及滑枕5组成）后，牛头刨床中滑枕的运动方式却为直线往复移动。

3. 传递动力

电动机的输出功率通过带传动和齿轮传动及平面连杆机构把动力传给滑枕，

然后使装在刀架上的刨刀 9 有足够的切削力完成刨削工作。

◈◈◈ 第二节 带 传 动

一、带传动的组成、类型和工作原理

1. 带传动的组成

带传动是由主动带轮 1、从动带轮 2 和紧套在两轮上的环形带 3 所组成，如图 5-3 所示。由于带是紧套在带轮上，故在带与带轮的接触面上产生一定的正压力。在未承受外载时，带的两边都受到相同的初拉力的作用。而当主动轮旋转时，在带与带轮的接触面上便产生摩擦力，主动轮通过摩擦力使带运动，同时带作用于从动轮的摩擦力使从动轮旋转。此时带两边的预紧力发生了改变，进入主动轮的一边被进一步拉紧，称为紧边，而进入从动轮的一边被放松，称为松边。

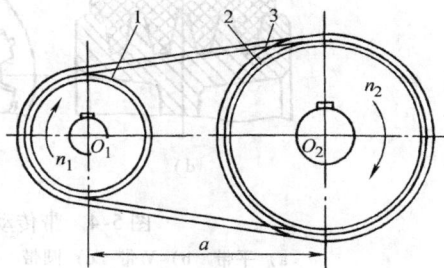

图 5-3　带传动的组成
1—主动带轮　2—从动带轮　3—环形带

2. 带传动的类型

带传动分为靠摩擦传动和靠啮合传动两种。

（1）靠摩擦传动的带　靠摩擦传动的带有平带、V 带、圆带和多楔带，都是靠带与带轮接触面之间的摩擦力来传递运动和动力的，如图 5-4 所示。

平带的截面为矩形，工作面为内表面。材料有橡胶帆布、皮革、棉织物和化纤等近年来出现的高强度、耐腐蚀的金属带。一般有接头的平带不适合高速传动，而无接头的平带可用于高速传动。

V 带是环形带，其截面为梯形，两侧面为工作面。V 带与平带相比，由于正压力作用在楔形截面上，其摩擦力较大，能传递较大的功率，故 V 带传动广泛应用于机械传动中。

圆带的截面是圆形，一般用皮革或棉绳制成，常用于传递较小功率的场合，如缝纫机、仪表机械等。

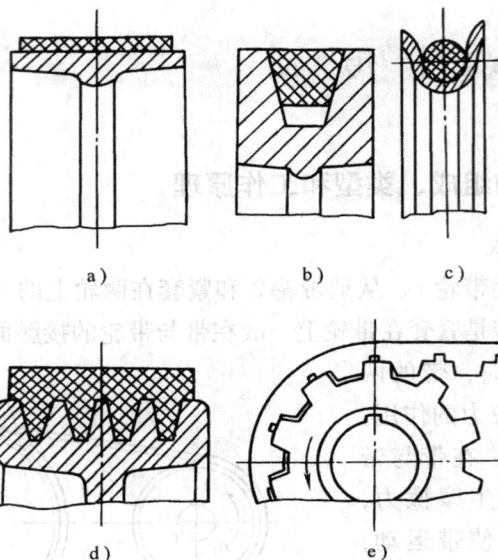

图 5-4　带传动的类型
a）平带　b）V 带　c）圆带　d）多楔带　e）同步带

　　多楔带是在平带基体上有若干纵向楔的传动带，其工作面为楔的侧面。多楔带有时可取代若干根 V 带，它常用于要求结构紧凑、传动平稳的场合。

　　（2）靠啮合传动的带　靠啮合传动的带有同步带，它是靠带齿与带轮齿的啮合来传递运动和动力的，如图 5-4e 所示。同步带是由承载层 1 和基体 2 两部分组成，如图 5-5 所示。承载层是带承受拉力的部分，通常由钢丝绳或玻璃纤维制成，而基体用聚氨酯或氯丁橡胶制成。由于是齿啮合，带与带轮间没有相对滑动，主动轮与从动轮速度同步，同步带由此得名。同步带常用于要求传动比准确的中、小功率的传动，如录音机、磨床、医用机械及轿车中。

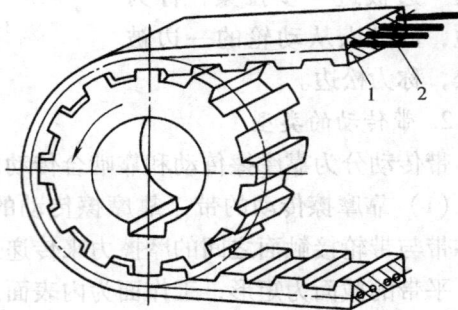

图 5-5　同步带的结构
1—承载层　2—基体

二、带传动的特点

1. 带传动的优点

1）带具有良好的弹性，能够缓和冲击，吸收振动，故传动平稳且无噪声。

2）由于带传动依靠摩擦力传动，因此当传动功率超过许用负载，即发生过载时，带就会在带轮上打滑，可避免轴上其他零件的损坏，这是带传动特有的过载保护作用。

3）适用于两传动轴中心距较大的场合（中心距 a 最大可达 10m）。

4）结构简单、加工容易、成本低廉、维护方便。

2. 带传动的缺点

1）由于带具有弹性且依靠摩擦力来传动，所以工作时带与带轮之间存在弹性滑动，故不能保证瞬时传动比（两轮瞬时角速度 ω_1 与 ω_2 之比）恒定。

2）带传动的结构紧凑性较差，尤其当传递功率较大时，传动的外廓尺寸也较大。

3）带的使用寿命往往较短，一般只有 2000～3000h。

4）带传动的效率较低，这是由于带传动中存在弹性滑动，消耗了部分功率。

5）带传动不适用于油污、高温、易燃和易爆的场合。

三、带传动的应用

由于带传动存在传动效率较低、瞬时传动比不恒定和结构不紧凑的缺点，故一般用于传动比不要求准确的 50kW 以下中小功率的传动，带的工作速度一般为 5～25m/s，传动比 $i \leqslant 7$。带传动一般多用于动力部分（电动机）到工作部分的高速传动，如牛头刨床中的带传动。

◆◇◆◇ 第三节　链　传　动

一、链传动的组成和特点

1. 链传动的组成

链传动是由两轴线平行的主动链轮 1、从动链轮 2 和连接它们的链条 3 以及机架所组成，如图 5-6 所示。工作时，靠链与链轮轮齿的啮合来传动，而不是靠摩擦力来传动，可见链传动是以链条作为中间挠性件的啮合传动。

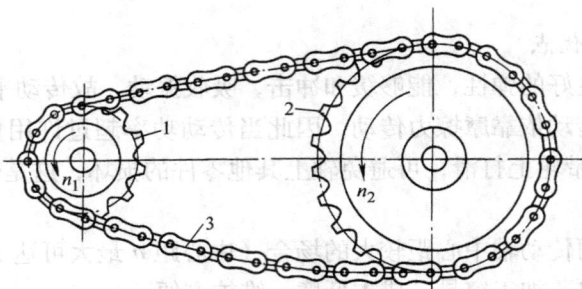

图5-6 链传动的组成

1—主动链轮 2—从动链轮 3—链条

2. 链传动的优、缺点

（1）链传动的优点

1）由于链传动是具有中间挠性件的啮合传动，没有弹性滑动及打滑现象，所以平均传动比恒定不变。

2）链条装在链轮上不需要很大的张紧力，对轴的压力小。

3）链传动中两轴的中心距较大，最大可达5~6m。

4）能在较恶劣的环境（如油污、高温、多尘、潮湿、泥沙、易燃及有腐蚀性的条件）下工作。

（2）链传动的缺点

1）由于链条绕上链轮后形成折线，因此链传动相当于一对多边形的间接传动，其瞬时传动比是变化的，所以在传动平稳性要求高的场合不能采用链传动。

2）链条与链轮工作时磨损较快，使用寿命较短，磨损后引起的链条节距增大、链轮齿形变瘦极易造成跳齿甚至脱链。

3）链传动由于平稳性差，故有噪声。

4）安装时对两轮轴线的平行度要求较高。

5）无过载保护作用。

二、链传动的类型

链传动最常用的有滚子链和齿形链两种。

1. 滚子链

滚子链结构如图5-7所示。它由内链板1、滚子2、套筒3、外链板4和销轴5组成。为了使链板各截面上抗拉强度大致相等并能减小链条质量的惯性力，链板都制成"8"字形。链条中相邻两销轴中心的距离称为节距，用p表示，它是链传动的主要参数。节距越大，链的各元件尺寸也越大，链传递的功率也越大，但传动平稳性变差。故在设计时如果要求传动平稳，则应尽量选取较小的节距。若需传递较大功率，则可考虑用双排链（图5-8）或多排链。

滚子链已经标准化，国家标准是GB/T 1243—2006。

2. 齿形链

齿形链由一组齿形链板并列铰接而成。齿形链板两侧为直线，其夹角为60°（图5-9a）。根据导片位置不同有内导片齿形链（图5-9b）和外导片齿形链（图5-9c）两种。

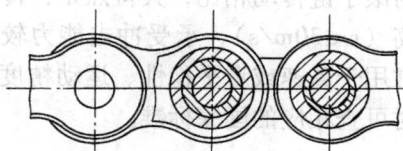

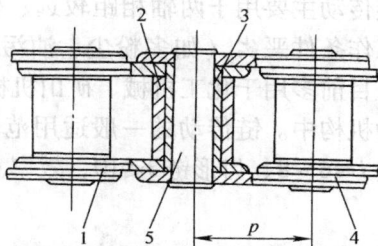

图5-7　滚子链结构

1—内链板　2—滚子　3—套筒
4—外链板　5—销轴

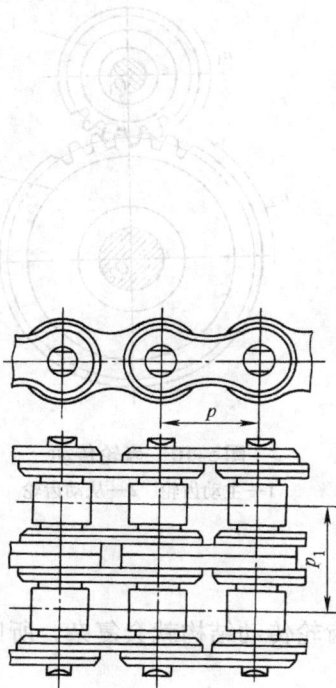

图5-8　双排滚子链

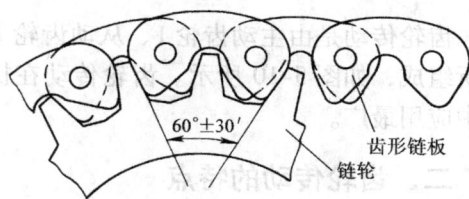

a）

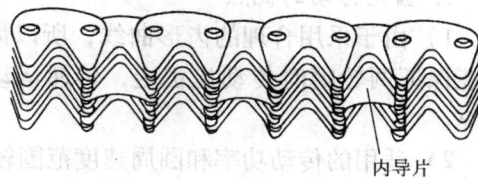

b）

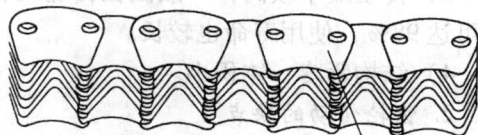

c）

图5-9　齿形链

a）齿形链链板和链轮　b）内导片式　c）外导片式

与滚子链传动相比，其特点是：传动平稳、噪声小（又称无声链），允许链速较高（$v \leqslant 30\mathrm{m/s}$），承受冲击能力较强，工作可靠，但结构复杂、价格较高。所以常用于高速或者平稳性、运动精度要求较高的传动中。齿形链也为标准件，使用时可查相应的国家标准。

三、链传动的应用

链传动主要用于两轴相距较远、传动功率较大且平均传动比又要求保持不变、工作条件恶劣（如多粉尘、油污、泥沙、潮湿、高温及有腐蚀性气体）的场合。目前多用于化工机械、矿山机械、农业机械、自行车、摩托车和装配流水线传动机构中。链传动的一般适用范围为：功率 P 一般小于 $100\mathrm{kW}$，传动比为滚子链 $i \leqslant 6 \sim 8$、齿形链 $i \leqslant 10$，效率 $\eta \approx 0.92 \sim 0.98$，中心距 a 一般小于 $6\mathrm{m}$。

◇◇◇◇ 第四节 齿轮传动

一、齿轮传动的组成

齿轮传动是由主动齿轮 1、从动齿轮 2 和机架所组成，如图 5-10 所示。齿轮传动在机械传动中应用最广。

二、齿轮传动的特点

1. 齿轮传动的优点

1）由于采用合理的齿形曲线，所以齿轮传动能保证两轮瞬时传动比恒定，传递运动准确可靠。

2）适用的传动功率和圆周速度范围较大。

3）传动效率较高，一般圆柱齿轮的传动效率可达 98%，使用寿命也较长。

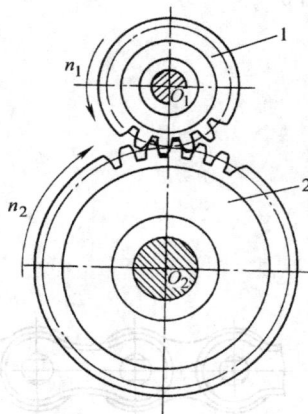

图 5-10 齿轮传动
1—主动齿轮 2—从动齿轮

4）结构紧凑、体积小。

2. 齿轮传动的缺点

1）当两传动轴之间的距离较大时，若采用齿轮传动结构就会复杂，所以齿轮传动不适用于距离较远的传动。

2）没有过载保护作用。

3）在传递直线运动时，不如液压传动和螺旋传动平稳。

4）制造和安装精度要求较高、成本也高。

三、齿轮传动的分类及应用场合

齿轮传动的种类很多，一般按齿轮形状和齿轮工作条件进行分类。

1. 按齿轮形状分类

（1）圆柱齿轮传动　圆柱齿轮传动如图 5-11 中 a、b、c 所示，均用于两平行轴间的传动。如要将回转运动变为直线运动时，可用齿轮齿条啮合后齿轮传动，如图 5-11e 所示。对于要求结构紧凑的，可采用内啮合传动，如图 5-11d 所示。要求传动较平稳、承载能力较大的，可采用图 5-11b、c 所示的圆柱斜齿轮和人字齿轮。

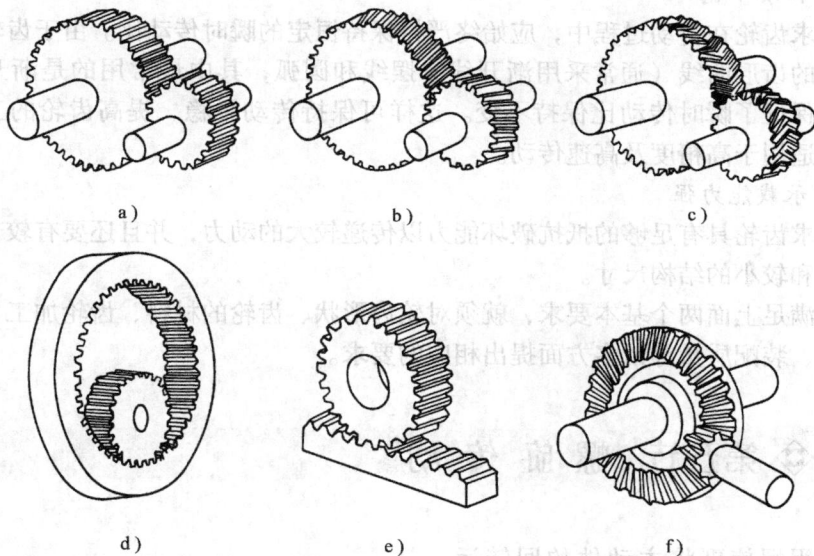

图 5-11　齿轮传动分类
a）圆柱直齿轮传动　b）圆柱斜齿轮传动　c）人字齿轮传动
d）内啮合传动　e）齿轮齿条传动　f）锥齿轮传动

（2）锥齿轮传动　锥齿轮传动如图 5-11f 所示，这种情形常用于两轴相交的齿轮传动，其中两轴垂直相交较为常见。

2. 按齿轮传动的工作条件分类

（1）闭式齿轮传动　闭式齿轮传动是指齿轮安装在封闭的刚性箱体内，因此润滑及维护条件较好，齿轮精度较高。重要的齿轮传动都采用闭式传动，如减速器齿轮、机床变速箱中的齿轮。

（2）开式齿轮传动 开式齿轮传动的齿轮一般都是外露的，支承系统（即轴承支架）的刚性较差，且工作时易落入灰尘杂质，润滑不良，轮齿易磨损。故只适于低速或不太重要的传动及需要经常拆卸更换齿轮的场合。如压力机传动齿轮、建筑搅拌机上的齿轮及机床的交换齿轮等。

（3）半开式齿轮传动 半开式齿轮传动介于上述两者之间，一般将传动齿轮浸入油池内，上面仅装有简单的防护罩。

四、齿轮传动的基本要求

齿轮传动包括传递运动和传递动力两个方面，对齿轮传动提出下列两个基本要求：

1. 传动平稳

要求齿轮在传动过程中，应始终严格保持恒定的瞬时传动比。由于齿轮采用了合理的齿形曲线（通常采用渐开线、摆线和圆弧，其中最常用的是渐开线），于是就保证了瞬时传动比保持不变。这样可保持传动平稳，提高齿轮的工作精度，以适用于高精度及高速传动。

2. 承载能力强

要求齿轮具有足够的抵抗破坏能力以传递较大的动力，并且还要有较长的使用寿命和较小的结构尺寸。

要满足上面两个基本要求，就须对轮齿形状、齿轮的材料、齿轮加工、热处理方法、装配质量等诸多方面提出相应的要求。

◇◇◇◇ 第五节 螺 旋 传 动

利用螺旋副将主动件的回转运动转变为从动件的直线运动，称为螺旋运动。在图5-2所示的牛头刨床中，刀架工作时需要垂直进给。此时，只要转动刀架滑板上的手轮，便可通过螺旋传动8使刨刀沿导轨上下移动，从而实现垂直进给。再如图5-12所示的车床丝杠传动，就是将螺杆（丝杠）的回转运动，借助对开式螺母带动床鞍移动，实现刀架进给。

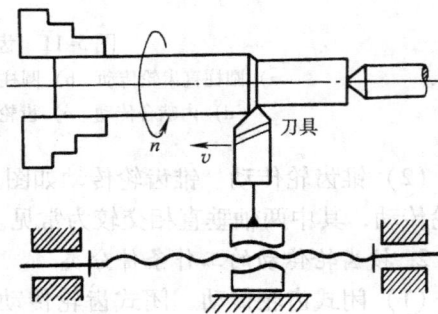

图5-12 车床丝杠传动

一、螺旋传动的组成与特点

1. 螺旋传动的组成

螺旋传动主要由螺杆、螺母和机架组成。

2. 螺旋传动的特点

螺旋传动具有结构简单，工作连续、平稳、无噪声，承载能力大，传动精度高，易于自锁等优点，故在机械中有着广泛的应用。其缺点是磨损大，效率低，但近年来由于滚动螺旋的应用，使磨损和效率问题得到了极大的改善。

二、螺旋传动的类型

1. 按螺旋副摩擦性质分

按螺旋副的摩擦性质不同，螺旋传动可分为滑动螺旋和滚动螺旋两种类型。

（1）滑动螺旋　图 5-13 所示为滑动螺旋。由于螺母与螺杆间的摩擦为滑动摩擦，因此称为滑动螺旋。其特点如下：

1）螺杆与螺母之间的摩擦力大，易磨损，且传动效率低。

2）可设计成具有自锁特性的传动。

3）结构简单、制造方便。

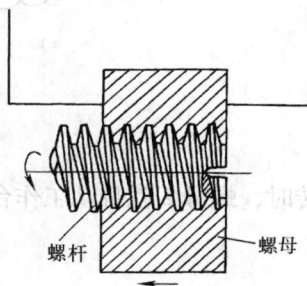

图 5-13　滑动螺旋

（2）滚动螺旋　图 5-14 所示为滚动螺旋。为了减少螺旋副间的摩擦，提高传动效率，在螺杆与螺母间滚道中添加滚珠，当螺杆与螺母相对转动时，滚珠沿滚道滚动。滚动螺旋按滚道返回装置不同分为外循环式（图 5-14a）和内循环式（图 5-14b）两种。外循环是滚珠在螺母的外表面上经返回通道返回。内循环是滚珠在螺母体内进行的循环，内循环导路为一反向器，它将相邻两螺纹滚道联接起来。当滚珠滚到螺旋顶部时，就被阻止而转向，形成一个循环回路。滚动螺旋的特点有以下几点：

1）螺旋副之间为滚动摩擦，摩擦因数小，不易磨损，传动效率高。

2）不具有自锁性，可以变直线运动为旋转运动。

3）结构复杂，制造困难。

2. 按使用要求不同分

按使用要求不同螺旋机构可分为传动螺旋、传力螺旋和调整螺旋三种类型。

（1）传动螺旋　传动螺旋主要用来传递运动，常要求具有较高的传动精度。图 5-15 所示为机床工作台传动机构，螺杆 1 在机架 3 中只能转动而不能移动；螺母 2 与螺杆 1 啮合并与溜板相接，只能移动而不能转动。当手柄转动使螺杆 1

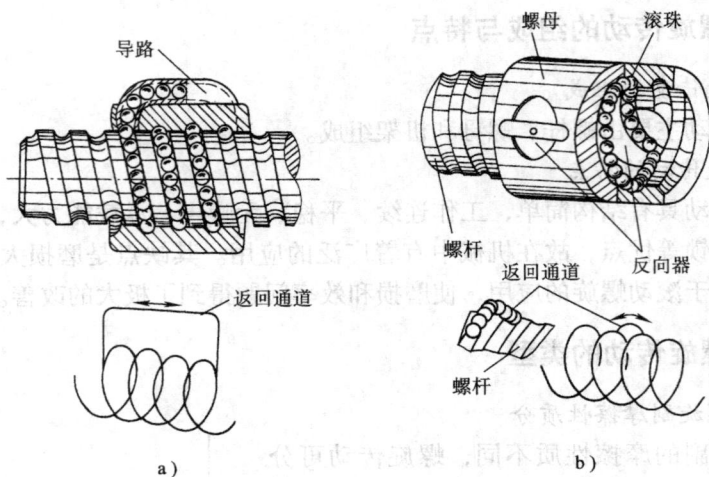

图 5-14 滚动螺旋
a) 外循环式　b) 内循环式

回转时，螺母 2 就带动工作台沿机架 3 上的导轨而产生移动。

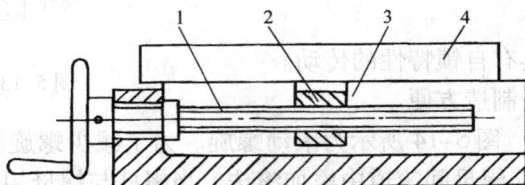

图 5-15 机床工作台传动机构
1—螺杆　2—螺母　3—机架　4—溜板

（2）传力螺旋　传力螺旋主要用来传递动力，当以较小的力转动螺杆（或螺母），使其产生轴向运动和大的轴向力，完成举起重物或加压于工件的工作。如图 5-16 所示的螺旋千斤顶和螺旋压力机就是传力螺旋的应用。当以较小的力转动螺旋压力机的手柄，便可使螺杆转动且同时轴向移动并产生很大的轴向力加压于工件。

（3）调整螺旋　调整螺旋主要用来调整和固定零件的相对位置。这种螺旋机构的螺杆 3 上有两段不同的螺距 P_1、P_2 的螺纹，分别与螺母 1、2 组成螺旋副，称为双螺旋机构（图 5-17）。机构中，螺母 2 兼作机架，螺杆 3 转动时，一方面相对螺母 2（机架）移动，同时又使不能转动的螺母 1 相对螺杆 3 移动。当

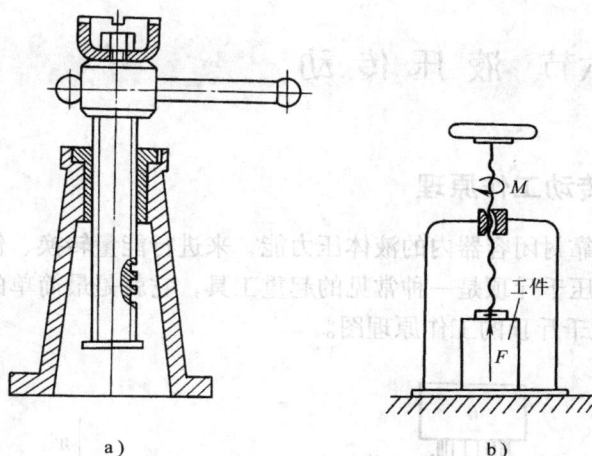

a)
b)

图 5-16 传力螺旋
a）螺旋千斤顶 b）螺旋压力机

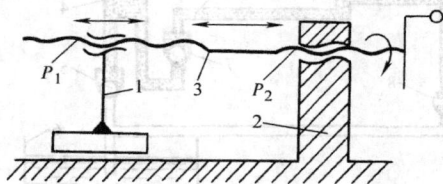

图 5-17 双螺旋机构
1—可动螺母 2—固定螺母 3—螺杆

两螺旋副螺纹旋向相同时，若螺距 P_1、P_2
相差很小时，则可动螺母位移就很小。利用
这一特性，可以将双螺旋机构做成微调装
置。若双螺旋机构中两螺旋副螺纹旋向相反
时，可动螺母 1 相对机架移动的距离与螺距
的和（$P_1 + P_2$）成正比。所以多用于需快
速调整或移动两构件相对位置的场合。在实
际应用中，若要求两构件同步移动，只需令
$P_1 = P_2$ 即可。如图 5-18 所示的弹簧规的调
节装置，便是同步移动两构件相对位置的
应用。

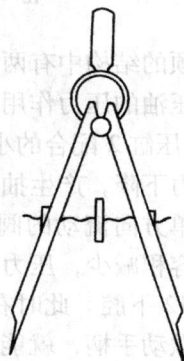

图 5-18 弹簧规的调节装置

◇◇◇◇ 第六节　液 压 传 动

一、液压传动工作原理

　　液压传动是靠封闭容器内的液体压力能，来进行能量转换、传递与控制的一种传动方式。液压千斤顶是一种常见的起重工具，它就是最简单的液压传动，图5-19所示为液压千斤顶的工作原理图。

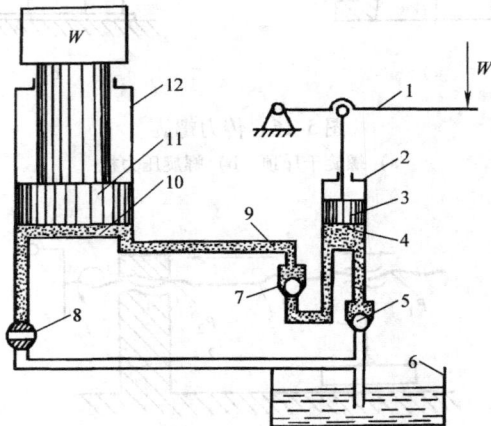

图 5-19　液压千斤顶

1—手柄　2—小液压缸　3—小活塞　4—小液压缸下腔

5、7—单向阀　6—油箱　8—放油塞　9—管道

10—大液压缸下腔　11—大活塞　12—大液压缸

　　千斤顶的结构中有两只液压缸，其中小液压缸完成吸油、压油动作，大液压缸则在液压油的压力作用下，把重物顶起。它的动作过程如下：当向上扳动手柄1，与小液压缸2配合的小活塞3就向上移动，活塞下腔密封容积增大形成局部真空，压力下降，产生抽吸作用。油就从油箱6经吸油管进入右面单向阀5（只准液压油单方向流动的阀）进入小液压缸下腔。当揿下手柄，小活塞下移时其下腔密封容积减少，压力升高，就将吸入小液压缸下腔的油经左面单向阀7压入大液压缸12下腔。此时右面单向阀关闭，就迫使大活塞向上顶起重物。这样不断地上下揿动手柄，就能将液压油间歇地压入大液压缸下腔，使重物缓慢地上升。由于左面单向阀7的存在，使进入大液压缸的液压油不可能倒流出来。而且由于液压油的不可压缩性，因此可以随时保持重物的上升位置。工作完毕，若要

取出千斤顶，则可拧开放油塞8，大液压缸的液压油就可经管道回到油箱，大活塞可以在外力和自重的作用下向下移，脱离重物后即可取出千斤顶。

综上所述，小液压缸主要作用是不断地完成吸油和压油动作，将机械能转换成液压油的压力能；实际上它是一个手动柱塞泵。而大液压缸的作用是将液压缸的压力能转换成顶起重物的机械能输出，相当一个活塞缸。单向阀5、7和放油塞8作用是控制液压油流动方向，不断地将液压油压入大液压缸，顶起重物。放油塞8实际上是个回油阀，把回油阀旋转90°，重物随大活塞11下降。这就是液压千斤顶的工作过程。液压千斤顶之所以能顶起很重的物体是因为它在小活塞上作用很小的力，液压油能把力传递到大活塞上，大活塞受到很大的推举力，能把很重的物体顶起来。由此可见，液压传动系统的工作原理是以液压油作为工作介质，依靠密封容积的变化来传递运动，依靠液压油内部的压力来传递作用力。

二、液压传动的组成

液压传动系统除了工作介质液压油外，应有以下四个部分组成。

1. 动力元件

各种类型的液压泵（齿轮泵和叶片泵等）为液压传动系统的动力元件，它是将机械能转换成液压能的转换装置。

2. 执行元件

各种类型的液压缸（作直线运动）、液压马达（作旋转运动）为液压传动系统中的执行元件，它是将液压能转换成机械能的装置。

3. 控制调节元件

压力阀、流量阀、换向阀等为液压传动系统的控制调节元件，它是控制液压系统的压力、流量、方向的装置。

4. 辅助元件

油箱、过滤器、压力表、管道等，是组成液压系统必不可少的辅助元件。

三、液压传动的优缺点及应用

1. 液压传动与机械传动相比的优点

1）可进行无级调速，调速方便且调速范围大。

2）运动比较平稳，反应快，冲击小，能快速起动、制动和换向。

3）控制调节元件操作简便、省力，容易实现自动化。

4）能自动防止过载，实现安全保护；液压元件能够自行润滑，故使用寿命长。

5）在传递相同功率的情况下，液压传动装置的体积小，重量轻，结构紧凑。

2. 液压传动的缺点

1）由于液体容易泄漏，因而对液压元件的制造精度要求较高。

2）由于液体的容易泄漏，故难以保证严格的传动比。

3）在工作过程中能量损失较大，系统效率较低，故不宜作远距离传动。

4）对油温变化比较敏感，故不宜在很高和很低的温度下工作。

5）出现故障时，不易查找出原因。

综上所述，液压传动的优点是十分突出的，其缺点将随科学技术的发展而逐渐得到克服。

3. 液压传动应用实例

由于液压传动具有许多独特的优点，所以应用领域日益广泛。以机床为例，工作机构的往复运动、无级调速、进给运动、控制系统以及各种辅助运动等都采用了液压传动，从而简化了结构，减轻了重量，降低了成本，改善了劳动条件，提高了工作效率和自动化程度。另外液压执行元件具有推力（或转矩）大、操作方便、布置灵活、与电器配合易实现遥控等优点，因此在工程机械、冶金机械、矿山机械、起重运输机械、建筑机械、轻工机械、农业机械、汽车工业、智能机械、航空等工业部门得到普遍应用。

复习思考题

1. 常用的传动方式有哪几种？

2. 机械传动在机器中的应用有哪些？

3. 带传动有什么特点？

4. 链传动与带传动相比有什么特点？

5. 滚子链的内、外链板为何都制成"8"字形？

6. 齿轮传动按齿轮形状分为哪几种？若按齿轮传动的工作条件分为哪几种？

7. 齿轮传动有什么特点？

8. 齿轮传动的基本要求是什么？

9. 螺旋传动的特点是什么？

10. 螺旋机构按螺旋副摩擦性质分为哪几种？若按使用要求分又为哪几种？

11. 液压传动有哪些优缺点？

12. 液压传动由哪几部分组成？各有什么作用？

第六章

金属切削知识和常用刀具

培训学习目标 了解金属切削过程中的一些现象；了解常用刀具材料的种类、性能、用途和牌号；了解刀具切削部分的几何参数及其对切削性能的影响；熟悉车刀、铣刀、钻头、铰刀及丝锥的种类、特点及用途。

◆◇◆◇ 第一节　金属切削概述

金属切削原理是研究金属切削加工中有关切削过程的基本规律及其应用的科学。切削时，刀具挤压工件，使其上一层金属变成切屑与工件分离而得到所需要的加工表面，这个过程称为切削过程。

金属切削加工在机械制造中是重要的生产环节之一。凡精度要求较高的机械零件，一般均需经过切削加工。本节就切削过程中的一些现象作简要的分析。

一、切屑的形成

切屑和已加工表面的形成过程，实质上是工件受到刀具挤压以后发生弹性变形和塑性变形，而使切削层与母体分离的过程。

切屑经过刀具的推挤和滑移，使其底层长度大于外层长度，因而发生卷曲。塑性变形越大，卷曲也就越厉害。最后切屑离开刀具的前刀面，变形终止。

在切屑形成过程中，会因塑性变形程度的不同或工件材料的塑性不同而产生不同的切屑，如图 6-1 所示。

切削塑性材料时，若滑移面上的滑移尚未达到破裂程度时，则形成的切屑将连绵不断，一面呈毛茸状而另一面很光滑，这种切屑称为带状切屑，见图 6-1a。

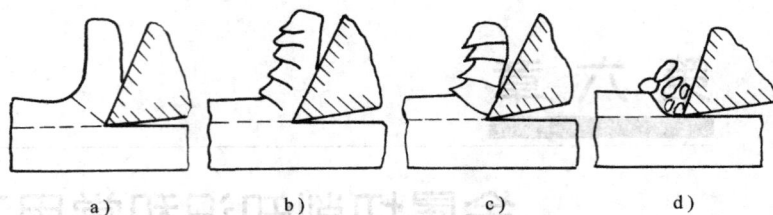

图 6-1　切屑的类型

a) 带状切屑　　b) 节状切屑　　c) 粒状切屑　　d) 崩碎切屑

　　若滑移面上的滑移较充分，以至达到破裂程度，使切屑一面发生不贯穿的裂纹，而另一面光滑时，称为节状切屑，见图 6-1b。当所发生的裂纹贯穿切屑时，称为粒状切屑，见图 6-1c。

　　切削脆性金属（如铸铁、黄铜等）时，切削层一般在发生弹性变形以后，不经塑性变形即突然崩裂而成为碎粒状切屑，这种切屑称为崩碎切屑，见图 6-1d。崩碎切屑的作用力集中在刃口附近，切削刃容易损坏。

二、切屑收缩现象

　　除了崩碎的切屑以外，切削过程中被切削的金属都要受到挤压，而产生很大的变形，因此切屑的尺寸与切削层的尺寸就有了差别。图6-2 所示为切削时切屑收缩的情况。

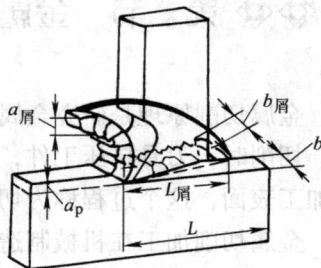

图 6-2　切屑的收缩

　　如果测量一下这时所得到的切屑长度 $L_屑$、切屑厚度 $a_屑$ 和切屑宽度 $b_屑$，就发现它们分别与切削长度 L、背吃刀量 a_p 和切削宽度 b 有了不同。即：

切屑长度 $L_屑$ < 切削长度 L

切屑厚度 $a_屑$ > 背吃刀量 a_p

切屑宽度 $b_屑$ ≈ 切削宽度 b

通常切屑宽度的变化不大，所以可以略去不计。

　　像这种切屑长度上的缩短和厚度上的增加称为切屑的收缩现象。切屑的收缩是切削过程中的一个重要现象，它不仅表明切屑变形的程度，而且在一定程度上可以由切屑的收缩现象判定切削力、切削功的大小及切削过程的难易程度。

　　切屑变形的大小用收缩率 "K" 表示，即：

$$K = L/L_屑 = a_屑/a_p$$

K 的大小可以近似反映切削层的平均变形程度。

如果上式的比值越大，那么加工金属的变形也越大。切屑的收缩现象在切削过程中并不相同，它与被加工金属的塑性、刀具前角的大小、背吃刀量和切削速度等都有密切的关系。

加工塑性好的金属比加工塑性差的金属切屑的收缩要大，所以刀具的前角在加工塑性好的金属时，应该比加工塑性差的金属大。即前角可以使金属切削层的变形减小，使切削顺利。

三、积屑瘤

切削塑性材料时，切屑从刀具前刀面流出，这时切屑底层受前刀面摩擦力的作用降低了流动速度，这层流速较慢的金属称为滞流层，如图6-3所示。在高温高压的作用下，当摩擦力大于滞流层与切屑分子之间的结合力时，滞流层就粘结在刀具的前面上，堆积成一个瘤，这个瘤称为积屑瘤，如图6-4所示。

积屑瘤的硬度很高，约为原工件硬度的 $3 \sim 4$ 倍，可以代替刀具进行切削，由于存在积屑瘤后增大了刀具前角，使切削变形减少，切削力减小，切削容易。由于它积到一定高度时，就会被切屑和工件带走，并继续形成新的积屑瘤，因此积屑瘤极不稳定，时有时无，时大时小。随着积屑瘤的高度改变，实际背吃刀量和切削宽度也发生变化，致使工件已加工表面粗糙度值增大。所以精加工时，不允许积屑瘤存在。

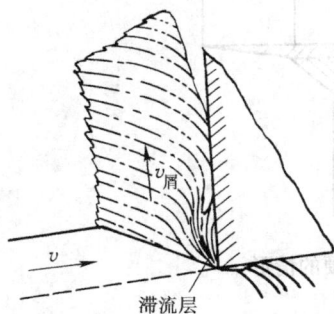

图6-3　滞流层

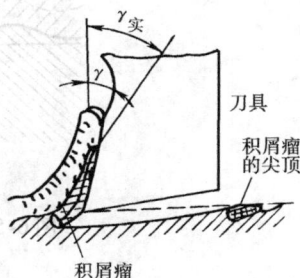

图6-4　积屑瘤

四、已加工表面变形和加工硬化

由塑性金属做成的金属丝，如果要用手拉断它是不容易的，所以人们总是把它朝两个相反方向反复地弯曲，就容易把它折断。经过反复弯曲，使金属发生了塑性变形，塑性变形改变着金属的性质，特别是引起金属的硬化（冷硬）。硬化的特征就是硬度增高及塑性的降低。因而使金属丝变脆，容易折断。同样，在切削的时候，金属层产生变形的那一部分的力学性能发生变化，硬度和强度增加，而塑性降低，疲劳强度减小，伴随着裂纹产生，这种现象称为加工硬化。在已加工表面上，由于受到刀刃的挤压和后刀面的摩擦，表面也产生一层薄的硬化层。

在硬化层中，有存在拉应力的硬化层和压应力的硬化层。存在拉应力的硬化层，容易产生裂纹，降低零件使用寿命，故在精加工后希望获得压应力硬化层。压应力的硬化层，一般在用滚压等加工方法时才能产生；而拉应力的硬化层，则在受较大摩擦力时就能产生，如用钝的切削刃切削时就会产生拉应力的硬化层。

应当指出，金属表面的硬化层，对下一道工序的加工是不利的，另外也影响了刀具的使用寿命。因为表面硬化层的金属强度极限和屈服强度的数值都提高了，因而性质较脆，而且有内应力存在。同时受拉应力硬化后的已加工表面一般都会被擦伤，对于冲击和变动载荷的抵抗较弱，因而影响了零件的使用性能。

硬化层的硬度比金属原来的硬度显著提高，如图6-5所示是被加工材料硬度增加的情形。在加工塑性金属时，切屑的硬度也比它本身金属要硬1.5~2倍，甚至更高。

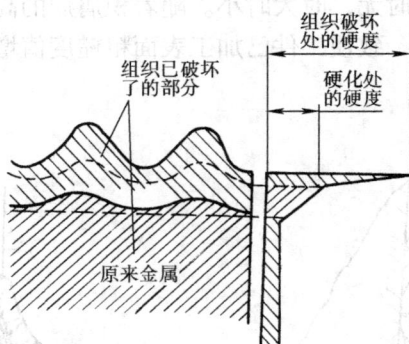

图6-5　已加工表面冷硬的情形

实验指出：在切屑上和加工表面上各个点的硬度是不同的，靠近刀尖前面变形最大的地方硬度最高。表面硬化层的厚度，随材料性质、刀具几何参数及切削条件而定。在硬化层的形成中，刀具的锋利程度和切削用量起着很大的作用。增加切削速度可以使硬化层深度减小；增加背吃刀量会使硬化层深度增加。钝的切削刃由于刀尖圆弧半径的增大，切削比较困难，特别是切削层很薄的时候更困难，由于金属表层受到刀尖圆弧下半部的挤压而产生强烈的变形，结果形成了硬化层。钝的切削刃得到的硬化层厚度要比锋利的切削刃得到的大2~3倍。

不同的金属有不同的加工硬化程度，它们的硬度在切削过程中的增加也有所不同。被加工金属的塑性越高、硬度越低，加工硬化程度也越高。脆性金属

（如铸铁），加工硬化程度低。

同时，硬化是被加工金属塑性变形的结果，变形越大，时间越长，硬化层就越深。所以当切削速度增加时，切屑来不及变形，因而硬化范围较小，硬度稍低。

五、切削热对切削过程的影响

切削热主要是由三个变形区中，变形、摩擦而消耗的能量转变而来的，是切削过程中最重要的现象之一。

1. 对刀具使用寿命的影响

在高温的作用下，刀具切削刃的硬度就要降低，甚至失去切削性能；此外，刀具随着硬度的降低，切削时会迅速变钝。切削热直接影响到刀具的磨损和刀具的寿命，限制切削速度的提高，所以切削热对刀具来说是极为不利的。

2. 对工件的影响

当切削热达到某一限度时，工件硬度即开始降低，就能使切削力稍微降低。但是研究结果表明，由于切削热的作用而降低的切削力，比对工件进行预热至某一温度而降低的切削力小。如工件材料预热至900℃时，切削力能减少至原数值的1/3~1/5；由于切削热到达800℃时，它的切削力仅降低20%~40%，所以效果不显著。并且工件由于受切削热的影响，将产生变形而造成工件尺寸的误差及增大表面粗糙度值，因此切削热对工件的尺寸精度和表面质量也是不利的。

通常降低切削热的方法，除了改善刀具的几何参数与适当降低切削速度和进给量以外，主要是使用切削液。使用切削液一方面可以起润滑作用，同时又能迅速地带走切削热。

◆◆◆ 第二节　刀具的材料

一、刀具材料的基本要求

在金属切削过程中，刀具是在高温下进行切削加工，同时还要承受较大的切削力、冲击、振动和剧烈的摩擦。刀具寿命的长短、切削效率的高低首先取决于刀具材料是否具有良好的切削性能。同时，刀具材料的工艺性能对刀具本身的制造和刃磨质量也有很大影响。因此，刀具切削部分的材料必须具备下列要求。

1. 高硬度

刀具切削部分材料的硬度必须高于工件材料的硬度。常温硬度必须在60HRC以上，才能确保正常切削，对某些较难切削的材料，刀具材料的硬度甚至于要求在 65HRC 以上。

2. 高耐磨性

刀具材料必须具有良好的抵抗磨损的能力，以保持切削刃的锋利性，特别是在高温切削条件下，更需保持应有的耐磨性。通常刀具材料的硬度越高，耐磨性越好。

3. 足够的强度和韧性

在切削过程中，刀具切削部分会承受各种冲击力的作用，造成刀具的断裂和崩刃。因此，刀具材料必须具备足够的强度和韧性。一般用抗弯强度和冲击韧度指标来衡量它们的好坏。一般情况下，刀具材料硬度越高，强度和韧性就越低。

4. 高耐热性

是指刀具材料在高温下能够保持高硬度的性能。高温下硬度越高则耐热性越好，允许的切削速度也就越高。它是评定刀具材料切削性能优劣的主要指标，一般用温度来表示。

5. 良好的工艺性

为了便于刀具的加工制造，要求刀具材料有较好的可加工性，包括锻轧、焊接、切削加工、磨削加工和热处理特性等。

上述几项性能不能同时兼得，没有一种刀具材料具备所有性能的最佳指标。所以，对刀具材料应根据具体加工条件有选择地使用。同时还应考虑到刀具材料的经济性，应尽可能满足资源丰富、价格低廉的要求，否则便不能大量推广使用。

二、刀具材料的种类

1. 碳素工具钢和合金工具钢

碳素工具钢是指碳的质量分数为 0.65% ~ 1.35% 的优质高碳钢。在碳素工具钢中再加入一些合金元素，如铬、钨、硅、锰等即成合金工具钢。其热处理后硬度为 60 ~ 64HRC，耐热性为 200 ~ 300℃，所以主要用于制造一些低速、手用工具，如锉刀、錾子、板牙、手用铰刀、丝锥及硬质合金钻头的刀体等。

2. 高速钢

高速钢是一种含钨（W）、铬（Cr）、钼（Mo）、钒（V）等合金元素较多的高合金工具钢。由于它的耐热性（540 ~ 600℃）较碳素工具钢和合金工具钢有显著提高，淬火后硬度为 63 ~ 66HRC，具有较高的强度、韧性和耐磨性，允许的切削速度比碳素工具钢高两倍以上。高速钢是一种综合性能好、应用范围广的刀具材料。

由于用高速钢制造的刀具的刀口强度和韧性高，能承受较大的冲击载荷，用于刚性较差的机床；可加工从有色金属到高温合金等范围广泛的工件材料。同时，这种材料的工艺性能较好，能锻造和容易磨出锋利的刃口。因此，目前高速钢仍是制造刀具，尤其是形状较复杂的刀具中使用量较多的材料，如制造成形车刀、铣刀、钻头、铰刀、拉刀、齿轮刀具和螺纹刀具等。

高速钢按其用途和性能可分为通用型高速钢和高生产率高速钢。按其化学成分可分为钨系高速钢和钼系高速钢。

(1) 通用型高速钢 通用型高速钢是指加工一般金属材料用的高速钢。常用牌号有 W18Cr4V 和 W6Mo5Cr4V2 两种。

1) W18Cr4V 是属钨系高速钢，热处理后的硬度为 63～66HRC，耐热性可达 620℃，抗弯强度 σ_{bb} 为 3 430MPa，磨削性能好，但它的碳化物分布不均匀，降低了精加工刀具寿命。由于其热塑性差，也不适用于制造热轧刀具。

2) W6Mo5Cr4V2 是属钼系高速钢，与 W18Cr4V 相比，其抗弯强度、冲击韧度和高温塑性较高；淬火硬度与耐热性相近；但其磨削性能稍差。其主要缺点是脱碳敏感性大，淬火范围窄。因其使用寿命长，是国外用得较多的一种通用型高速钢。我国主要用于制造热轧刀具（如热轧麻花钻等）。

(2) 高生产率高速钢 高生产率高速钢是通过调整基本化学成分和添加其他合金元素，使其性能比通用型高速钢提高，可用于高强度钢、高温合金、钛合金等难加工材料的切削加工。主要有以下几种：高钒高速钢 W12Cr4V4Mo、铝高速钢 W6Mo5Cr4V2Al、钴高速钢 W2Mo9Cr4VCo8 等高生产率高速钢。此外还有粉末冶金高速钢，这是通过改变高速钢的制造方法来改变其性能而发展起来的一种高速钢。

3. 硬质合金

硬质合金是高硬度、难熔的金属碳化物（WC、TiC 等）微米数量级的粉末，用 Co、Mo、Ni 等作粘结剂在高温高压下用粉末冶金的方法烧结而成。有熔点高、硬度高等特点，且含量多，使其常温下硬度可达 89～93HRA（相当于 74～81HRC）。耐磨性和耐热性较高，允许切削温度可达 800～1000℃，切削速度比高速钢高几倍甚至几十倍，还能加工高速钢刀具难以切削的难加工材料。

硬质合金也有不足之处，即抗弯强度和冲击韧度较高速钢低，脆性大，不耐冲击和振动，刃口不能磨得像高速钢刀具那样锋利，制造也较困难。

国际标准化组织对切削刀具用的硬质合金制订了国际标准（ISO）分类，将其分成 K、P、M 三大类。

(1) K 类硬质合金（WC – Co） 这类硬质合金韧性、磨削性能和导热性好。主要适用于加工脆性材料（如铸铁）、非铁金属和非金属材料。

国内常用牌号有 YG3⊖、YG6、YG6X 和 YG8。合金中钴含量越高其韧性越

⊖ 国际标准分类将硬质合金分为 K、P、M 三大类，但国内大多数仍使用旧牌号。

好，适用于粗加工；钴含量低的，用于精加工。YG6X 硬质合金比 YG6 的硬度高、耐磨性好，但抗弯强度略有降低。

（2）P 类硬质合金（WC – TiC – Co）　由于在合金中加入了 TiC，使其耐磨性提高，但抗弯强度、磨削性能和热导率有所下降。由于其低温脆性较大，不耐冲击，故仅适用于高速切削一般弹塑性材料。

国内常用牌号有 YT5、YT14、YT15 和 YT30。TiC 含量越多的牌号其硬度和耐磨性也越高，但抗弯强度和热导率较低。因此当切削条件比较平稳，要求强度和耐磨性高时，应选用 TiC 含量多的牌号；当刀具在切削过程中承受冲击和振动容易引起崩刃时，应选用 TiC 含量少的牌号。

（3）M 类硬质合金（WC – TiC – TaC（NbC）– Co）　在合金中加入适量的碳化钽（TaC）或碳化铌（NbC），以提高合金的高温硬度、强度、耐磨性、粘结温度和抗氧化性，同时，韧性也有所提高，具有较好的综合切削性能，主要用于加工难切削的材料和断续切削。国内常用牌号有 YW1 和 YW2。

4. 非金属材料简介

除了上述金属刀具材料外，还有以下几种高硬度的非金属材料。

（1）陶瓷　陶瓷主要质量分数是氧化铝（Al_2O_3），目前一般都制成多边形可转位刀片。其硬度、耐磨性、耐热性均比硬质合金高，能在 1200℃ 或更高的切削温度下进行切削加工，允许的切削速度比硬质合金高 20% ~ 25%，并能获得较小的表面粗糙度值和较好的尺寸稳定性。而且这种材料的资源丰富，价格低廉。其最大缺点是性脆、抗弯强度低、易崩刃，因此，在使用范围上受到很大限制。

陶瓷材料适用于精加工、半精加工一般金属材料和高硬度钢材，但不适用于冲击力大的断续切削。

近几年，陶瓷刀具在开发和性能改进方面取得很大成就，国际上将陶瓷刀具材料作为现代进一步提高生产力最有希望的刀具材料。

（2）人造金刚石　人造金刚石是一种碳的同素异形体，它分为天然金刚石和人造金刚石两种。人造金刚石是在高温、高压和其他条件配合下由石墨转化而成的，是一种超硬材料，是目前能够人工制造出来的最硬物质。

人造金刚石分单晶体与聚晶体两种。前者多用于制造砂轮，用来磨削高硬度的脆性材料（如硬质合金等）；后者可制成刀片形状，镶焊在刀杆上，用于车削或镗孔等。

人造金刚石的硬度很高，耐磨性很好，其刀具寿命比硬质合金提高几十倍，加工后工件的表面粗糙度值可达 $Ra0.1 ~ 0.025\mu m$。其缺点是强度与韧性较低，热稳定性和对铁的化学稳定性较差，因此，主要用于非铁金属及其合金的高精度加工。

（3）立方氮化硼 立方氮化硼是由六方氮化硼（白石墨）在高温高压下加入催化剂转变而成的，硬度仅次于金刚石，可耐 1 400 ~ 1 500℃高温，对铁元素的化学惰性大，直至 1200 ~ 1300℃时也不易与铁系金属起化学反应而导致磨损，抗粘结能力强。其主要缺点是抗弯强度低（略高于金刚石）、焊接性能差。

立方氮化硼作为一种新型刀具材料不仅用于制造车刀、镗刀，而且已扩展到面铣刀、铰刀等刀具。主要用于加工各类淬火钢、冷硬铸铁、高温合金和一些难加工材料。

随着工业发展中新的工程材料不断出现，对刀具材料的要求也就不断提高。因此，如何既经济又合理地选择刀具材料，来满足切削加工的要求，提高生产率，是我们必须认真研究的课题。

◆◆◆ 第三节 刀具的几何参数及其对切削性能的影响

一、切削运动与切削要素

1. 切削运动

在切削过程中，工件与刀具的相对运动称为切削运动。切削运动可以是直线运动也可以是回转运动，它包括主运动和进给运动，如图6-6所示。

（1）主运动 主运动是由机床或人力提供的主要运动，它促使刀具和工件之间产生相对运动，从而使刀具前刀面接近工件。通常主运动的速度较高、消耗的切削功率最多。车削的主运动是工件的回转运动；牛头刨床刨削时的主运动是滑枕的直线往复运动；铣削时的主运动是铣刀的回转运动等。

图6-6 车削运动和工件上的表面

（2）进给运动 进给运动是由机床或人力提供的运动，它使刀具与工件之间产生附加的相对运动，加上主运动，即可不断地或连续地切除切屑，并得出具有所需几何特性的已加工表面。车削时的进给运动包括：纵向进给运动和横向进给运动。

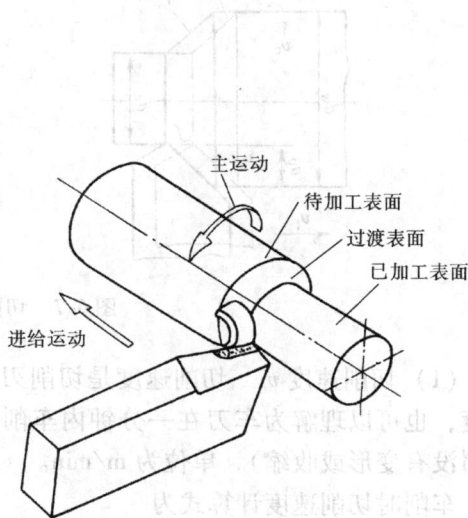

2. 切削中形成的表面

切削时，在工件上会形成待加工表面、过渡表面和已加工表面这三个表面，如图6-6所示。

1）待加工表面就是工件上有待切除之表面。

2）过渡表面就是工件上由切削刃形成的那部分表面，它在下一切削行程、刀具和工件的下一转里被切除，或者由下一切削刃切除。

3）已加工表面就是工件上经刀具切削后产生的表面。

3. 切削用量

切削用量是用来表示切削加工中主运动及进给运动的参数。切削用量包括切削速度 v_c、进给量 f、背吃刀量 a_p 三要素，如图6-7所示。它们是加工前调整机床的依据。在切削加工中，需针对不同的工件材料、刀具材料和其他技术经济要求来适当选取。

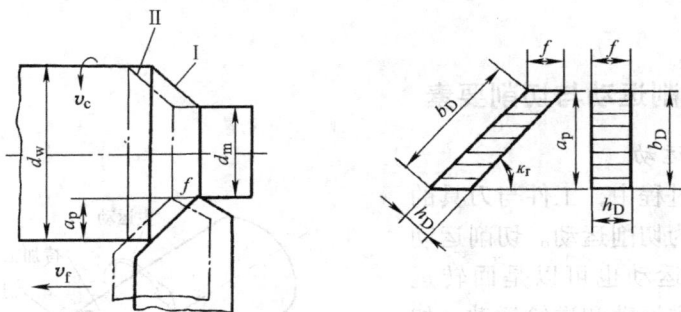

图6-7　切削要素

（1）切削速度 v_c　切削速度是切削刃上选定点相对于工件的主运动的瞬时速度，也可以理解为车刀在一分钟内车削工件表面的理论展开直线长度（假定切屑没有变形或收缩），单位为 m/min。

车削时切削速度计算式为

$$v_c = \pi d_w n / 1000$$

式中　　n——工件或刀具的转速（r/min）；

　　　　d_w——工件待加工表面直径（mm）。

对于旋转体工件或旋转类刀具，在转速一定时，由于切削刃上各点的回转半径不同，因而切削速度不同，在计算时应以最大的切削速度为准。如外圆车削时，计算待加工表面上的速度，钻削时计算钻头外径处的速度。

（2）进给量 f　进给量是刀具在进给方向上相对工件的位移量，可用刀具或工件每转或每行程的位移量来表述和度量，单位为 mm/r。车削时的进给速度

v_f 为

$$v_f = fn$$

式中　v_f——进给速度（mm/min）；

　　　f——进给量（mm/r）。

（3）背吃刀量 a_p　背吃刀量是在通过切削刃基点并垂直于工作平面的方向上测量的吃刀量，单位为 mm。车削外圆时

$$a_p = (d_w - d_m)/2$$

式中　a_p——背吃刀量（mm）；

　　　d_w——工件待加工表面直径（mm）；

　　　d_m——工件已加工表面直径（mm）。

4. 切削层要素

切削时，由切削部分的一个单一动作（或指切削部分切过工件的一个单程，或指只产生一圈过渡表面的动作）所切除的工件材料层称为切削层。切削层参数是指切削层在切削层尺寸平面内所截得的截面形状和尺寸。

如图 6-7 所示，当主、副切削刃为直线，且 $\lambda_s = 0°$、$\kappa_r < 90°$ 时，切削层公称横截面的形状为平行四边形，若 $\kappa_r = 90°$ 时，则为矩形。

（1）切削层公称横截面积 A_D　切削层公称横截面积是在给定瞬间，切削层在切削层尺寸平面里的实际横截面积，单位为 mm²。即

$$A_D = h_D b_D = f a_p$$

由上式可知，切削面积只由切削用量决定，不受主偏角变化的影响。

（2）切削层公称宽度 b_D　切削层公称宽度是在给定瞬间，作用主切削刃截面上两个极限点间的距离，在切削层尺寸平面中测量，单位为 mm。车外圆当刀具 $\lambda_s = 0°$ 时

$$b_D = a_p / \sin \kappa_r$$

切削宽度 b_D 的大小，表示主切削刃参加切削的长度。在一定条件下，增加主切削刃的切削长度能提高生产率。当 $\kappa_r = 90°$ 时，$b_D = b_{Dmin} = a_p$。

（3）切削层公称厚度 h_D　切削层公称厚度是在同一瞬间的切削层横截面积与其公称切削层宽度之比，单位为 mm。车外圆当刀具 $\lambda_s = 0°$ 时

$$h_D = f \sin \kappa_r$$

切削厚度 h_D 的大小，可以反映主切削刃单位长度上的工作量，对切削层的变形、断屑、切削力、刀具磨损等均有显著影响。当 $\kappa_r = 90°$ 时，$h_D = h_{Dmin} = f$。

残留面积是指刀具副偏角 $\kappa_r' \neq 0$ 时，切削刃从 I 位置平移至 II 位置后，残留在已加工表面上的不平部分的剖面面积，如图 6-8 中的 $\triangle ABE$。

二、刀具的几何参数

金属切削刀具种类繁多、形状各异，但就其切削部分而言，都可以视为从外

圆车刀切削部分演变而来的。因此，以外圆车刀为例来介绍刀具工作部分的一般术语，这些术语也适用于其他金属切削刀具。

1. 车刀的组成

车刀由切削部分和刀柄两部分组成。切削部分由三个刀面、两个切削刃、一个刀尖组成，如图6-9所示。

（1）刀面　刀面有前刀面 A_γ、主后刀面 A_α 和副后刀面 A'_α。

1）前刀面 A_γ 是刀具上切屑流过的表面。

2）主后刀面 A_α 是刀具上同前面相交形成主切削刃的后刀面。

3）副后刀面 A'_α 是刀具上同前刀面相交形成副切削刃的后刀面。

（2）切削刃　切削刃是刀具前刀面上拟作切削用的刃，分主切削刃和副切削刃。

1）主切削刃 S 是起始于切削刃上主偏角为零的点，并至少有一段切削刃拟用来在工件上切出过渡表面的那个整段切削刃，它担负主要的切削工作。

图6-8　残留面积

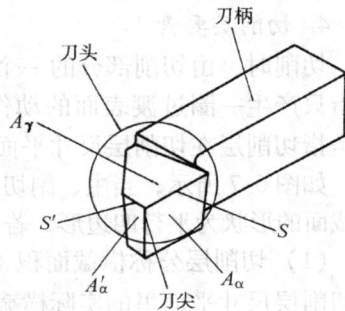

图6-9　车刀的组成

2）副切削刃 S' 是切削刃上除主切削刃以外的刃，也是起始于主偏角为零的点，但它向背离主切削刃的方向延伸，它配合主切削刃完成少量的切削工作。

（3）刀尖　刀尖是指主切削刃与副切削刃的连接处相当少的一部分切削刃。

2. 刀具静止参考系平面

刀具静止参考系是指用于定义刀具设计、制造、刃磨和测量时几何参数的参考系。建立刀具静止参考系时，不考虑进给运动的影响，并假定车刀刀尖与工件的中心等高；安装时车刀刀柄的中心线垂直于工件的轴线。在这个刀具静止参考系中的刀具角度定义为静止角度。

刀具静止参考系是由参考平面组成的，如图6-10所示。

（1）基面 p_r　过切削刃选定点的平面，它平行或垂直于刀具在制造、刃磨及测量时适合于安装或定位的一个平面或轴线，一般来说其方位要垂直于假定的主运动方向。

对于车刀，基面就是通过切削刃上选定点，并与刀杆底面相平行的平面。而钻头、铣刀等旋转体类刀具的基面为通过切削刃上选定点，包含刀具轴线的平面。

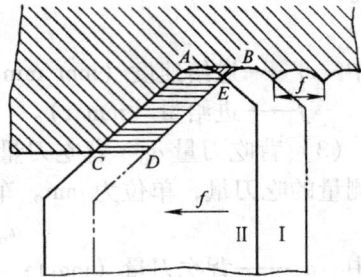

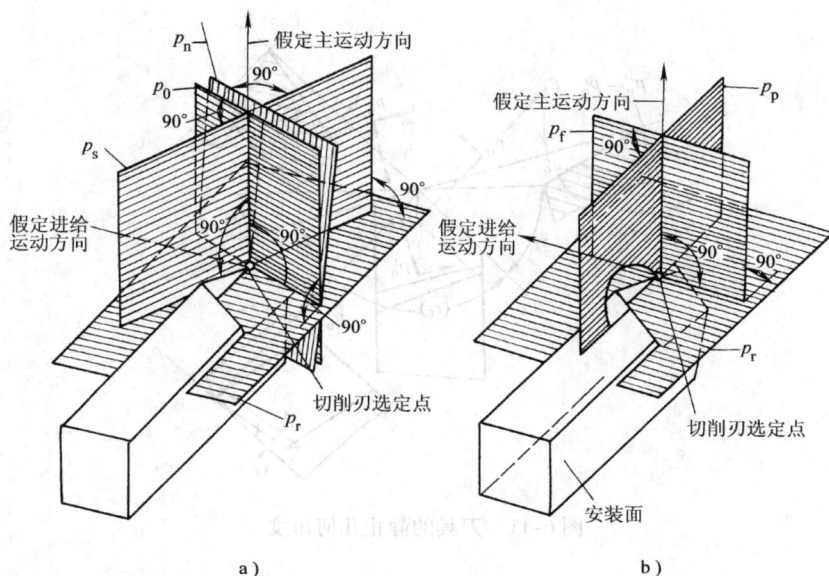

图 6-10　刀具静止参考系平面

（2）主（副）切削平面 p_s（p'_s）　　通过主（副）切削刃选定点，与主（副）切削刃相切并垂直于基面的平面。在无特殊情况下，切削平面就是指主切削平面。

（3）正交平面 p_o　　通过切削刃选定点并同时垂直于基面和切削平面的平面。

p_r、p_s 和 p_o 构成正交平面坐标系，它是生产中最常用的一个坐标系，用以设计、计算和测量刀具的几何角度。

（4）法平面 p_n　　通过切削刃选定点并垂直于切削刃的平面。

（5）假定工作平面 p_f　　通过切削刃选定点并垂直于基面的平面，它平行或垂直于刀具在制造、刃磨及测量时，适合于安装或定位的一个平面或轴线，一般说来其方位要平行于假定的进给运动方向。

（6）背平面 p_p　　通过切削刃选定点并垂直于基面和假定工作平面的平面。

3. 刀具的静止几何角度（图 6-11）

（1）在基面内测量的角度

1）主偏角 κ_r 是主切削平面与假定工作平面间的夹角。κ_r 只有正值。

2）副偏角 κ'_r 是副切削平面与假定工作平面间的夹角。κ'_r 只有正值。

3）刀尖角 ε_r 是主切削平面与副切削平面间的夹角。ε_r 只有正值。

ε_r、κ_r、κ'_r 满足下列关系式

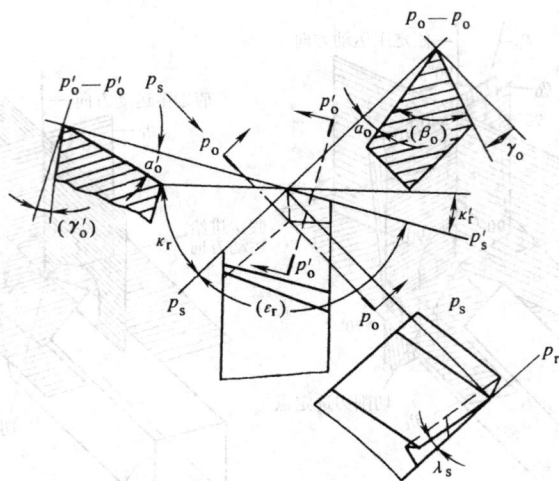

图 6-11　刀具的静止几何角度

$$\varepsilon_r = 180° - (\kappa_r + \kappa'_r)$$

（2）在主切削刃正交平面内测量的角度

1）前角 γ_o 是前面与基面间的夹角。

2）后角 α_o 是后面与切削平面间的夹角。

3）楔角 β_o 是前面与后面间的夹角。β_o 只有正值。

β_o、γ_o、α_o 满足下列关系式

$$\beta_o = 90° - (\gamma_o + \alpha_o)$$

在副切削刃正交平面内也有类似的角度，它们是：

1）副前角 γ'_o 是前面与基面间的夹角。

2）副后角 α'_o 是副后面与副切削平面间的夹角。

（3）在主切削平面内测量的角度　刃倾角 λ_s 是主切削刃与基面间的夹角。

对于普通外圆车刀来说，有六个基本角度，即：前角 γ_o、后角 α_o、主偏角 κ_r、副偏角 κ'_r、刃倾角 λ_s 和副后角 α'_o。其余为派生角度，可由计算而得。

（4）前角、后角、刃倾角正负的规定　如图 6-12 所示　在正交平面（$p_o - p_o$）内，前面与切削平面之间的夹角小于 90° 时，前角为正；大于 90° 时，前角为负；等于 90° 时，也就是前面与基面重合时，前角为零。

当后面与基面夹角小于 90° 时，后角为正；大于 90° 时，后角为负。

车刀刃倾角的正负：相对车刀底面而言，当刀尖位于主切削刃的最高点时，刃倾角为正；反之，当刀尖位于切削刃的最低点时，刃倾角为负；当主切削刃和

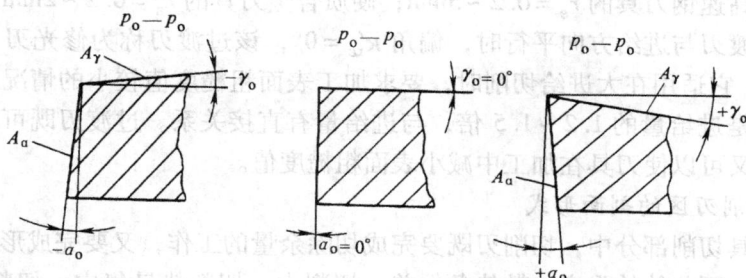

图 6-12　车刀前、后角正、负的规定

基面平行时，刃倾角为零度，如图 6-13 所示。

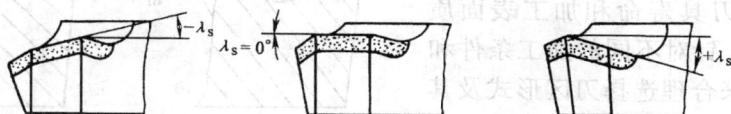

图 6-13　刃倾角正、负的规定

4. 切削刃形状

在切削过程中，由于刀尖处强度低、散热条件差，较易磨损和崩刃。为了提高刀尖强度，增大散热面积，延长刀具寿命，可在主、副切削刃之间磨出过渡刃或修光刃。常用的过渡刃有直线刃和圆弧刃两种，如图 6-14 所示。

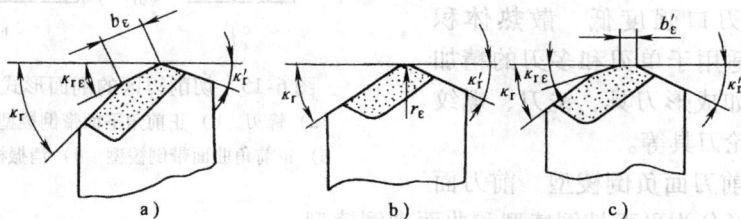

图 6-14　过渡刃和修光刃形式
a) 直线过渡刃　b) 圆弧过渡刃　c) 修光刃

图 6-14a 中直线过渡刃的偏角 $\kappa_{r\varepsilon}$，一般取 $\kappa_{r\varepsilon} = \kappa_r/2$；宽度 $b_\varepsilon = 0.5 \sim 2\text{mm}$。直线过渡刃主要用于粗加工、有间断冲击的切削和强力切削用的车刀、铣刀上。

图 6-14b 所示为圆弧过渡刃，其半径 r_ε 称为刀尖圆弧半径，一般不宜太大，否则可能会引起振动。r_ε 一般根据刀具材料、加工工艺系统刚性或表面粗糙度要求来选择。

一般高速钢刀具的 $r_\varepsilon = 0.2 \sim 5\text{mm}$；硬质合金刀具的 $r_\varepsilon = 0.2 \sim 2\text{mm}$。

当过渡刃与进给方向平行时，偏角 $\kappa'_{r\varepsilon} = 0°$，该过渡刃称为修光刃，如图 6-14c 所示。它适用在大进给切削时，要求加工表面粗糙度值较小的情况。过渡刃宽度一般是进给量的 $1.2 \sim 1.5$ 倍，与进给量有直接关系。过渡刃既可以增加刀具强度，又可以使刀具在加工中减小表面粗糙度值。

5. 切削刃区的剖面形式

在刀具切削部分中，切削刃既要完成切除余量的工作，又要完成形成工件表面的任务。而此处的强度、散热条件差，切削力、切削热最集中，切削温度高，因此最易磨损。重视对切削刃区的研究，关系到切削加工效率、质量和成本。强化和精整切削刃区，能显著提高刀具寿命和加工表面质量。因此，针对不同的加工条件和技术要求来合理选择刃区形式及其合理参数值，是选择刀具合理几何参数的基本内容。

切削刃区的剖面形式常用的有：锋刃、负倒棱刃和消振棱刃等。

（1）锋刃 如图 6-15a 所示，锋刃的形状简单，制造容易，刃口锋利。但刃口强度低，散热体积小，一般适用于单刃和多刃的精加工刀具。如成形刀具、铣刀、螺纹刀具和齿轮刀具等。

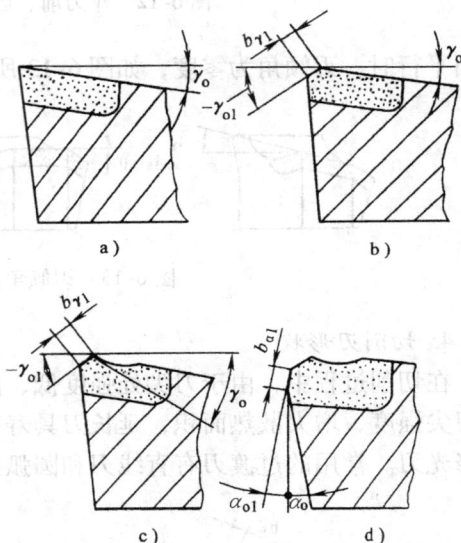

图 6-15 切削刃区的剖面形式
a) 锋刃 b) 正前角平面带倒棱型
c) 正前角曲面带倒棱型 d) 消振棱

（2）前刀面负倒棱型 前刀面负倒棱型可分为平面带倒棱型和曲面带倒棱型。

1）正前角平面带倒棱型如图 6-15b 所示。在主切削刃上磨出很窄的第一前刀面而形成的形式。负第一前面的主要作用是增强切削刃强度、改善散热条件和延长刀具寿命。这对于硬质合金刀具和陶瓷刀具，尤其是粗加工时，效果更为明显。

一般第一前刀面的参数为：用硬质合金刀具切削钢时，取 $b_{\gamma 1} = (0.3 \sim 0.8) f$、$\gamma_{o1} = -5° \sim -10°$；粗加工或带冲击振动的切削，取 $b_{\gamma 1} = (0.3 \sim 0.8) f$、$\gamma_{o1} = -25°$。

2）正前角曲面带倒棱型如图 6-15c 所示。为了使切屑便于折断和卷曲，在前刀面上磨出卷屑槽而形成正前角曲面型。为了能取较大前角，改善切削条件，增加刀具强度，再磨出负第一前刀面。常用于粗加工或半精加工塑性材料用的车刀。

（3）消振棱　沿着切削刃磨出负后角的窄棱面，称为消振棱，如图 6-15d 所示。

它的主要作用是增强棱面与切削表面之间的摩擦，形成阻尼作用，以增加切削平稳性，避免产生振动。同时也增强了切削刃，适当改善了刃区的散热条件，可以延长刀具寿命。

这种刃区形式可用于切断刀、高速螺纹车刀和细长轴车刀。

消振棱参数值推荐如下：$b_{a1} = 0.1 \sim 0.3\text{mm}$，$\alpha_{o1} = -5° \sim -10°$。

6. 前刀面形式

常见的前刀面形式有：卷屑槽、断屑槽等。选择合理的刀面形式及其参数对切屑的变形、卷曲和折断，对切削力、切削热、刀具磨损及刀具寿命有着直接影响。

三、刀具几何参数对切削性能的影响

1. 前角对切削性能的影响

前角的大小影响切削过程中变形、摩擦和切削力，它又影响刀具的强度与散热体积，从而影响刀具寿命和生产率。增大前角，可使切削变形和摩擦减小，从而使切削力减小，切削热减少，加工表面质量提高。但是，前角大，减小切削变形，不易断屑。而且前角大，楔角 β_o 减小，会降低切削刃和刀头的强度，使切削区散热条件变差，刀头容易崩刃，降低了刀具寿命。

2. 后角和副后角对切削性能的影响

后角和副后角的大小直接影响刀具后刀面与工件过渡表面的摩擦和刀具强度。后角越大，切削刃越锋利，但是，后角过大时由于楔角 β_o 小，会降低切削刃的强度与散热能力。因此只有选择合适的后角数值，才能获得较高的刀具寿命。

3. 主偏角及副偏角对切削性能的影响

主偏角和副偏角决定了刀尖角 ε_r 的大小，故直接影响刀尖处的强度、导热面积和散热体积。主偏角减小，体积增大，刀具强度提高，散热条件改善，提高了刀具强度，延长了刀具寿命。同时，减小主偏角和副偏角，使工件表面的残留面积少，工件表面粗糙度值也就小，其中副偏角的影响比较明显。主偏角还影响三个切削分力的大小和比例关系，减小主偏角会使背向力 F_p 增大，引起振动。此外，主偏角还影响切削刃单位长度上的负荷大小和断屑效果。主偏角还影响工件表面形状，当车削阶梯轴时，应选用 $\kappa_r = 90°、93°$；当车削外圆、端面、内孔并带倒角时，应选用 $\kappa_r = 45°$。

副偏角 κ'_r 的主要作用是减少副切削刃与已加工表面间的摩擦，它的大小对表面粗糙度和刀具寿命有较大影响。

4. 刃倾角对切削性能的影响

刃倾角主要影响工件加工表面质量和刀具强度。改变刃倾角，可控制切屑流向。精车或半精车时，希望取正的刃倾角，使切屑流向待加工表面，而不划伤已加工表面。增大刃倾角的绝对值，使刃口变得锋利，可以切下很薄的金属层，改善加工表面质量。选用负的刃倾角，增大了刀头体积，提高了刀具强度。所以，许多高性能车刀的特点是：在增大刀具前角的同时选取负刃倾角，在切削时，既能减小切削变形，又能有效地保证刀具有足够的强度，从而解决了刀具在使用时出现的"锋利与强固"难于并存的矛盾（图 6-16）。

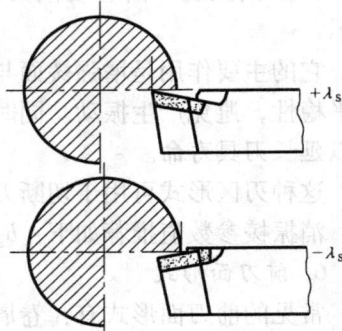

图 6-16　负刃倾角对刀尖的保护作用

◇◇◇◇ 第四节　常用刀具

一、车刀

车刀是金属切削加工中应用最广泛的一种刀具，它可以在各种车床上完成工件的外圆、端面、内孔、锥体、倒角、车螺纹、车槽或切断以及其他成形表面等加工工艺。

1. 车刀按用途分类

按用途不同车刀可分为外圆车刀、端面车刀、切断车刀、螺纹车刀及内孔车刀等，如图 6-17 所示。

（1）外圆车刀　外圆车刀主要用来加工工件的外圆柱、外圆锥等。按进给方向有左切车刀（车削外圆时，车刀由左向右进给）与右切车刀两种。当车刀的主偏角 $\kappa_r = 45°$ 时，可加工端面和倒角。当主偏角 $\kappa_r = 90°$ 时，称为 90°偏刀，主要用来加工细长轴和阶梯轴。

（2）端面车刀　端面车刀是用来加工与工件轴线垂直的平面。端面车刀的

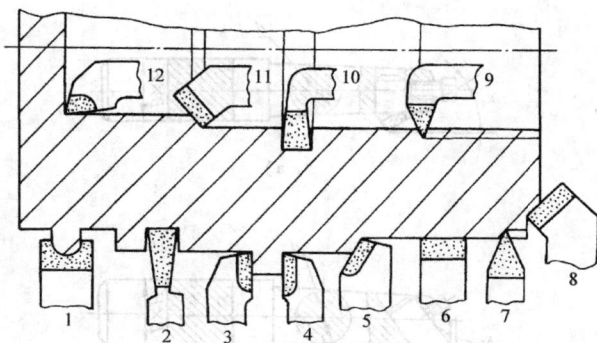

图 6-17　车刀类型

1—成形车刀　2—切断刀　3—左刃 90° 偏刀　4—右刃 90° 偏刀　5—外圆车刀
6—宽刃精车刀　7—外螺纹车刀　8—端面车刀　9—内螺纹车刀　10—内槽车刀
11—通孔车刀　12—不通孔车刀

特点是切削速度是连续变化的，在近工件中心处的切削速度接近于零。

（3）切断车刀　切断车刀有四个面、一个主切削刃、两个副切削刃和两个刀尖。可看做两把端面车刀的组合，能同时车出左、右两个端面，是用来车槽和切断的。

车槽刀又有外槽车刀与内槽车刀之分。

（4）内孔车刀　车内孔是常用的加工方法，可在车床上进行。可进行粗、精加工，一般镗孔加工，公差等级可达 IT7，表面粗糙度值为 $Ra0.6 \sim 0.8\mu m$。

车内孔的一个很大特点是修正上一工序所造成的轴线偏斜等缺陷。

按加工孔的结构特点，内孔车刀又可分为通孔车刀与不通孔车刀两种。通孔车刀的主偏角 κ_r 一般为 45°~75°，不通孔车刀的 κ_r 大于或等于 90°。图 6-18 所示为内孔车刀。

2. 车刀按结构分类

按结构不同车刀可分为：整体式车刀、焊接式车刀、机夹式车刀、可转位式车刀和成形车刀等。

（1）整体式车刀　一般用高速钢制造，刃磨方便、使用灵活，但硬度、耐热性较低，通常用于车削非铁金属工件，小型车床上车削较小工件。

（2）焊接式车刀　是由硬质合金刀片和普通结构钢刀杆通过焊接而成。焊接式车刀结构简单、紧凑，刚性好、抗振性能强，制造、刃磨方便，使用灵活。但是，刀片经过高温焊接，强度、硬度降低，切削性能下降，刀片材料产生内应力，容易出现裂纹，刀柄不能重复使用，浪费原材料，换刀及对刀时间长，不适用于自动车床和数控车床。

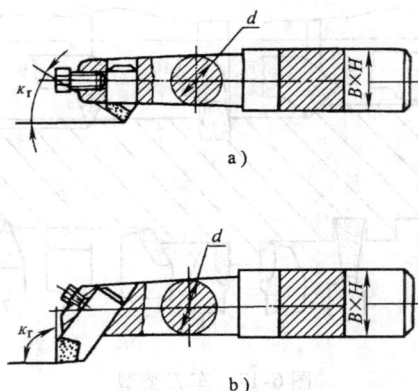

图 6-18　内孔车刀
a）通孔车刀　b）不通孔车刀

（3）机夹车刀　机夹车刀是将普通硬质合金刀片用机械方法夹固在刀柄上，刀片磨钝后，卸下刀片，经重新刃磨，可再装上继续使用。机夹车刀的特点如下：

1）刀片不经焊接，避免了因高温焊接而引起的刀片硬度下降以及产生裂纹等缺陷，因此延长了刀具的使用寿命。

2）缩短换刀时间，提高了生产效率。

3）刀柄可重复多次使用，延长了刀柄寿命，节约了刀柄材料。

4）有些压紧刀片的压板可起断屑作用。

5）刀片磨钝后，需重新刃磨，因此，裂纹的产生不能完全避免。

（4）可转位车刀　可转位车刀是把硬质合金可转换刀片用机械方法夹固在刀柄上，刀片上具有合理的几何参数和多条切削刃。在切削过程中，当某一条切削刃磨钝后，只要松开夹紧机构，将刀片转换一条新的切削刃，夹紧后又可继续切削，只有当刀片上所有的切削刃都磨钝了，才需更换新刀片。可转位车刀的特点如下：

1）刀片不需要焊接和刃磨，完全避免了因高温引起的刀具材料应力和裂纹等缺陷，延长刀具寿命。

2）刀片、刀柄是专业化生产的，刀具的几何参数稳定可靠，刀片调整、更换重复定位精度较高，特别有利于大批量生产的质量稳定。

3）当一条切削刃或一个刀片磨钝后，只需转换切削刃或更换刀片即可继续切削，减少了调整、换刀的时间，节约了辅助生产时间。

4）可转位车刀有利于推广使用涂层、陶瓷等新型刀具材料，有利于推广使用先进的数控车床。

5）刀柄的重复使用，刀具寿命的延长，刀具库存量的减少，可简化刀具管理，有利于刀具成本下降。

（5）成形车刀　成形车刀是加工回转体成形表面的专用刀具，其刃形是根据工件轮廓形状设计的，主要用在各类卧式车床、自动车床上加工回转体零件的内、外成形表面。

成形车刀的特点是加工质量稳定。由于工件成形表面的形状和尺寸由刀具轮廓形状的设计精度和制造精度来保证，而且工件的成形表面由刀具一次成形，所以加工质量稳定。加工公差等级可达 IT10 ~ IT8，表面粗糙度值可达 $Ra6.3$ ~ $3.2\mu m$，使工件互换性好。其次，生产率高，经过一个切削行程就可以加工出工件的成形表面。刀具的重磨次数多，因而使用寿命长。由于成形车刀的制造较麻烦，成本较高，故一般只用于成批大量的生产中。

成形车刀按结构形状的不同，有平体、棱体和圆体成形车刀之分（图6-19）。平体成形车刀除切削刃须根据工件轮廓形状设计外，其余结构和普通车刀相同，如图6-19a 所示。其结构简单、使用方便，但重磨次数少。棱体成形车刀的刀体呈棱柱形，如图6-19b 所示，并具有燕尾形装夹基面，切削刃强度高。沿前面重磨次数比平体多，常用于加工各种外成形表面。圆体成形车刀如图6-19c 所示，是一个磨出排屑缺口和前刀面，并带装夹孔的回转体。切削刃在圆周表面上分布，由于重磨时磨的是前刀面，故可重磨次数更多，制造也比棱体刀容易，寿命长，可加工内外成形表面，故在生产中应用得较多。

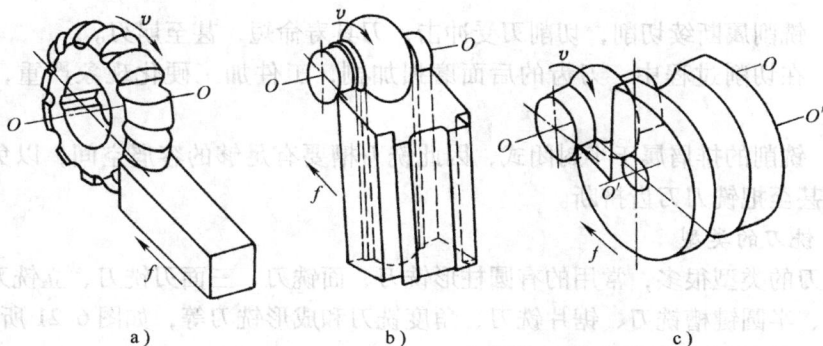

图6-19　成形车刀的类型
a) 平体成形车刀　b) 棱体成形车刀　c) 圆体成形车刀

成形车刀按进给方式分类可分为径向成形车刀和切向成形车刀。径向成形车刀工作时，切削刃沿工件的半径方向切入，切削行程短，生产率较高，因此应用得较多。图 6-19 所示的三种成形车刀都属径向成形车刀。但由于切削刃较宽，径向切削力较大，易引起振动而使加工表面粗糙度值增大，不适于加工细长和刚度差的工件。切向成形车刀工作时，切削刃沿工件已加工表面的切线方向切入。由于切削刃具有偏角 κ_p，切削刃在切削时是逐渐切入和切离工件的，因此切削力较小，加工质量较高。但由于切削行程长，故生产率较低，它主要用于背吃刀量小、刚性差的零件加工。切向成形车刀如图 6-20 所示。

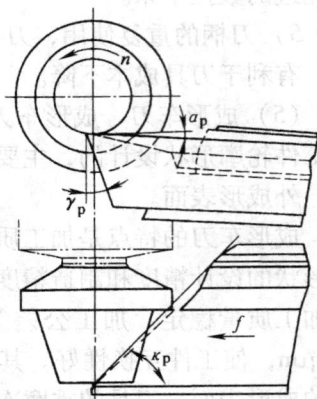

图 6-20　切向成形车刀

二、铣刀

1. 铣刀的特点

铣削是目前应用广泛的切削加工方法之一。由于铣刀是一种在圆柱表面上或端面上具有刀齿的多刃刀具，同时参加切削的切削刃总长度较长，切削时没有空行程，可使用较高的切削速度，因此生产率较高。

铣刀的每一个刀齿相当于一把车刀，但铣削是断续切削，切削厚度和切削面积随时在变化，所以铣削有如下特点：

1）铣削过程中，切削厚度和侧吃刀量随时在变化，因而切削力波动，引起切削过程不平稳，同时，铣削时铣刀刀齿依次切入和切出工件，故产生周期性振动。

2）铣削属断续切削，切削刃受冲击，刀具寿命短，甚至崩刃。

3）在切削过程中，刀齿的后面磨损加剧，工件加工硬化现象严重，表面粗糙。

4）铣削的排屑属于半封闭式，因此铣刀槽要有足够的容屑空间，以免排屑困难，甚至把铣刀刀齿挤断。

2. 铣刀的类型

铣刀的类型很多，常用的有圆柱形铣刀、面铣刀、三面刃铣刀、立铣刀、键槽铣刀、半圆键槽铣刀、锯片铣刀、角度铣刀和成形铣刀等，如图 6-21 所示。

（1）按铣刀切削部分的材料分类

1）高速钢铣刀：这类铣刀有整体的和镶齿的两种，是目前最常用的铣刀。

2）硬质合金铣刀：这类铣刀大都不是整体的，如面铣刀、三面刃盘铣刀和立铣刀等，其中硬质合金面铣刀应用较多（图 6-21c）。

（2）按铣刀用途分类

1）加工平面用的铣刀：加工平面一般都用圆柱形铣刀、面铣刀（图 6-21a、

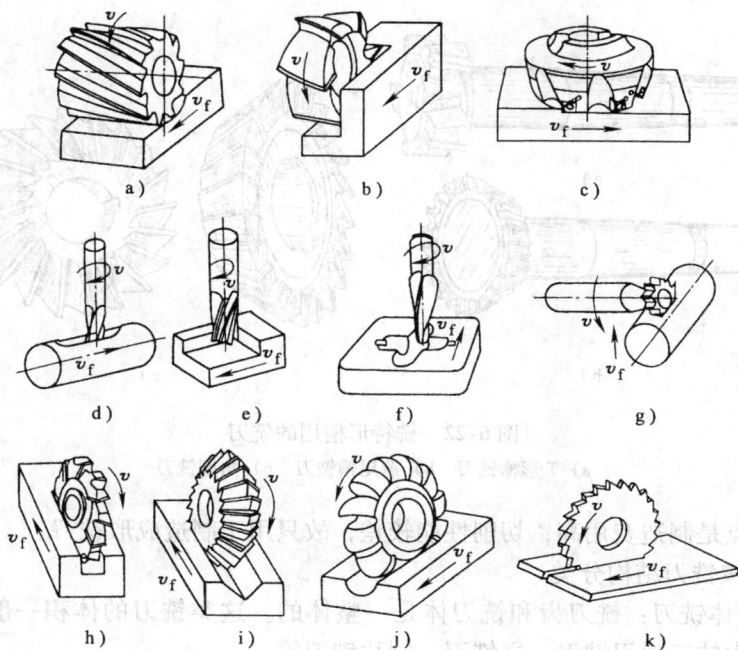

图 6-21　铣刀的类型及用途

a）圆柱形铣刀　b）、c）面铣刀　d）键槽铣刀　e）立铣刀　f）模具铣刀
g）半圆键铣刀　h）交错齿三面刃铣刀　i）双角铣刀　j）成形铣刀　k）锯片铣刀

b、c）。对较小的平面，也可用立铣刀和三面刃铣刀加工。

2）加工沟槽和台阶面用的铣刀：如立铣刀、键槽铣刀、模具铣刀、半圆键槽铣刀、三面刃铣刀和角度铣刀等（图 6-21d、e、f、g、h、i）。

3）加工成形表面用的铣刀：如图 6-21j 所示，有半圆形铣刀等各种成形铣刀。

4）切断用的铣刀：如图 6-21k 所示为锯片铣刀，这种铣刀也可用作铣窄槽。

5）加工特种沟槽用的铣刀：如图 6-22 所示，有 T 形槽铣刀、燕尾槽铣刀和角度铣刀等。

（3）按铣刀齿背的形状分类

1）尖齿铣刀：这种铣刀在刀齿截面上，齿背是由一条或几条直线组成的。由于齿背是直线形的，制造、刃磨方便，切削刃较锋利，因此应用广泛，图6-21中除成形铣刀外均为尖齿铣刀。

2）铲齿铣刀：这种铣刀在刀齿截面上，齿背是一条特殊曲线，一般为阿基米德螺旋线，是用铲齿的方法制成的。这种铣刀的优点是刀齿刃磨后齿形可保持

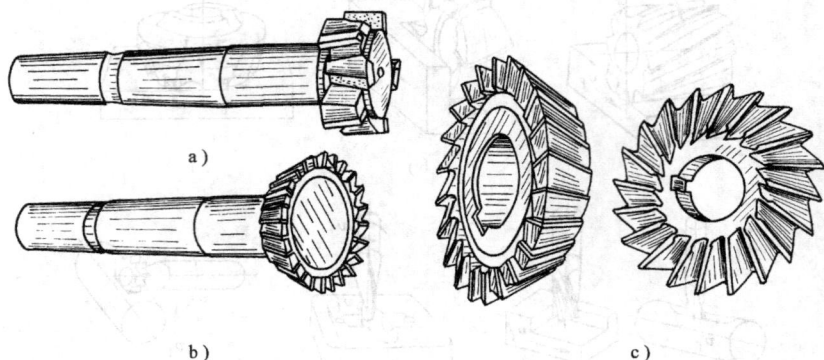

图 6-22　铣特形槽用的铣刀

a）T 形槽铣刀　b）燕尾槽铣刀　c）角度铣刀

不变，缺点是制造费用高，切削性能较差，故只用于制造成形铣刀。

（4）按铣刀结构分类

1）整体铣刀：铣刀齿和铣刀体是一整体的。这类铣刀的体积一般都较小，如直径不大的三面刃铣刀、立铣刀、锯片铣刀等。

2）镶齿铣刀：为了节省贵重材料，用好的材料做刀齿，较差的材料做刀体，然后镶合而成，其结构如图 6-23 所示。直径大的铣刀和面铣刀大都采用这种结构。

3）机械夹固式铣刀：其结构如图 6-21c 所示，它同镶齿铣刀一样，可节省刀具材料。这种铣刀当刀片在精磨后，可不经焊接就可固定在刀体上，保证了刀片质量。另外，当切削刃用钝后，只要转一个角度就可继续使用，一直到几条切削刃全部用钝，然后再换上新刀片。可节省磨刀时间，提高生产率。随着硬质合金的不断推广和不重磨刀具的广泛采用，这种铣刀已日渐增多。

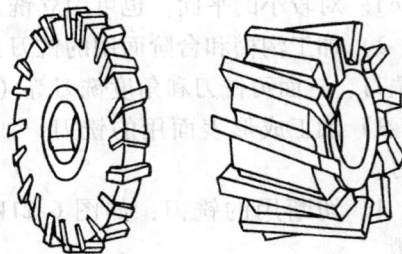

图 6-23　镶齿铣刀

三、钻头

1. 钻头的种类

钻头是钻孔或扩孔的刀具，它一般用于实心材料上钻孔。用于粗加工，也可用于半精加工或精加工的预钻孔。根据不同的结构形式和用途。钻头可分为麻花钻、扁钻、中心钻及深孔钻等。目前使用最广泛的是麻花钻。

2. 麻花钻的结构及几何参数

（1）标准麻花钻的组成　标准麻花钻由工作部分、空刀和柄部三部分组成，如图 6-24a 所示。

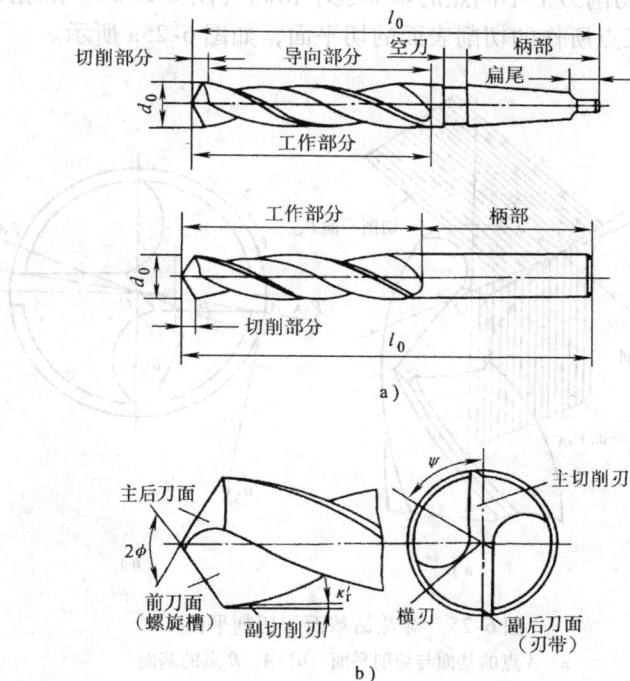

图 6-24　麻花钻的组成

麻花钻的工作部分由切削部分和导向部分构成。切削部分起切除金属的作用；导向部分在钻削时起导向和修光作用，同时也是切削部分的备磨部分。其中切削部分由两个前刀面、两个后刀面和两个副后刀面（刃带）组成。两前刀面和两后刀面交线为两主切削刃；两前刀面与两刃带交线为两副切削刃；两后刀面在钻心处相交形成横刃（图 6-24b）。所以标准麻花钻共有三条主切削刃和两条副切削刃。

为减小麻花钻与孔壁间的摩擦，导向部分上有两条窄的刃带（副后刀面），它的直径由钻尖向尾部逐渐减小，其减小量为每 100mm 长度上减小 0.03 ~ 0.12mm，大直径钻头取大值。

麻花钻的空刀是用于连接工作部分和柄部的，在磨削时作退刀槽用。钻头的标记打印于此处。

麻花钻的柄部是用来装夹钻头和传递转矩。钻头直径 $\phi13mm$ 以上采用莫氏锥柄，$\phi13mm$ 以下采用圆柱直柄。

（2）麻花钻的几何参数　为了讨论麻花钻的几何参数，首先必须确定钻头的基面与切削平面。麻花钻的基面是：过切削刃上某一点，并通过钻头轴线的平面（图 6-25a），切削刃上不同点的基面也不相同（图 6-25b）。麻花钻的切削平面是过切削刃上某点所作的切削表面的切平面，如图 6-25a 所示。

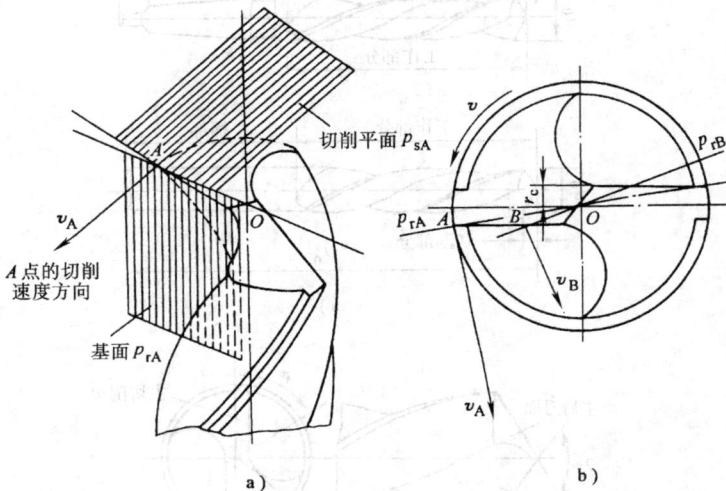

图 6-25　麻花钻基面与切削平面

a）A 点的基面与切削平面　b）A、B 点的基面

麻花钻的切削部分可以看作是由两把车刀与一条横刃组成，其主要几何参数如下。

1）螺旋角 β：螺旋角是钻头螺旋槽在最大直径处的螺旋线展开成直线与钻头轴线的夹角，如图 6-26 所示。

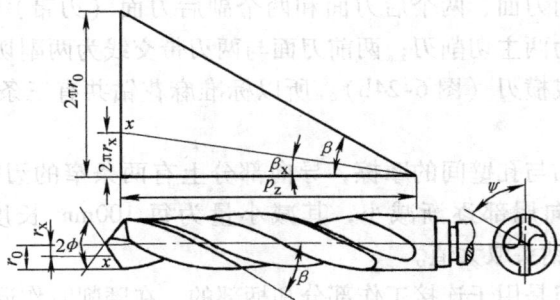

图 6-26　麻花钻的螺旋角和顶角

由图可知

$$\tan\beta = 2\pi r_0/P_z$$

式中 r_0——钻头半径（mm）；

P_z——螺旋槽导程（mm）。

由于主切削刃上任意点的半径不同，所以螺旋角也不同。钻头外径处的螺旋角最大，越靠近钻心螺旋角越小。螺旋角实际上就是钻头在轴向剖面内的前角，因此，螺旋角越大，前角越大、切削刃越锋利、切削越省力、切屑越容易排出。但是螺旋角越大，切削刃强度及散热条件也越差。一般工具厂生产的标准麻花钻螺旋角在18°～30°之间。

2）顶角（锋角）2ϕ：钻头的顶角是两主切削刃在与它们平行的平面上投影的夹角（图6-26）。标准麻花钻的顶角 $2\phi = 118°$。钻头切削刃上各点的顶角相等。此时主切削刃为直线。

3）主偏角 κ_r：麻花钻主切削刃上任一点 x 的主偏角 κ_{rx} 是主切削刃在该点基面上的投影和钻头进给方向的夹角。由于钻头主切削刃上各点的基面不同，因此各点的主偏角也不同（图6-27），但数值上很接近。为了方便，可用顶角的一半值来代替主偏角值。

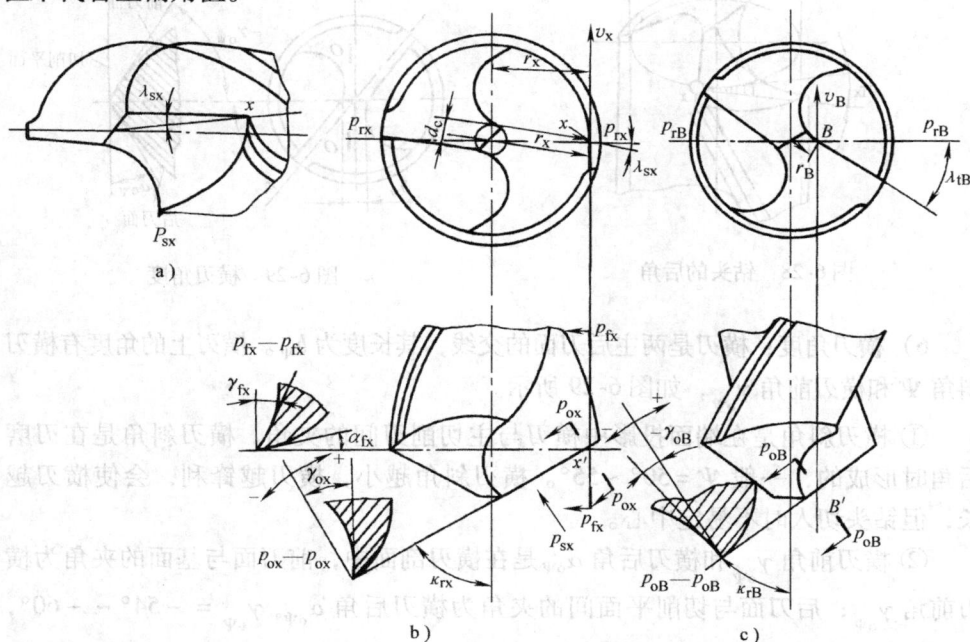

图6-27 钻头上主偏角、刃倾角、前角和后角

a）P_{sx}向视图 b）钻头外径处 c）近钻头中心处

4）前角 γ_o：麻花钻主切削刃上任一点的前角 γ_o 是在正交平面（图 6-27 中 $p_{ox}—p_{ox}$ 剖面）内测量的前刀面与基面之间的夹角。标准麻花钻切削刃各点前角的变化很大，从外缘到钻心由大逐渐变小，在 $d_o/3$ 范围内为负值，接近横刃处的 $\gamma_o = -30°$。

5）后角 α_f：钻头主切削刃上任一点 x 的后角是在该点的圆柱面切平面中测量和表示的，是在该切平面中切削平面与后刀面间的夹角。圆柱面是以钻头为轴线，以 x 点到轴线的距离为半径，绕轴线 360° 而形成的，如图 6-28 所示。

该后角是钻削过程中的实际后角，测量也方便。在磨制钻头后角时，应使主切削刃上各点处不相同，越近钻头中心处后角越大。这是因为：为使切削刃上各点的楔角 β_o 基本保持相同；增大钻心处后角，使横刃处切削条件得到改善；弥补进给量的影响，使主切削刃上各点都有较合适的后角。

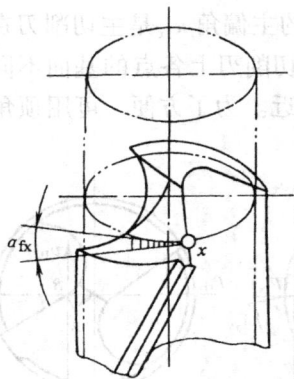

图 6-28　钻头的后角

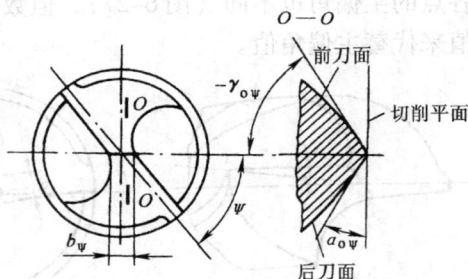

图 6-29　横刃角度

6）横刃角度：横刃是两主后刀面的交线，其长度为 b_Ψ。横刃上的角度有横刃斜角 Ψ 和横刃前角 $\gamma_{o\Psi}$，如图 6-29 所示。

① 横刃斜角是在端面投影中横刃与主切削刃间的夹角。横刃斜角是在刃磨后角时形成的，一般 $\Psi = 50° \sim 55°$。横刃斜角越小，横刃越锋利，会使横刃越长，但钻头切入时不易定中心。

② 横刃前角 $\gamma_{o\Psi}$ 和横刃后角 $\alpha_{o\Psi}$ 是在横刃剖面中，前刀面与基面的夹角为横刃前角 $\gamma_{o\Psi}$；后刀面与切削平面间的夹角为横刃后角 $\alpha_{o\Psi}$。$\gamma_{o\Psi} = -54° \sim -60°$，$\alpha_{o\Psi} = 30° \sim 36°$。由图 6-29 可知

$$\alpha_{o\Psi} + |\gamma_{o\Psi}| = 90°$$

可见横刃处的切削条件很差。横刃处的负前角造成钻削时严重挤压而引起很

大的轴向力，这是影响钻头工作时的效率、钻头寿命和钻削质量的一个重要因素。因此，横刃经特殊修磨可使切削轻快，这对大直径钻头显得更重要。

四、铰刀

铰削加工的特点是加工余量小，切削厚度薄（精铰时 $h_D = 0.01 \sim 0.03\text{mm}$）。由于铰刀有切削刃钝圆半径，又具有修光刃，而且后面还有：$b_{a1} = 0.05 \sim 0.3\text{mm}$

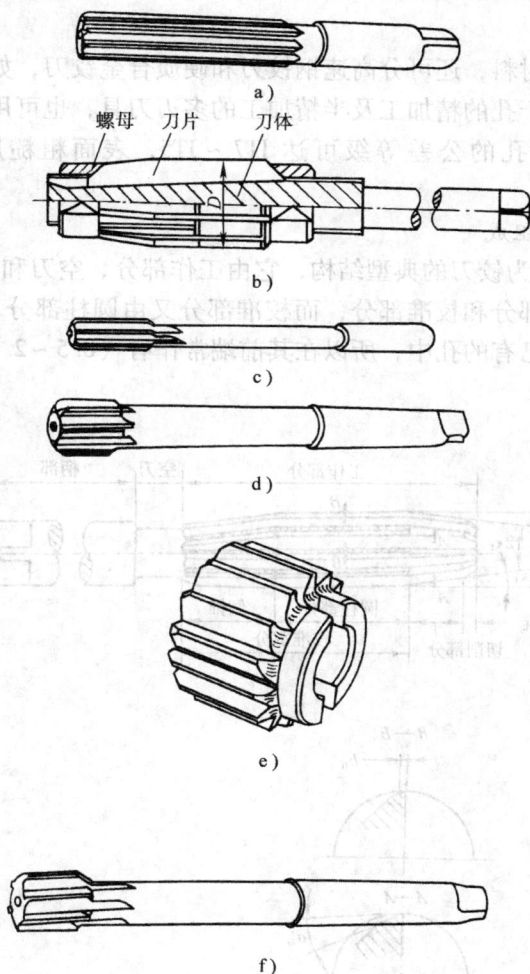

螺母　刀片　刀体

a)

b)

c)

d)

e)

f)

图 6-30　铰刀的种类
a) 直柄手用铰刀　b) 可调节手用铰刀　c) 直柄机用铰刀
d) 锥柄机用铰刀　e) 套式机用铰刀　f) 硬质合金机用铰刀

的刃带，所以挤压作用大，铰削过程实际上是切削与挤压两种作用的结果。

1. 铰刀的种类及应用

铰刀的种类很多，通常分为手用和机用两大类。手用铰刀又分为整体式（图6-30a）和可调节式（图6-30b）；机用铰刀可分为带柄的（直径 1~20mm 为直柄，图6-30c；直径 5.5~50mm 为锥柄，图6-30d）和套式的（直径 25~100mm，图6-30e）。

铰刀不仅用来加工圆柱形孔，也有用来加工锥形孔，如莫氏圆锥铰刀和1:50 锥度销铰刀。

此外，按刀具材料，还可分高速钢铰刀和硬质合金铰刀，如图6-30f所示。

铰刀是一种用于孔的精加工及半精加工的多刃刀具，也可用于磨孔和研孔前的预加工。铰削后孔的公差等级可达 IT7~IT5，表面粗糙度值为 $Ra0.63~2.5\mu m$。

2. 铰刀的结构组成

如图6-31所示为铰刀的典型结构，它由工作部分、空刀和柄部三部分组成。工作部分包括切削部分和校准部分，而校准部分又由圆柱部分和倒锥部分组成。为使铰刀容易切入已有的孔中，所以在其前端常作有（0.5~2.0mm）×45°的引导锥。

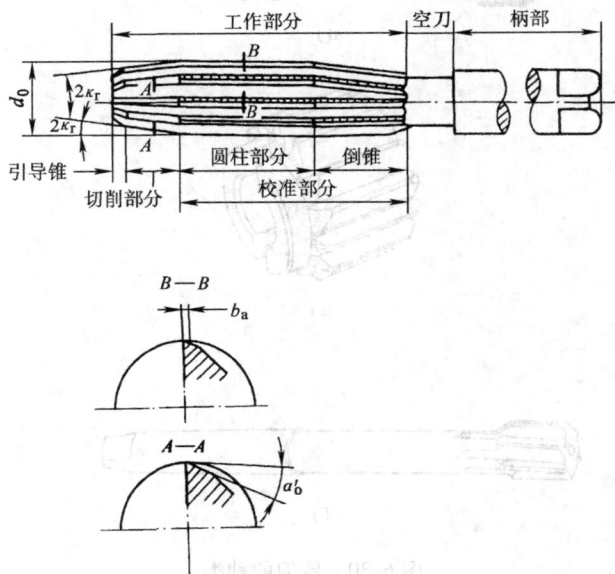

图6-31 铰刀的结构

1）正确确定铰刀的直径和公差，对被加工孔的尺寸精度、铰刀的制造成本和使用寿命有直接影响。一般情况铰出的孔会产生扩张量，这是由于刀齿的径向圆跳动、工件与刀具的安装误差、机床主轴间隙过大以及积屑瘤等因素造成的。但在铰削薄壁的韧性材料或用硬质合金铰刀铰孔时，常会出现铰孔后的孔径比铰刀直径稍小的情况，即产生收缩量，这是由于铰孔时的挤压作用又会使孔产生弹性恢复而缩小。铰孔时扩张或收缩量的大小，需按经验或由试验确定。

2）铰刀的齿数会影响被铰孔的精度和表面粗糙度。若齿数增多，则铰削平稳、导向好，有利于提高孔的精度和表面质量。但若齿数过多，则会减小容屑空间，降低刀齿的强度，并使刀齿刃磨困难，制造精度也难提高。因此，铰刀齿数一般取 4～16。为了便于测量铰刀直径，齿数通常采用偶数。高速钢铰刀齿数见表 6-1。

表 6-1 高速钢铰刀齿数

铰刀直径 d/mm	10～20	21～35	36～48	50～55	58～70	72～80
铰刀齿数	6	8	10	12	14	16

铰刀刀齿在圆周上的分布有等齿距与不等齿距两种形式，目前工厂生产的手用铰刀大多采用不等齿距分布。

铰刀的槽形有直线齿背形、圆弧齿背形和圆弧直线齿背形三种。直线齿背形的形状简单，能用标准角度铣刀铣制，一般手用和机用铰刀都可采用这种槽形。圆弧齿背形的槽形有较大的容屑空间，但齿槽须用成形铣刀铣出，一般用于直径大于 20mm 的铰刀，圆弧直线齿背形主要用于硬质合金铰刀。

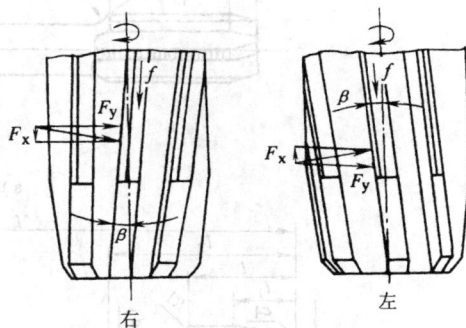

图 6-32 铰刀螺旋槽方向

铰刀的齿槽有直槽和螺旋槽两种。直槽制造、刃磨和检验方便，故使用广泛。螺旋槽铰刀切削平稳，主要用于铰削深孔和带断续表面的孔。螺旋槽的方向有左旋和右旋两种，如图 6-32 所示。右旋铰刀铰削时，切屑向后排出，适用于加工不通孔。左旋铰刀铰削时，切屑向前排出，可防止切屑刮伤已加工表面，适用于加工通孔，且工作时轴向力压向主轴使铰刀装夹牢固。铰刀在切削灰铸铁和钢料时，推荐取螺旋角 $\beta = 8°$。

五、丝锥

1. 丝锥的种类及应用

丝锥是加工圆柱形和圆锥形内螺纹的标准刀具之一，其结构简单，使用方便，故应用极为广泛。丝锥的基本轮廓是一个螺钉，在纵向开有沟槽以形成切削刃和容屑槽。

丝锥的种类很多，按不同的用途和结构可分为如下几种。

（1）手用丝锥　手用丝锥常用于单件或小批生产中。它的尾部为方头圆柄，如图6-33a所示。手用丝锥一般由两把或三把为一组，依次进行切削，用于加工内螺纹。

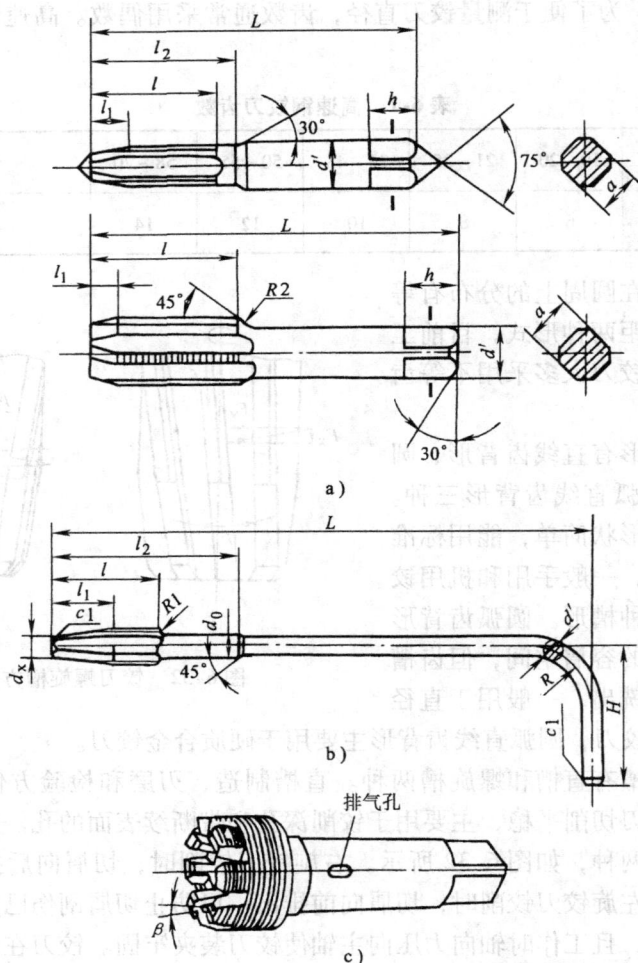

图 6-33　丝锥

a）手用、机用丝锥　b）螺母丝锥　c）内容屑丝锥

（2）机用丝锥　机用丝锥的外形与手用丝锥相同，但齿形需铲磨。因机床功率大，导向好，常用单锥攻螺纹，但当加工直径较大，材料硬度或韧性较大的工件时，也采用两把或三把一组攻螺纹。

（3）螺母丝锥　螺母丝锥分为短柄、长柄和弯柄三类（图6-33b），均做成单锥，专门用于加工螺母。螺母丝锥可在普通机床、自动机床上使用，生产率较高。

（4）内容屑丝锥　如图6-33c所示，内容屑丝锥的心部有容屑孔，切削锥部开有若干不通槽，以改善切削性能和排屑性能，适用于加工较大直径和高精度孔。

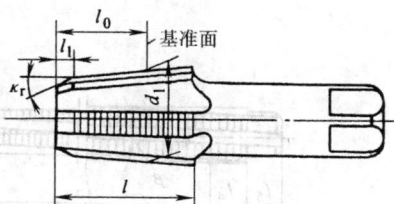

图6-34　锥形螺纹丝锥

（5）锥形螺纹丝锥　锥形螺纹丝锥密封性好，并可用轴向位移来补偿直径误差，因而被广泛用于管接头加工。牙型角有55°、60°两种，如图6-34所示。加工锥形螺纹时，切削力较大，且转矩随着丝锥切入工件深度的增加而增大，一般都用机动。为防止转矩太大使丝锥折断，切削时常用保险装置。锥形螺纹丝锥的外径和整个廓形必须经过铲磨。

（6）挤压丝锥　挤压丝锥是没有容屑槽的丝锥，如图6-35所示。它是利用塑性变形原理加工螺纹的，其主要特点是加工螺纹精度高，表面粗糙度值小，丝锥寿命长，强度高，可高速攻螺纹，生产率高；但制造较困难，适用于加工各种塑性材料。丝锥的切削锥部是具有完整齿形的锥形螺纹，其工作部分的横剖面制成多棱形，以减小挤压面积，降低攻螺纹转矩。M8以下做成三棱形。

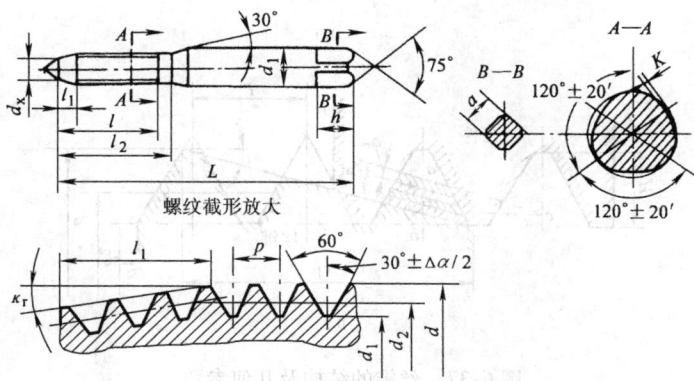

图6-35　挤压丝锥

（7）拉削丝锥　拉削丝锥的工作部分就是一个螺旋槽丝锥，如图 6-36 所示。生产率高，操作方便，工件尺寸精度稳定，表面粗糙度值可达 $Ra1.6 \sim 0.8\mu m$。可加工梯形、矩形单线和多线内螺纹。

图 6-36　拉削丝锥

2. 丝锥的结构组成

尽管丝锥的种类很多，但各种丝锥都由工作部分和柄部两部分组成，如图 6-37a 所示为丝锥外形结构图。

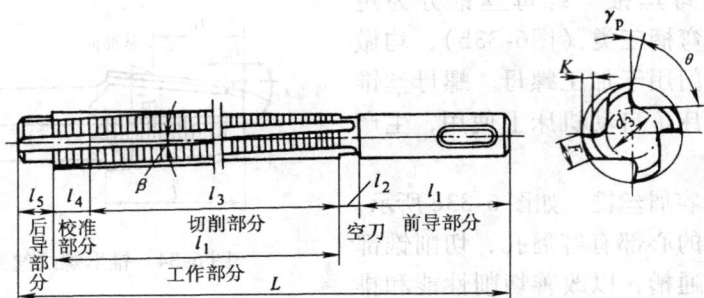

a）

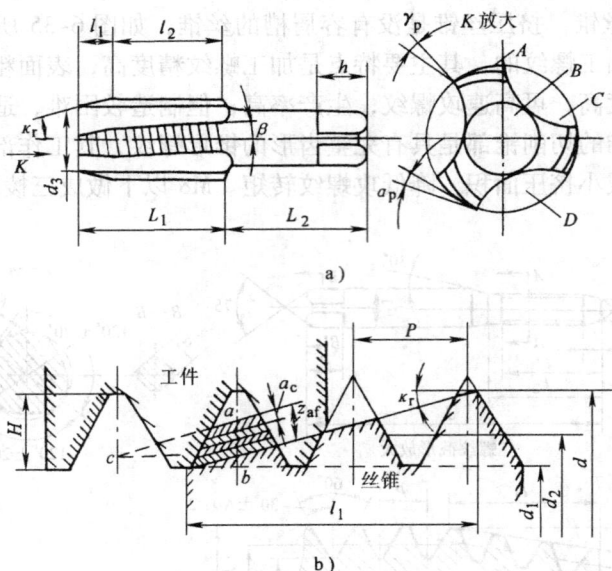

b）

图 6-37　丝锥的结构及几何参数

a）丝锥的结构　b）丝锥切削部分工作情况

丝锥的工作部分是由切削部分 l_1 和校准部分 l_2 组成。切削部分担任主要切削工作；校准部分用以校准螺纹廓形和在丝锥前进时起导向作用。

丝锥的柄部用以传递转矩，其形状和尺寸视丝锥的用途而不同。

丝锥结构要素：

1）切削部分一般作成圆锥形，所磨出的主偏角 κ_r 使切削负荷分配在几个刀齿上。切削部分的长度 l_1 及主偏角 κ_r 直接影响切削过程。见图 6-37b，切削部分长度 l_1 与 κ_r 的关系为

$$\tan\kappa_r = H/l_1$$

式中　H——丝锥螺纹齿高（mm）；

l_1——丝锥切削部分长度（mm）。

根据加工要求不同，主偏角 κ_r 的大小应适当选取。若加工精度较高和表面粗糙度值要求较小时，κ_r 应取小一些，加工不通孔螺纹时，为了获得较长的螺纹长度，κ_r 应取大一些。κ_r 选取如下：

手用丝锥：一锥　$\kappa_r = 4°30'$

二锥　$\kappa_r = 13°$

机用丝锥：一锥　$\kappa_r = 4° \sim 4°30'$

二锥　$\kappa_r = 14° \sim 16°$

螺母丝锥：$\kappa_r = 1°30' \sim 3°$

2）丝锥的校准部分具有完整的齿形，用以校准和修光螺纹牙型，并起导向作用，同时还是切削锥重磨后的备磨部分。为了减小摩擦，它的大径和中径向柄部做成倒锥。

3）槽数与丝锥类型、直径、被加工材料及加工要求有关。生产中常用 3～4 槽丝锥。公称直径在 52mm 以上时则用六槽和八槽。

槽形应保证有合理的前角，排屑容易，有足够的容屑空间，还应使丝锥退回时刃背处不会刮伤已加工表面。一般有三种形式：一圆弧构成，见图 6-38a；两直线和一圆弧构成，见图 6-38b；两圆弧和一直线构成，见图 6-38c。第三种槽形有较大的容屑空间，且倒旋退出时比较顺利，不致发生刮削作用和切屑挤塞现象，是一种较理想的槽形。

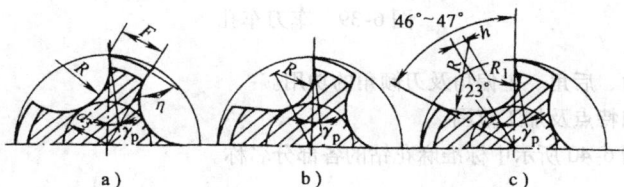

图 6-38　丝锥的槽形

4）丝锥的前角 γ_p 和后角 α_p 均在端剖面中标注和测量，见图6-37a。切削部分和校准部分的前角 γ_p 是同一次磨出的，其数值相同。按工件材料的性质，加工钢和铸铁时常取前角 $\gamma_p = 5° \sim 10°$，加工铝时取前角 $\gamma_p = 20° \sim 25°$。

后角按丝锥类型、用途和工件材料的性质选取，其数值推荐如下：手用丝锥 $\alpha_p = 4° \sim 6°$；机用丝锥 $\alpha_p = 4°$；螺母丝锥 $\alpha_p = 6°$。

5）普通丝锥做成直槽，即 $\beta = 0°$，为了控制排屑方向，改善切削条件，避免切屑挤塞，保证加工质量，目前趋向于做成螺旋槽。加工通孔右旋螺纹用左旋槽，切屑从孔底排出，加工不通孔右旋螺纹用右旋槽，切屑从孔口排出。

复习思考题

1. 常见的切屑类型有哪四类？

2. 金属切屑的收缩现象指什么？它与哪些因素有关？

3. 什么叫积屑瘤？

4. 已加工表面的加工硬化是如何形成的？有何危害？它与哪些因素有关？

5. 切削热对刀具和工件材料各有哪些影响？试作简单分析。

6. 刀具切削部分的材料必须具备哪些基本要求？

7. 高速钢的特点是什么？怎样分类？

8. 硬质合金的特点是什么？常用硬质合金可分为几类？

9. 普通外圆车刀的切削部分由哪些刃、面组成？

10. 普通外圆车刀有哪几个基本角度？试画出图，并在图上标注出车刀角度。

11. 按图6-39所示，作出车刀车孔时的主运动方向，进给运动方向和主偏角、副偏角的位置。

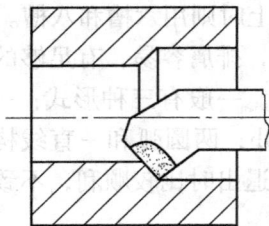

图6-39　车刀车孔

12. 试述前角、后角、主偏角及刃倾角的功用。

13. 试述铣削特点及加工范围。

14. 试写出图6-40所示中标准麻花钻的各部分名称。

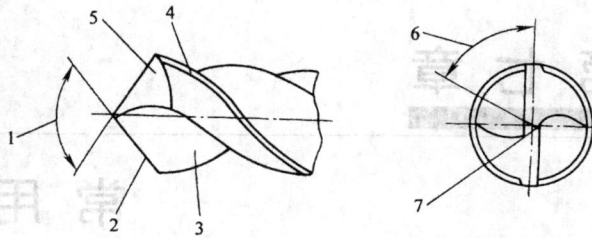

图 6-40　标准麻花钻各部分名称

1. _____　2. _____　3. _____　4. _____

5. _____　6. _____　7. _____

15. 简述铰刀的齿数对切削加工的影响与刀齿分布的形式。

16. 试述丝锥的种类。

第 七 章

常 用 量 具

培训学习目标 了解长度和平面角单位概念；熟悉游标卡尺、千分尺、指示表、角度尺的结构、规格、正确的使用及维护保养方法，并掌握其读数方法。

◇◇◇ 第一节 长度和平面角的单位

一、长度单位

1. 我国法定长度计量单位

目前，我国采用的长度单位制为国际单位制。1984 年 2 月 27 日公布的《中华人民共和国法定计量单位》中明确规定：米制为我国的基本计量制度。长度的基本单位为米（m），其他常用单位为厘米（cm）、毫米（mm）、微米（μm）等，见表 7-1。

表 7-1 我国常用法定长度计量单位

单位名称	符号	对主单位之比	单位名称	符号	对主单位之比
米	m	主单位	毫米	mm	10^{-3}（0.001m）
分米	dm	10^{-1}（0.1m）	微米	μm	10^{-6}（0.000 001m）
厘米	cm	10^{-2}（0.01m）			

在机械制造图样上所标注的法定长度计量单位为毫米（mm），并规定在图样上不标注单位符号。例如 1m 写成 1 000，3.4cm 写成 34，5μm 写成 0.005 等。

2. 英制单位简介

在生产实践中，有时还会遇到英制单位，其尺寸单位的进位和名称为 1（ft）英尺 = 12（in）英寸。在图样中所标注的英制尺寸是以英寸为基本单位的。

法定长度计量单位与英制单位是两种不同的长度单位，但它们之间可以互相换算，换算的关系是：1in（英寸）= 25.4mm（毫米）。

例 求（5/16）in 等于多少毫米？

解 25.4mm × 5/16 = 7.94mm

例 求 12.7mm 等于多少英寸？

解 12.7mm/25.4mm = 0.5in

二、平面角单位

1. 平面角的定义

从一个平面内的任意一点引出两条射线，所组成的图形称为平面角或称为角。

2. 平面角的计量单位及换算

平面角的计量单位有弧度制和角度制两种。

1）弧度制 圆周上等于半径长的弧叫做含有 1 弧度（rad）的弧，而 1 弧度的弧所对的圆心角叫做 1 弧度的角。用弧度做单位来度量角和弧的制度叫做弧度制（图 7-1）。由于整个圆周的长度为 $2\pi R$（R 为圆的半径），所以整个圆周的圆心角为 2π 弧度。

2）角度制 等于整个圆的三百六十分之一的弧叫做含有 1 度的弧，而 1 度弧所对的圆心角叫做 1 度的角，用度做单位来度量角和弧的制度叫做角度制（图 7-2）。角度制的单位是度、分、秒，符号分别为（°）、（′）、（″）。其换算关系为：$1° = 60'$，$1' = 60''$。

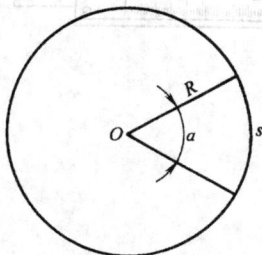

图 7-1 弧度的定义

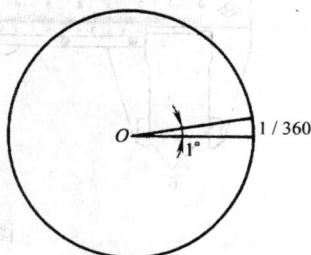

图 7-2 度的定义

1 圆周 = 360°，1 平角 = 180°，

1 直角 = 90°

度和弧度的换算关系如下：

$1° = \pi/180 \mathrm{rad} \approx 0.017\ 453 \mathrm{rad}$

$1 \mathrm{rad} = (180°/\pi) \approx 57°17'45''$

例　求50°等于多少弧度？

解　$0.017\ 453 \mathrm{rad} \times 50 = 0.872\ 65 \mathrm{rad}$

例　求2rad等于多少度？

解　$57.295\ 8° \times 2 = 114.591\ 6° = 114°35'30''$

◇◇◇◇ 第二节　游 标 卡 尺

游标卡尺是一种较精密的量具，它利用游标和尺身相互配合进行测量和读数。

游标卡尺的优点是结构简单，使用方便，测量范围大，用途广泛，保养方便，可以直接测量出各种工件的内径、外径、中心距、宽度、厚度、深度和孔距等。

一、游标卡尺的结构和规格

游标卡尺根据其结构的不同一般可分为三用游标卡尺（图7-3）、双面量爪游标卡尺（图7-4）和单面量爪游标卡尺（图7-5）三种形式。

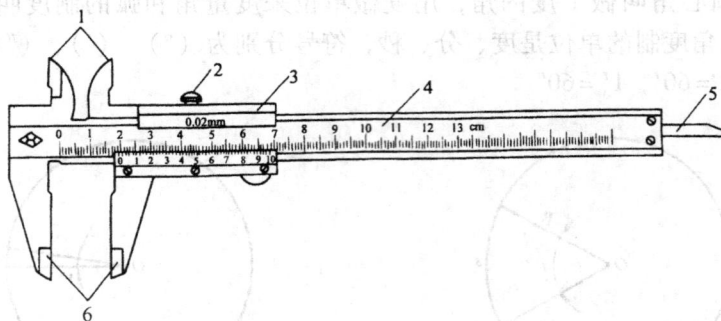

图7-3　三用游标卡尺

1、6—量爪　2—紧固螺钉　3—游标　4—尺身　5—深度尺

1）三用游标卡尺的测量范围有 $0 \sim 125 \mathrm{mm}$ 和 $0 \sim 150 \mathrm{mm}$ 两种，其结构比较简单，主要由尺身、游标和深度尺三部分组成。在尺身上刻有间距1mm的刻度，

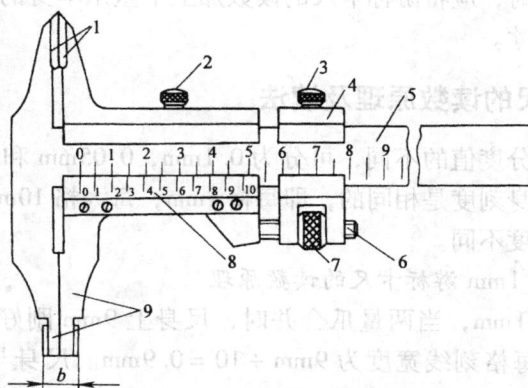

图 7-4 双面量爪游标卡尺
1、9—量爪 2—游标紧固螺钉 3—微动游框紧固螺钉
4—微动游框 5—尺身 6—螺杆 7—螺母 8—游标

当松开紧固螺钉时，即可进行测量。下量爪用来测量各种外尺寸，如圆柱体的外径、六面体的长、宽、高等尺寸，上量爪用来测量内径、槽宽等内尺寸。而测深尺的一端固定在游标内，能随游标在尺身背部的导向槽内移动，另一端是测量面，通常用于测量深度。

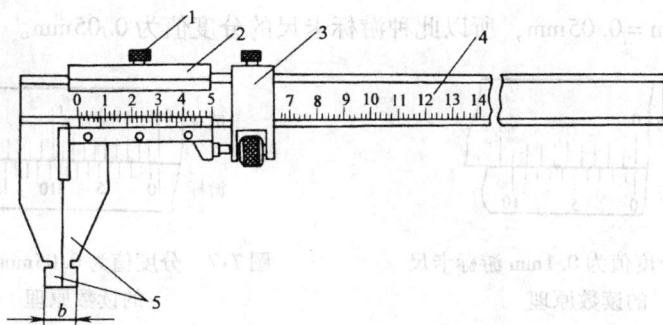

图 7-5 单面量爪游标卡尺
1—紧固螺钉 2—游标 3—微动游框 4—尺身 5—量爪

2）双面量爪游标卡尺的测量范围一般有 0～200mm 和 0～300mm 两种。它有上、下两对量爪，上量爪用于外尺寸测量，下量爪用于外径和内径的测量。当使用下量爪测量工件内径时，应将游标卡尺的读数加上下量爪本身的厚度尺寸 b，才能得出被测工件的实际尺寸。

3）单面量爪游标卡尺测量范围较大，可达 1000mm，用于测量内外尺寸。在测量工件内径尺寸时，应将游标卡尺的读数加上下量爪本身的厚度尺寸 b，才能得到零件的实际尺寸。

二、游标卡尺的读数原理及读法

游标卡尺按其分度值的不同，可分为 0.1mm，0.05mm 和 0.02mm 三种，这三种游标卡尺的尺身刻度是相同的，即每格1mm，每大格10mm，只是游标与尺身相对应的刻线宽度不同。

1. 分度值为 0.1mm 游标卡尺的读数原理

尺身每小格为1mm，当两量爪合并时，尺身上 9mm 刚好等于游标上10 格（图7-6），则游标每格刻线宽度为 9mm $\div$ 10 = 0.9mm。尺身与游标每格相差 = 1mm - 0.9mm = 0.1mm。另一种是尺身上 19mm 刚好等于游标的 10 格，则游标每格刻线宽度为 19mm $\div$ 10 = 1.9mm，尺身 2 格与游标 1 格相差 = 2 - 1.9 = 0.1mm，这种刻线方法的优点是线条清晰，容易看准。数值 0.1mm 即为 0.1mm 游标卡尺的分度值（测量时的读数精度）。

2. 分度值为 0.05mm 游标卡尺的读数原理

尺身每小格为1mm，当两量爪合并时，尺身上 19mm 刻线的宽度与游标 20 格的宽度相等，则游标每格刻线宽为 19mm $\div$ 20 = 0.95mm，尺身与游标每格相差 = 1mm - 0.95mm = 0.05mm（图7-7）。同理，也有尺身上的 39mm，在游标上分成 20 格的，则游标每格 = 39mm $\div$ 20 = 1.95mm，尺身 2 格与游标 1 格相差 = 2mm - 1.95mm = 0.05mm，所以此种游标卡尺的分度值为 0.05mm。

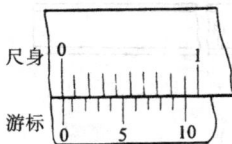

图 7-6　分度值为 0.1mm 游标卡尺
　　　　的读数原理

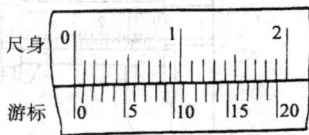

图 7-7　分度值为 0.05mm 游标卡尺
　　　　的读数原理

3. 分度值为 0.02mm 游标卡尺的读数原理

当量爪合并时，尺身上的 49mm 刚好等于游标上 50 格（图7-8），则游标每格 = 49mm $\div$ 50 = 0.98mm，尺身与游标每格相差 = 1mm - 0.98mm = 0.02mm，所以此种游标卡尺的分度值为 0.02mm。

4. 游标卡尺的读数方法

使用游标卡尺测量时，应先弄清游标的分度值和测量范围。游标卡尺上的零线是读数的基准，在读数时，要同时看清尺身和游标的刻线，两者应结合起来读。具体步骤如下：

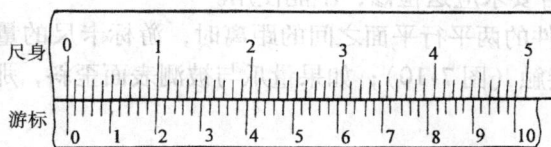

图 7-8　分度值为 0.02mm 游标卡尺的读数原理

1）读整数时，读出游标零线左边尺身上最接近零线的刻线数值，该数就是被测件的整数值。

2）读小数时，找出游标零线右边与尺身刻线相重合的刻线，将该线的顺序数乘以游标的读数所得的积，即为被测件的小数值。

3）求和时，将上述两次读数相加即为被测件的整个读数。

举例：试读出图 7-9 所示分度值为 0.05mm 游标卡尺的测量数值。

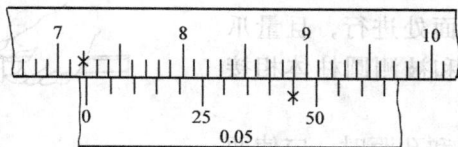

图 7-9　分度值为 0.05mm 游标卡尺测量数值

① 读整数：整数是 72mm，因为游标线左边最接近零线尺身的刻线为第 72 条刻线。

② 读小数：游标上的第 9 条刻线正好与尺身的一根刻线对齐，所以小数是 0.45mm（0.05mm×9＝0.45mm）。

③ 求和：72mm＋0.45mm＝72.45mm。

三、游标卡尺的使用和维护

1. 游标卡尺的正确使用

游标卡尺的正确使用对保证测量数值的准确性非常重要，因此必须做到：

1）正确合理选择游标卡尺的种类和规格。一般情况下，分度值为 0.02mm 的游标卡尺用于测量公差等级 IT12～IT16 的外尺寸和公差等级 IT14～IT15 的内尺寸。而分度值为 0.05mm 的游标卡尺用于测量公差等级为 IT14～IT16 的内、外尺寸。

2）在使用游标卡尺之前，要对卡尺进行检查，使尺身和游标的零位对齐，观察两量爪测量面的间隙，一般情况下，分度值为 0.02mm 的游标卡尺的间隙应不大于 0.006mm；分度值为 0.05mm 和 0.1mm 的游标卡尺的间隙应不大于

0.01mm，若不符合要求应送检修，不能使用。

3）当测量工件的两平行平面之间的距离时，游标卡尺的量爪应在被测表面的整个长度上相接触（图7-10）；如果量爪与被测表面歪斜，那么所得的数值就会大于实际数值。

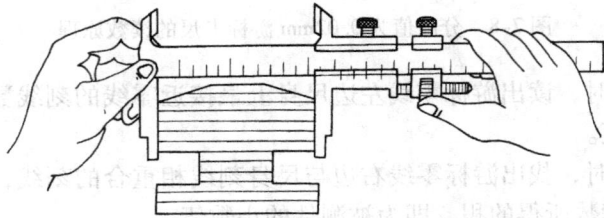

图7-10　游标卡尺的正确使用方法（一）

4）测量圆柱形工件外径尺寸时，必须在垂直于轴线的截面处进行，且量爪上测量面的整个宽度和被测圆柱体相接触（图7-11）。

5）测量内孔直径和孔距时，应使两量爪的测量线通过孔心，并轻轻摆动找出最大值（图7-12a、b）。若使用三用

图7-11　游标卡尺的正确使用方法（二）

游标卡尺，因其上量爪强度较差，故测量时注意用力要适当。如果使用双面量爪游标卡尺和单面量爪游标卡尺测量内径，此时应将游标卡尺上所得的读数加上两量爪的宽度b才是被测体的实际尺寸（图7-12b、c）。

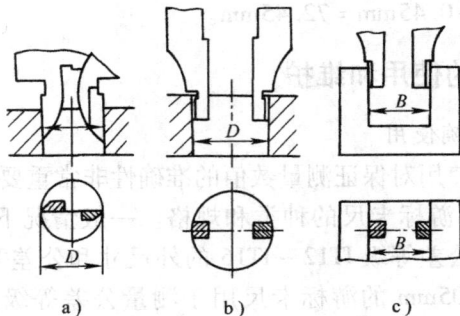

图7-12　游标卡尺的正确使用方法（三）

6）用带深度尺的游标卡尺测量孔深或高度时，应使深度尺的测量面紧贴孔

底，而游标卡尺的端面则应与被测件的表面接触，且深度尺要垂直，不可前后左右倾斜（图7-13）。

7）用带微动装置的游标卡尺测量零件时，可先通过微调螺母，使两量爪接触工件表面，再用紧固螺钉紧固游标，然后再取出卡尺进行读数。

8）在使用大型游标卡尺（测量范围大于500mm）时应注意如下事项：

① 减少温差。大型游标卡尺对温度变化很敏感，在测量时，要尽量减少温度的影响，最好在20°C条件下进行恒温后再进行测量，当无法消除温度对测量的影响时，原则上应对测量结果进行修正，这对高精度大尺寸测量尤为重要。

② 合理支承。合理的支承点可以消除游标卡尺的受力变形，减少测量误差。大型游标卡尺一般需要几人同时操作，支承点选择在尺身位置，通常选择三个支承点，第一支承点在尺身零线内侧50mm以内，第二支承点选择在游标框内侧100mm以内，第三支承点应在测量上限刻线外侧50mm以内。

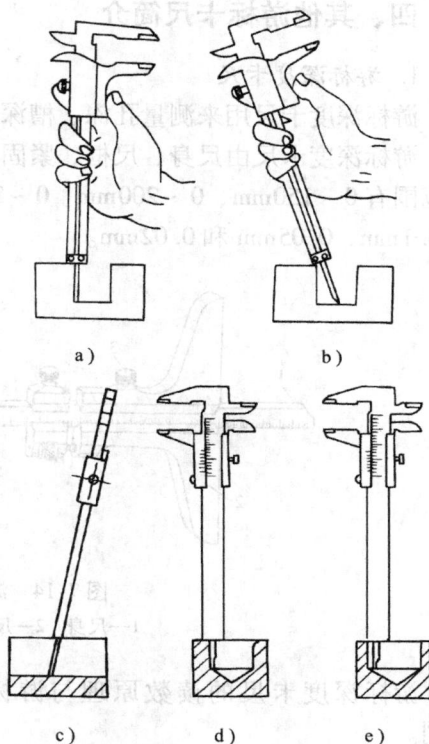

图7-13 用游标卡尺测量深度
a)、d) 正确 b)、c)、e) 错误

③ 测量力的控制。测量时所用力应稍大于移动游标的力，不宜过大，因为大型游标卡尺刚性差，受力后易变形。大型游标卡尺有微动螺母机构，它能起到控制测量力的作用，因此，使用时一定要用微动螺母来控制，以提高测量的准确度。

2. 游标卡尺的维护保养

为保持游标卡尺的测量精度，并延长其寿命，必须正确合理维护和保养。

1）不准把游标卡尺的量爪当做划针、圆规和螺钉旋具等使用。

2）游标卡尺不要放在强磁场附近，也不要和其他工具堆放在一起。

3）测量结束后要将游标卡尺平放，尤其是大尺寸游标卡尺更应注意，否则会造成弯曲变形。

4）发现游标卡尺受到损伤后应及时送计量部门修理，不得自行拆修。

5）游标卡尺使用完毕后，要擦净涂油，放在专用盒内，避免生锈。

四、其他游标卡尺简介

1. 游标深度卡尺

游标深度卡尺用来测量孔深、槽深以及阶梯高度等。

游标深度卡尺由尺身、尺框、紧固螺钉和微动装置等组成（图7-14），其测量范围有0～150mm、0～200mm、0～300mm、0～500mm等。游标分度值分别为0.1mm、0.05mm和0.02mm。

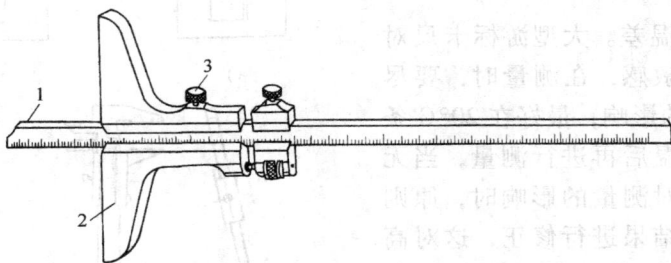

图7-14　游标深度卡尺
1—尺身　2—尺框　3—紧固螺钉

游标深度卡尺的读数原理与游标卡尺相同。

测量时，应将尺框的测量面贴住被测件的平面上，轻推尺身向下，当尺身下端面与被测面接触后，即可进行读数（图7-15），也可以用微动装置来测量。

2. 游标高度卡尺

游标高度卡尺有底座、尺身、紧固螺钉、尺框、微动游框、划线量爪等组成，见图7-16，其测量范围有0～200mm、0～300mm、0～500mm和0～1 000mm等，分度值有0.1mm、0.05mm和0.02mm三种。游标高度卡尺可用来测量高度或对工件划线，其读数原理与游标卡尺相同。

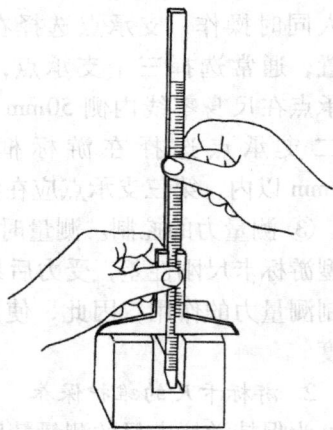

图7-15　游标深度卡尺测量的方法

上述各种游标卡尺，都存在着一个共同的缺点，就是长期使用后刻度及数字不清晰，容易读错。为了解决这个问题，目前已有数字显示装置和带有指示表的游标卡尺（图7-17），在测量时，数值可直接显示出来。

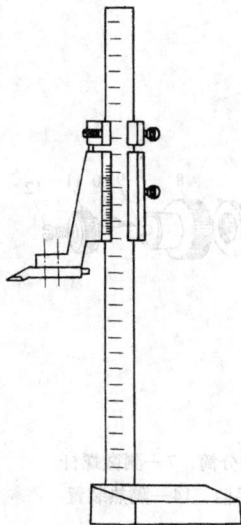

图 7-16　游标高度卡尺

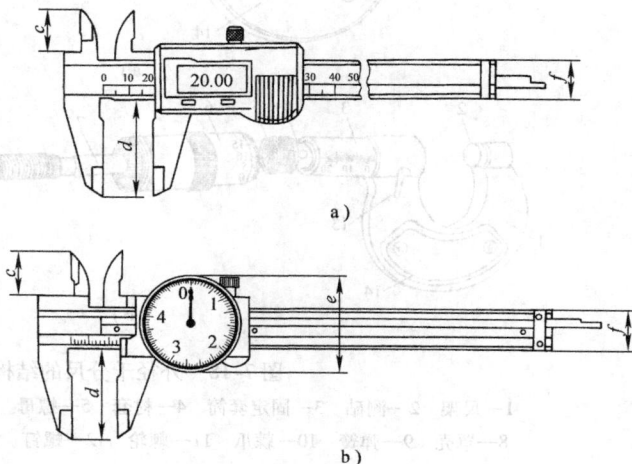

图 7-17　带有数字显示装置的游标卡尺
a）带数字显示装置的　b）带指示表的

◇◇◇ 第三节　千　分　尺

千分尺是一种应用广泛的精密量具，其测量精确度比游标卡尺高。千分尺的形式和规格繁多，按其用途和结构可分为：外径千分尺、内测千分尺、深度千分尺、公法线千分尺、尖头千分尺、壁厚千分尺等。

一、外径千分尺的结构和规格

常用外径千分尺的结构如图7-18所示。

外径千分尺的规格如按测量范围划分，在500mm以内时，每25mm为一档，如0~25mm、25~50mm等。在500mm以上至1 000mm时，每100mm为一档，如500~600mm、600~700mm等。外径千分尺按制造精度可分为0级和1级两种，0级最高，1级次之。

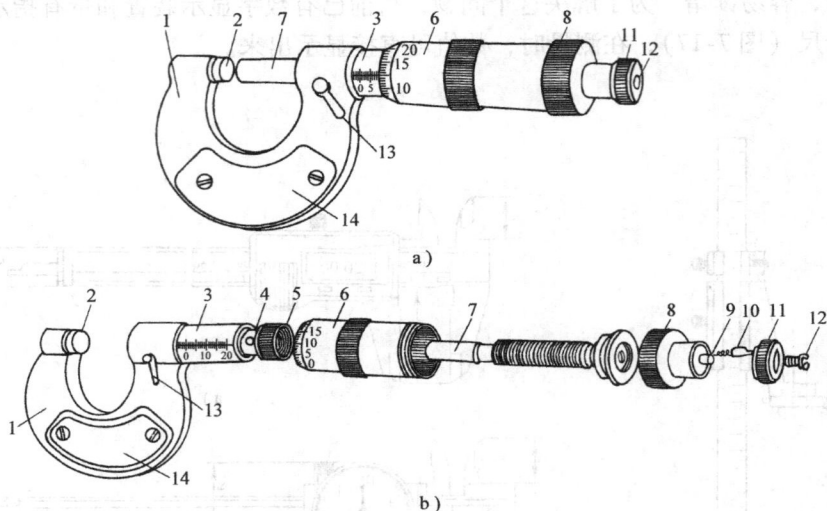

图 7-18　外径千分尺的结构

1—尺架　2—测砧　3—固定套筒　4—衬套　5—螺母　6—微分筒　7—测微螺杆
8—罩壳　9—弹簧　10—棘爪　11—棘轮　12—螺钉　13—手柄　14—隔热装置

二、外径千分尺的读数原理及读法

1. 外径千分尺的读数原理

外径千分尺是利用螺旋传动原理，将角位移变成直线位移来进行长度测量的。由外径千分尺结构可知，微分筒6与测微螺杆7连成一体，且上面刻有50条等分刻线。当微分筒6旋转一圈时，由于测微螺杆7的螺距一般为0.5mm，因此它就轴向移动0.5mm，当微分筒旋转一格时，测微螺杆轴向移动距离为0.5mm÷50=0.01mm。这就是千分尺的读数装置所以能读出0.01mm的原理，而0.01mm就是外径千分尺的分度值。

2. 外径千分尺的读数方法

外径千分尺的读数部分是有固定套筒和微分筒组成，固定套筒上的纵刻线是微分筒读数时的基准线，而微分筒锥面的端面是固定套筒读数时的指示线。

固定套筒纵刻线的两侧各有一排均匀刻线，刻线的间距都是1mm且相互错开0.5mm，标出数字的一侧表示1mm数，未标数字的一侧即为0.5mm数。

用外径千分尺进行测量时，其读数步骤为以下三步：

（1）读整数　微分筒端面是读整数值的基准。读整数时，看微分筒端面左边固定套筒上露出的刻线的数值，该数值就是整数值。

（2）读小数　固定套筒上的基线是读小数的基准。读小数时，看微分筒上是哪一根刻线与基线重合。如果固定套筒上的 0.5mm 刻线没露出来，那么微分筒上与基线重合的那根线的数目即是所求的小数。如果 0.5mm 刻线已露出来，那么从微分筒上读得的数还要加上 0.5mm 后，才是小数。

当微分筒上没有任何一根刻线与基线恰好重合时，应该进行估读到小数点第三位数。

（3）整个读数　将上面两次读数值相加，就是被测件的整个读数值。

图 7-19 所示为外径千分尺的读数方法示例。

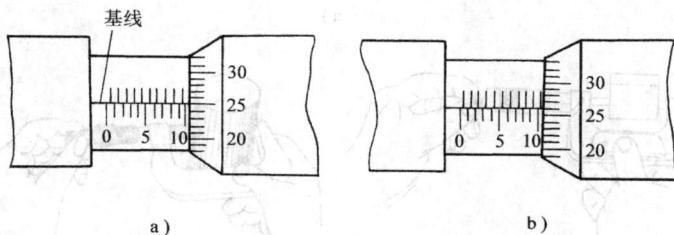

图 7-19　外径千分尺的读数方法
a）10mm+0.25mm=10.25mm　b）10.5mm+0.26mm=10.76mm

三、千分尺的使用与保养

1. 千分尺的合理使用

只有正确合理地使用千分尺，才能保证测量的准确性，因此在使用时应注意如下几点：

1）根据工件的不同公差等级，正确合理地选用千分尺。一般情况下，0 级千分尺适用于测量公差等级 IT8 级以下的工件，1 级千分尺适用于测量公差等级 IT9 级以下的工件。

2）使用前，先用清洁纱布将千分尺擦干净，然后检查其各活动部分是否灵活可靠。在全行程内活动套管的转动要灵活，轴杆的移动要平稳。锁紧装置的作用要可靠。

3）检查零位时应使两测量面轻轻接触，并无漏出间隙，这时微分筒上的零线应对准固定套筒上纵刻线，微分筒锥面的端面应与固定套筒零刻线相对。

4）在测量前必须先把工件的被测量表面擦干净，以免脏物影响测量精度。

5）测量时，要使测微螺杆轴线与工件的被测尺寸方向一致，不要倾斜。转动微分筒，当测量面将与工件表面接触时，应改为转动棘轮，直到棘轮发出"咔咔"的响声后，方能进行读数，这时最好在被测件上直接读数。如果必须取下千分尺读数时，应用锁紧装置把测微螺杆锁住再轻轻滑出千分尺。注意绝对不能在工件转动时去测量，见图 7-20。

a)

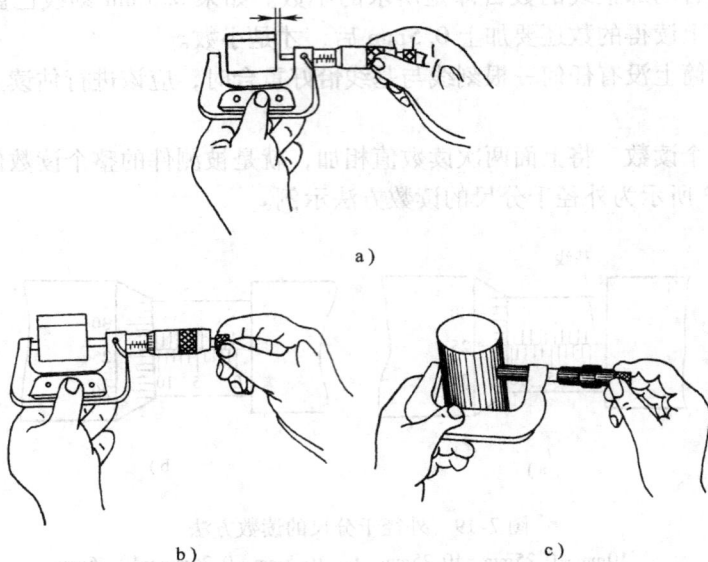

b)   c)

图 7-20　外径千分尺测量工件

a）转动微分筒　b）转动棘轮测出尺寸　c）测出工件外径

6）测量较大工件时，有条件的可把工件放在 V 形块或平板上，采用双手操作法，左手拿住尺架的隔热装置，右手用两指旋转测力装置的棘轮。

7）测量中要注意温度的影响，防止手温或其他热源的影响。使用大规格的千分尺时，更要严格进行等温处理。

8）不允许测量带有研磨剂的表面和粗糙表面，更不能测量运动着的工件。

2. 千分尺的维护保养

千分尺在使用中要经常注意维护保养，才能长期保持其精度，因此必须做到以下几点：

1）测量时，不能使劲拧千分尺的微分筒。

2）不许把千分尺当卡规用。

3）不要拧松后盖，否则会造成零位改变，如果后盖松动，必须校对零位。

4）不许手握千分尺的微分筒旋转晃动，以防止螺杆磨损或测量面互相撞击。

5）不允许在千分尺的固定套筒和微分筒之间加进酒精、煤油、柴油、凡士林和普通机油等；不准把千分尺浸入上述油类和切削液里。

6）要经常保持千分尺的清洁，使用完毕后擦干净，同时还要在两测量面上涂一层防锈油并让两测量面互相离开一些，然后放在专用盒内，并保存在干燥的地方。

四、其他千分尺简介

1. 内测千分尺

内测千分尺是用来测量内孔直径及槽宽等尺寸的，分普通内测千分尺和杠杆内测千分尺两种形式。

（1）普通内测千分尺　普通内测千分尺主要适用于直接测量工件的沟槽宽度、浅孔直径、浅槽和空隙的宽度、活塞环宽度以及传动轴的配合槽宽度等。普通内测千分尺是由微分头和两个柱面形测量爪组成的，见图7-21。

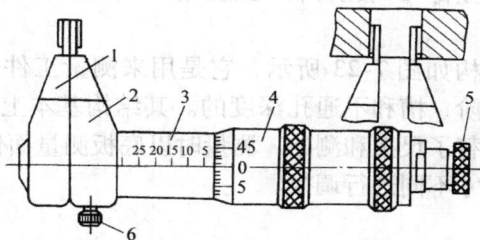

图 7-21　普通内测千分尺
1—固定测量爪　2—活动测量爪　3—固定套筒
4—微分筒　5—测力装置　6—紧固螺钉

普通内测千分尺的读数方法与外径千分尺相同，但测量和读数方向与外径千分尺相反。由于它测量轴线不在基准轴线的延长线上，因此，测量精度较低。普通内测千分尺的分度值为 0.01mm，测量范围有 5～30mm 或 5～25mm，25～50mm，50～75mm 等多种，并都备有校对零位用的光面环规，称校对量具。

（2）杆式内测千分尺　杆式内测千分尺由微分头和接长杆两部分组成，其结构如图7-22所示。

杆式内测千分尺的微分头结构原理和读数方法与外径千分尺相同，微分头可单独使用，但其测量范围小，仅可测量50～75mm范围的孔径。采用接长杆便可扩大其测量范围，每套杆式内测千分尺都附有不同尺寸的接长杆，其测量范围有50～175mm、50～250mm、50～300mm、50～575mm 和50～1 500mm 等多种。

由于杆式内测千分尺没有测力装置，测量时安放的位置又不可能毫无歪斜，尺寸接长以后还会产生一定的弯曲现象，这些都会给杆式内测千分尺增加测量误差，造成测量精度不高。为减少测量误差，应在径向截面内找到最大值，轴向截面内找到最小值。

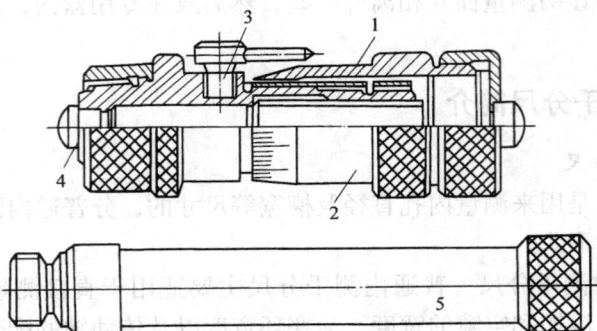

图 7-22　杆式内测千分尺
1—固定套筒　2—微分筒　3—紧固手柄　4—测量面　5—接长杆

2. 深度千分尺

深度千分尺的结构如图 7-23 所示，它是用来测量工件中表面粗糙度值小、尺寸精度要求高的台阶、槽和不通孔深度的。其结构基本上与外径千分尺相同，不同之处是用底板代替了尺架和测砧，测量时以底板测量面作为基准面，测杆的长度可根据工件的尺寸不同进行调换。

3. 壁厚千分尺

壁厚千分尺的结构见图 7-24，它是用来测量精密管形零件的壁厚尺寸，测量面镶有硬质合金，以延长寿命，壁厚千分尺的分度值为 0.01mm。

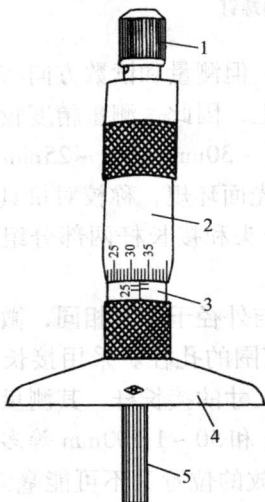

图 7-23　深度千分尺
1—测力装置　2—微分筒　3—固定套筒
4—底板　5—可换测杆

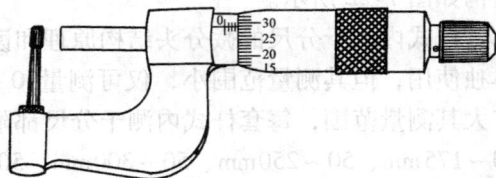

图 7-24　壁厚千分尺

4. 尖头千分尺

尖头千分尺（图7-25）是用来测量普通千分尺不能测量的小沟槽的，如钻头和偶数槽丝锥的沟槽直径等。尖头千分尺分度值为0.01mm，测量范围为0～25mm。

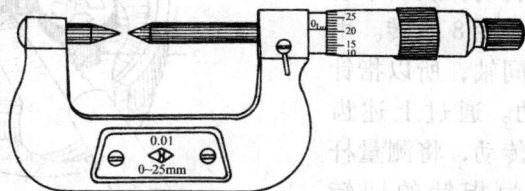

图7-25　尖头千分尺

以上所介绍的各种千分尺，在读尺寸时都比较麻烦，目前生产的新型千分尺就比较方便，当千分尺在零件上量得尺寸时，这个尺寸就会在微分筒窗口显示出来，见图7-26。

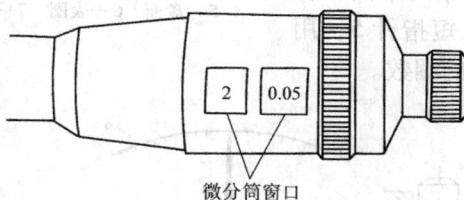

微分筒窗口

图7-26　新型千分尺微分筒窗口

◇◇◇ 第四节　指　示　表

一、钟面式指示表

1. 钟面式指示表的结构形式

钟面式指示表简称指示表，它是一种指示式精密量具，具有传动比大，结构简单，使用方便等特点。主要用于工件的长度尺寸、形状和位置偏差的绝对测量或相对测量，也能够在某些机床或测量装置中用作定位和指示。

钟面式指示表的结构形式见图7-27，指示表的分度值为0.01mm。测量范围一般有0～3mm、0～5mm和0～10mm，特殊情况下有0～20mm、0～30mm、0～50mm和0～100mm等大量程的指示表。按制造精度指示表可分为0级和1级，其中0级最高，1级次之。

2. 钟面式指示表的传动原理

由图 7-28 可知，当测量杆 10 作直线移动时，测量杆上的齿条带动小齿轮 2 旋转，与小齿轮 2 同轴的大齿轮 9 也一起转动，从而带动与 9 相啮合的中心齿轮 8 旋转。由于指针 3 和齿轮 8 同轴，所以指针 3 也跟着一起转动。通过上述齿条——齿轮机构的传动，将测量杆的直线移动转变为指针的回转运动。

为了消除齿轮啮合间隙引起的误差，大齿轮 7 是在盘形弹簧 6 的作用下与齿轮 8 啮合，使整个传动过程中齿轮啮合始终靠向单面。在大齿轮 7 的轴上装有短指针 5，用以记录长指针 3 转动的圈数。

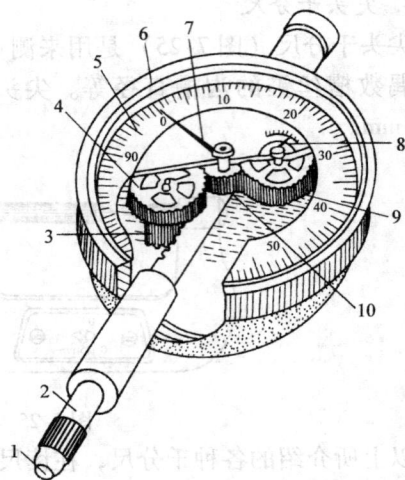

图 7-27 钟面式指示表结构简图
1—测量头 2—量杆 3、10—小齿轮 4、9—大齿轮
5—盘面 6—表圈 7—长指针 8—短指针

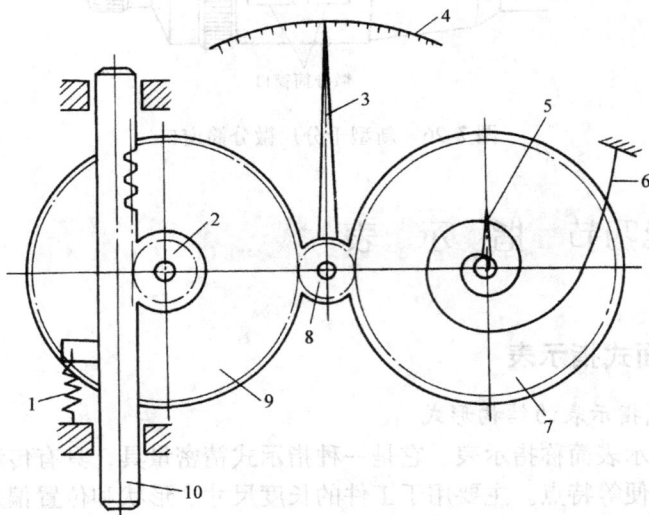

图 7-28 钟面式指示表的传动原理
1—拉伸弹簧 2—小齿轮 3—长指针 4—表盘 5—短指针
6—盘形弹簧 7、9—大齿轮 8—中心齿轮 10—测量杆

测量杆齿条的齿距为 0.625mm，齿轮 2 的齿数为 16，大齿轮 9 齿数为 100，

中心齿轮 8 齿数为 10，当测量杆移动 10mm 时，齿轮 2 转过 1 圈，同轴的大齿轮 9 也旋转一圈，小齿轮 8 和长指针 3 则转过 10 圈，若测量杆上升 1mm，长指针则转 1 圈。由于指示表的表盘 4 上有 100 等分刻线，因此，当测量杆移动 0.01mm 时，长指针 3 转过 1 格。由此可见，钟面式指示表的传动机构能将测杆的微小位移进行放大，这给读数带来很大的方便。

3. 钟面式指示表的使用与维护

（1）钟面式指示表的使用方法

1）应按被测工件的尺寸和精度要求选用合适的指示表。通常指示表在全部行程范围内作绝对测量时，可测定标准公差等级为 IT12～IT14 的工件。在任意 0.1mm 内用量块作相对法测量时，可测量标准公差等级为 IT9～IT11 的工件。

2）在使用前须检查指示表，以免在测量中发生不应有的误差。首先，进行外观检查，表面应无破裂和脱落，后盖应封得严密，如果封得不严密，灰尘和潮气就会侵入表内，造成内部零件发生锈蚀。测杆、测头、套筒等活动部分应无锈蚀或碰伤的地方。然后，进行灵敏度检查：测量杆移动要灵活，指针与字盘应无摩擦，字盘无晃动；如果发现测杆运动时有卡住或表针有跳动现象，就不能使用。最后，进行稳定法检查：可多次拨动测头，察看指针是否每次均回到原位。如果没有回到原位，说明指示表的稳定性不好，不能使用。

3）测量头的选用。根据工件的形状、表面粗糙度和材质，选用适当的测量头。球形工件应选用平测量头；圆柱形或平面形的工件应选用球面测量头；凹面或形状复杂的表面应选用尖测量头。使用尖测量头时，应注意避免划伤工件表面。

4）指示表的安装。在测量时，应把指示表装夹在表架或其他牢靠的支架上，夹紧力要适当，不要过大。有时为了测量方便，也可将指示表安装在万能表架或磁性表座上使用（图 7-29）。

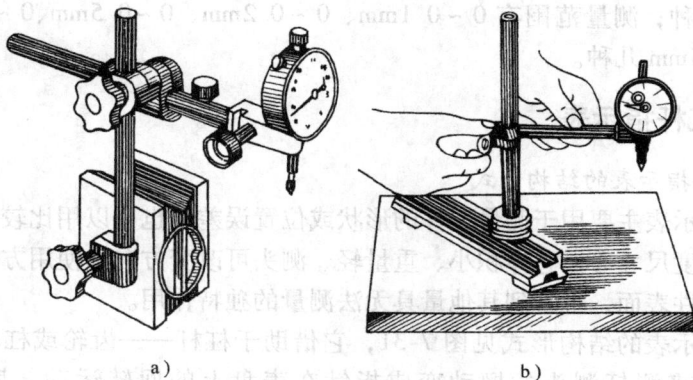

a)   b)

图 7-29　指示表的安装
a）磁性表座安装　b）用万能表座安装

5）用指示表测量平面时，测量杆要与被测平面垂直，否则不仅测量误差大，而且会使测量杆卡住不能动，造成指示表损坏。测量圆柱形工件时，测杆的中心线要垂直地通过被测工件的中心线，见图 7-30。

（2）钟面式指示表的维护保养

1）使用指示表时要轻拿轻放，不要使测量杆作过多无效的运动；不要使测量杆移动的距离超出它的测量范围，否则会损坏表内的零件。

2）不要使表受到剧烈的震动，不要敲打表的任何部位，不要让测头突然撞落到被测件上。

3）不要随意拆卸表的后盖，以防止杂物侵入表内，严禁把表浸在切削液或其他液体内。

4）指示表用完后应擦干净放回盒内，除非长期保管，不许在测量杆上涂凡士林或其他油类，否则会使测杆和套筒粘结，造成运动不灵活。

5）指示表在不使用时，应让测量杆处于自由状态，可避免弹簧失效，以保持其测量精度。

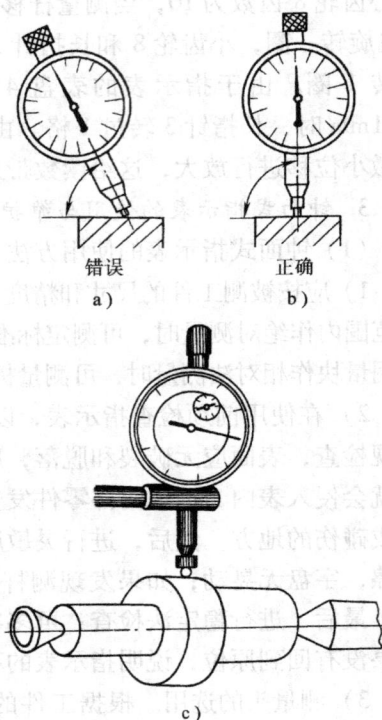

图 7-30　指示表的使用
a）测量平面方法错误　b）测量平面方法正确
c）测量圆柱体

另外，有一种测量精度更高的指示表，分度值有 0.001mm、0.002mm 和 0.005mm 三种；测量范围有 0～0.1mm、0～0.2mm、0～0.5mm、0～1mm、0～2mm 和 0～5mm 几种。

二、杠杆指示表

1. 杠杆指示表的结构形式

杠杆指示表主要用于测量工件的形状或位置误差，也可以用比较法测量零件的高度、长度尺寸等。它体积小、重量轻、测头可改变方向，使用方便，对凹槽或小孔等工件表面，可起到其他量具无法测量的独特作用。

杠杆指示表的结构形式见图 7-31，它借助于杠杆——齿轮或杠杆——螺旋传动机构，将测杆测头的摆动变成指针在表盘上的回转运动。其分度值为 0.01mm，测量范围有 0～0.8mm 和 0～1mm 两种。

2. 杠杆指示表的传动原理

如图 7-32 所示，杠杆测头 11 与扇形齿轮 10 用连接板 1 连接，11 与 1 靠摩擦力连接，当杠杆测头向上（或向下）摆动时，扇形齿轮就带动小齿轮 8 转动。在小齿轮 8 的同一轴上装有端面齿轮 7，于是 7 就随之转动，从而带动与它啮合的小齿轮 5。当小齿轮 5 转动时，与它同轴上的指针 6 也就随之转动，这样就可以在表面上读出读数。外壳 4 可以调节（转动），以便使指针对准需要的刻线，这种表的杠杆测头可以自上向下摆动，也可以自下向上摆动。只要扳动表面侧面的扳手 9，通过钢丝 3 和挡销 2，就可使扇形齿轮向左或向右偏，从而使杠杆测头处在需要的方向。杠杆指示表在使用时，应安装在相应的表架或专门的夹具上。

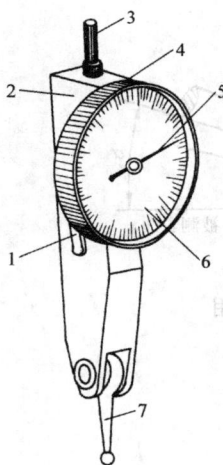

图 7-31　杠杆式指示表的组成
1—扳手　2—表体　3—连接杆
4—表壳　5—指针　6—表盘
7—活动测量杆

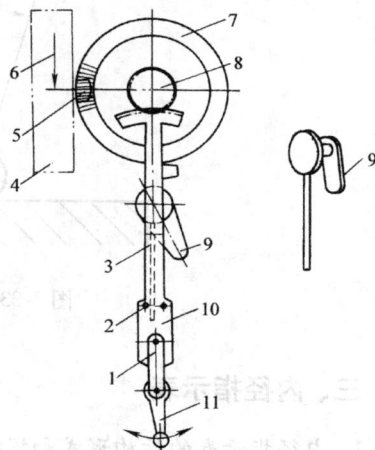

图 7-32　杠杆式指示表的传动组成
1—连接板　2—挡销　3—钢丝　4—外壳　5—小齿轮
6—指针　7—端面齿轮　8—小齿轮　9—扳手
10—扇形齿轮　11—杠杆测头

3. 杠杆指示表的使用与维护

在使用杠杆指示表时，除了必须遵守钟面式指示表合理使用的要求外，还应注意以下几点：

1）夹持杠杆指示表的表架应可靠，且要求足够的刚度。为防止变形引起的测量误差，悬臂伸出长度应尽量短，如需调整表的位置，应先松开紧固螺钉，再转动轴套，不能直接扭动表体。

2）测量时，应使杠杆测头轴线与被测表面保持平行，即使杠杆测头轴线与测量方向垂直，以避免杠杆比发生变化后引起测量上的误差，见图 7-33。当无法保

持杠杆头轴线与被测表面平行时，应对测量结果按下式进行修正

$$L_1 = L\cos\alpha$$

式中　L_1——实际值（mm）；

　　　L——读数值（mm）；

　　　α——杠杆测头轴线与被测表面的夹角。

3）测量中为读数方便，一般都对准零位，对于预先不对零位的表要记住指针的起始位置。对零位的方法是：装夹完毕后，使表测头与被测表面的某一位置相接触，待指针压缩到该表测量范围的中间位置时，紧固表架，然后转动表盘使零线与指针重合。退出表架，使杠杆测头脱开工件，然后再重新接触，如此反复数次，指示表零位不变，即可进行测量。

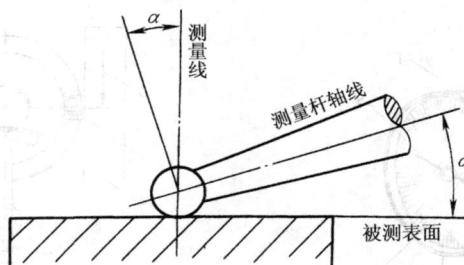

图 7-33　杠杆指示表的使用

三、内径指示表

1. 内径指示表的结构形式和规格

内径指示表简称内径量表，用于以比较测量法测量圆柱形内孔尺寸及其几何形状误差。由于量具结构简单和测量方法简便，内径指示表经一次调整后可测量公称尺寸相同的若干个孔而中途不需调整，在大批量生产中，对较深孔的测量，用内径指示表测量很方便。

内径指示表主要由表头和表架组成，其结构形式有两种，一是带定中心支架式，另一种是不带定中心支架式，分别如图 7-34a、b 所示。

带定中心支架式指示表，在表架一端装有活动测头 12，另一端安装有可换的可换测头 5，当活动测头被压缩，产生轴向位移，推动杠杆 10 带动推杆 15，使表针显示出测头位移量。内径指示表的杠杆有多种结构形式，但其杠杆比都是1:1，所以没有放大作用。定中心支架的作用是帮助找正孔的直径位置，便于提高测量精度。弹簧 18 是测力源，其作用是消除各传动件之间的间隙，使它们紧密接触，减少测量误差，使活动测头获得向外推的力。

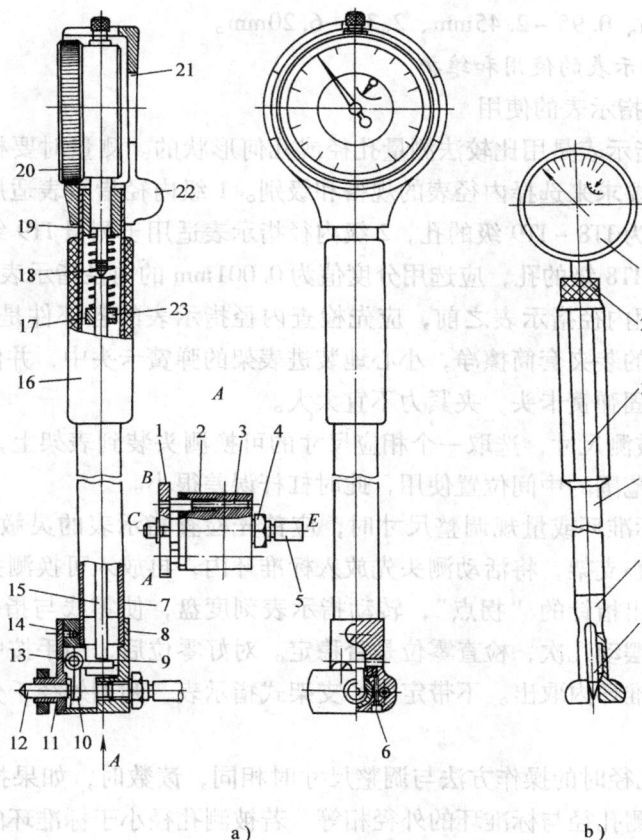

图 7-34　内径指示表

a) 带中心支架式内径指示表　b) 不带定中心支架式内径指示表

1—桥板　2—压簧　3—导向杆　4—螺母　5—可换测头　6—限位销　7—套筒
8—基体　9—钢球　10—传动杠杆　11—盖板　12—活动测头　13—回转轴
14—螺钉　15—推杆　16—隔热手柄　17—限位环　18—测力弹簧
19—衬套　20—指示表　21—保护罩　22—紧固螺钉　23—顶丝

不带定中心支架的内径指示表结构简单，其可换测头具有弹性，能扩张，所以把这种内径指示表称为扩张式内径指示表。其测头具有圆形截面，因此能起自动定心作用。

带定中心支架式的内径指示表的规格有：10 ~ 18mm、18 ~ 35mm、35 ~ 50mm、50 ~ 100mm、100 ~ 160mm、160 ~ 250mm 和250 ~ 450mm等几种。各种规格的内径指示表均各有整套可换测头，且在测头上标有测量范围，可按所测尺寸的大小自行选换。在使用中，常见到小型不带定中心支架的指示表，其规格是：0.47~0.97mm、0.95~2.45mm、2.30~6.20mm。

2. 内径指示表的使用和维护

（1）内径指示表的使用

1）内径指示表是用比较法测量孔径或几何形状的。测量时要根据被测孔径的尺寸和精度要求来选择内径表的规格和级别。1 级内径指示表适用于测量孔径标准公差等级为 IT8~IT9 级的孔，2 级内径指示表适用于测量 IT9 级的孔。标准公差等级高于 IT8 级的孔，应选用分度值为 0.001mm 的内径指示表进行测量。

2）在使用内径指示表之前，应先检查内径指示表的各部件是否符合要求，然后把指示表的装夹套筒擦净，小心地装进表架的弹簧卡头中，并使表的指针转过一圈后再紧固弹簧卡头，夹紧力不宜太大。

3）根据被测尺寸，选取一个相应尺寸的可换测头装到表架上，并尽量使活动测头在活动范围的中间位置使用，此时杠杆误差很小。

4）利用标准环或量规调整尺寸时，应首先检查指示表的灵敏度和稳定性，然后用手按中心支架，将活动测头先放入标准环内，再放入可换测头，使测杆与孔壁垂直。找出指针的"拐点"，转动指示表刻度盘，使零线与指针的"拐点"处相重合。再摆动几次，检查零位是否稳定。对好零位后，用手按中心支架把内径指示表从标准环内取出。不带定中心支架式指示表，利用外径千分尺来核对零位比较方便。

5）测量孔径时的操作方法与调整尺寸时相同，读数时，如果指针正好指在零位，说明被测孔径与标准环的外径相等。若被测孔径小于标准环的孔径，指针顺时针方向离开零位，反之，逆时针方向离开零位，其偏离值即为两者之差值。

6）为了测出孔的圆度误差，可在径向平面内的不同位置上测量数次。为测出孔的圆柱度误差，可在几个径向平面内测量数次。

（2）内径指示表的维护保养

1）使用内径指示表要轻拿轻放，以防破坏调整好的尺寸。

2）测量时不要用力过大或过快地按压活动测头，不要使活动测头受到剧烈震动。在测量过程中要经常校对零位。

3）装拆指示表时，不允许硬性地插入或拔出，要先松开弹簧夹头的紧固螺钉或螺母。

4）测量完毕，把指示表、可换测头取下、擦净，并在测头上涂好防锈油放入盒内，保管在干燥的地方。

◇◇◇◇ 第五节 角 度 尺

一、直角尺

1. 直角尺的结构形式和制造精度

直角尺，主要用于对有关平面间垂直度误差的检验。

直角尺按形式不同可分为圆柱直角尺、宽座直角尺和刀口形直角尺，见图7-35。其中宽座直角尺结构简单，使用方便，可以测量工件的内、外角，在生产中应用较广泛。

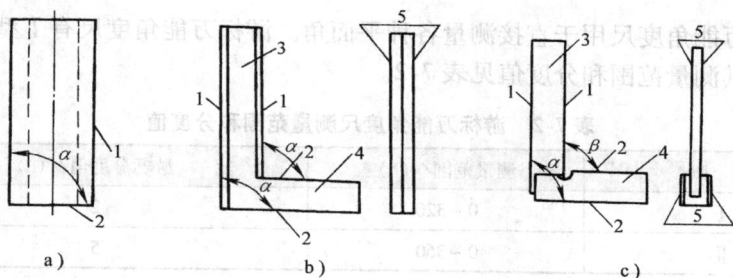

图7-35 直角尺的结构形式

a）圆柱直角尺 b）刀口形直角尺 c）宽座直角尺

1—测量面 2—基面 3—长边 4—短边 5—侧面

直角尺的制造精度分为00、0、1和2级四个级别。其中00级精度最高，2级精度最低。00级精度的直角尺，仅用来测量和检验高精度工件；0级和1级精度的直角尺用来测量和检验精密工件；2级精度的直角尺用来测量和检验一般工件。

2. 直角尺的使用与维护

合理的使用和正确的保养能提高直角尺的检验精度和延长其使用寿命。

1）使用直角尺前，应根据被测件的尺寸和精度要求，选择直角尺的规格和精度等级，并应检查工作面和边缘是否有碰伤、毛刺等明显缺隙，擦净直角尺的工作面和被测工件的表面。

2）测量时，先将直角尺的短边放在辅助基准表面（或平板）上，再将直角尺的长边轻轻地靠拢被测工件表面，不要碰撞。观察直角尺与被测表面之间的间隙大小和出现间隙的部位。根据透光间隙的大小和出现间隙的部位判断被测部位的垂直度误差值。在观察时，一般有五种情况出现：无光、中间部位有少光、两端有少光、上端有光、下端有光。第一种情况说明被测面不仅平面度符合要求，而且与基准面垂直；第二、三种情况说明垂直度符合要求，但平面度达不到要求，后两种情况说明有垂直度误差。

3）在实际生产中，也可用塞尺和量块分别在直角尺的长边接近顶端处测量。这时，塞尺片或量块组尺寸的最大差值即为工件垂直度的线值误差。

4）在使用直角尺时应注意：长边测量面和短边测量面是工作面，所以只能用这两个面去测量，而不允许用长边和短边的侧面，以及侧棱去测量；直角尺的使用精度与检测时所用的平板精度有关，使用时应注意合理选用平板。

5）使用完毕后，应将直角尺擦洗干净，涂油保养。

二、游标万能角度尺

游标万能角度尺用于直接测量各种平面角。游标万能角度尺有 I 型和 II 型两种形式，其测量范围和分度值见表 7-2。

表 7-2　游标万能角度尺测量范围和分度值

类　型	测量范围/（°）	游标分度值/（′）
I	0～320	2
II	0～360	5

1. I 型游标万能角度尺

I 型游标万能角度尺的结构见图 7-36。

1） I 型字标万能角度尺是由主尺和游标两部分组成，其读数原理与游标卡尺相似，不同的是游标卡尺的读数是长度单位值，而游标万能角度尺的读数是角度单位值。所以，游标万能角度尺是利用游标原理进行读数的一种角度量具。

图 7-37 所示为 I 型游标万能角度尺的主尺和游标，主尺两条刻线间的角度值为 1°，主尺的 23 格与游标上的 12 格相等。那么游标每 1 格的角度值为

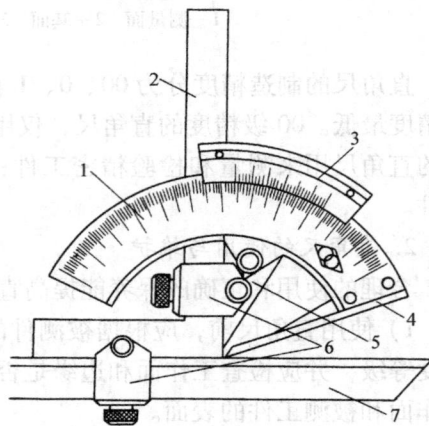

图 7-36　I 型游标万能角度尺
1—主尺　2—直角尺　3—游标　4—基尺
5—扇形板　6—支架　7—直尺

$23°/12 = (60' \times 23)/12 = 115'$

这样主尺两格与游标 1 格的差值为

$2° - 115' = 120' - 115' = 5'$

这就是分度值为 5' 的游标万能角度尺的读数原理。同理也可得到分度值为 2' 和 10' 的游标万能角度尺的读数原理。

2）Ⅰ型游标万能角度尺的读数方法与游标卡尺相似，其读数步骤为：先读度

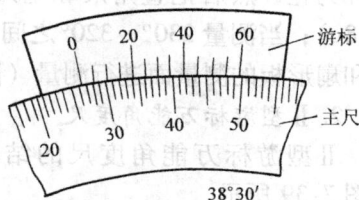

图 7-37　游标万能角度尺读数原理

（°），再读分（'），最后将两数值相加得到整个读数。如图 7-37 所示，可先读出度（°）值，从主尺上可见为 26°；再读分（'）值，图中游标和主尺对准的那条线为 30'，最后两数值相加，即为 $26° + 30' = 26°30'$。

3）Ⅰ型游标万能角度尺可以测量 0°～320° 范围的任何角度。当测量 0°～50° 之间的角度时，将被测件置于基尺和直尺的测量面之间（图 1-38a）；当测量 50°～140° 之间的角度时，应取下直尺和支架，并将直角尺下移，把被测件置于基尺和直角尺之间（图 7-38b）；当测量 140°～230° 之间的角度时，也要取下直尺和支架，但应将直角尺上移，直到直角尺上短边和长边的交界点与基尺的尖端

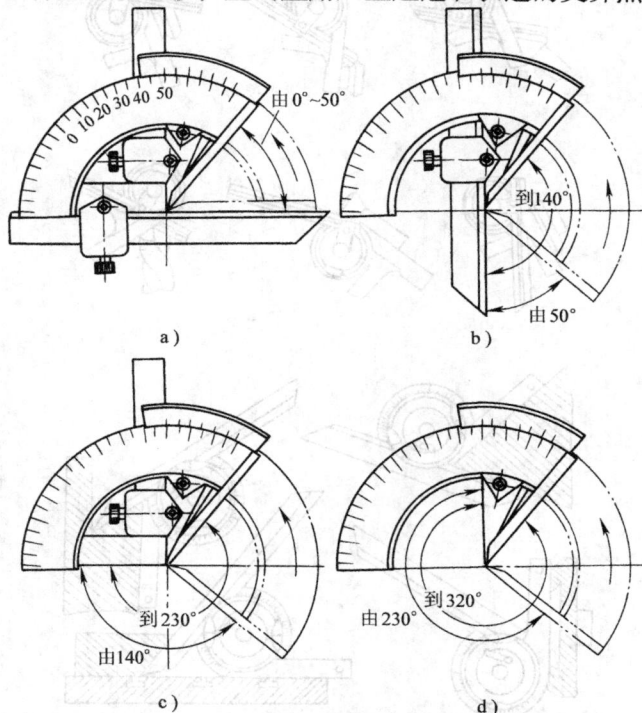

图 7-38　Ⅰ型游标万能角度尺的使用方法

对齐为止，然后把直角尺和基尺的测量面靠在被测件的表面上进行测量（图7-38c）；当测量230°～320°之间的角度时，取下直角尺和支架后即可直接用基尺和扇形板的测量面进行测量（图7-38d）。

2. Ⅱ型游标万能角度尺

Ⅱ型游标万能角度尺的结构，如图7-39所示。

1) Ⅱ型游标万能角度尺的读数原理和读数方法与Ⅰ型游标万能角度尺相同，只不过这种角度尺的游标在尺身的下面，并且具有长达300mm的直尺，很适合测量大型工件的角度。

2) Ⅱ型游标万能角度尺使用方便，单用尺身与直尺的配合，便可测出0°～360°范围内的各种角度，如图7-40和图7-41所示。

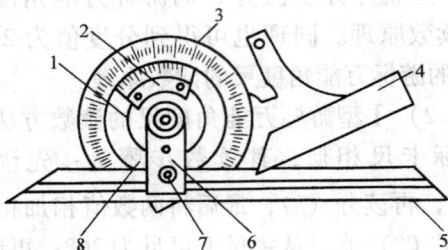

图7-39　Ⅱ型游标万能角度尺的结构
1—转盘　2—游标　3—尺身　4—基尺
5—直尺　6—连杆　7—固定螺钉　8—螺母

图7-40　Ⅱ型游标万能角度尺的使用方法（一）

3. 游标万能角度尺的维护保养

1）使用前，要擦净游标万能角度尺和被测体，并检查游标万能角度尺测量面是否生锈和碰伤，活动件是否灵活、平稳，能否固定在规定的位置上。

2）应将游标的零线对准尺身的零线，游标的尾线对准尺身相应刻线，再拧紧固定螺钉。

3）测量工件时，应先调整好基尺或直尺的位置，并用连杆上的螺钉紧固。再松动螺母，移动尺身作调整，直到要求位置为止。

4）测量完毕后，松开各紧固件，取下直尺等元件，然后擦净，涂防锈油，装入专用盒内。

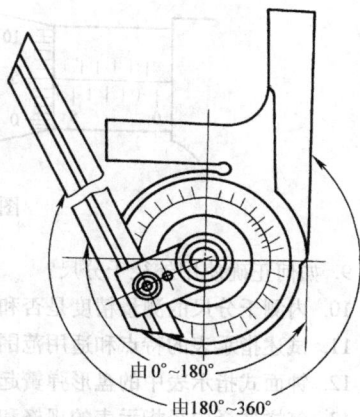

由0°~180°
由180°~360°

图 7-41　Ⅱ型游标万能角度尺的使用方法（二）

复习思考题

1. 何谓平面角？其计量单位有几种？它们之间的换算关系怎样表达？

2. 将下列英制尺寸换算成法定计算单位 mm：（4/5）in；（8/9）in；（19/30）in；（13/9）in。

3. 根据结构形式不同，游标卡尺可分几种形式？

4. 试述游标卡尺的读数原理。

5. 画出分度值为 0.05mm 游标卡尺表示的下列尺寸：4.3mm；11.35mm；23.55mm。

6. 图 7-42 所示的游标卡尺，尺身每格 1mm，游标上共 50 格，问它的分度值是多少？

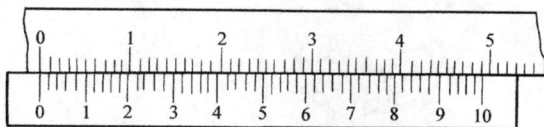

图 7-42　游标卡尺读数

7. 试述外径千分尺的工作原理和读数方法。

8. 试读出图 7-43 所示的千分尺所表示的数值。并画出千分尺表示的下列尺寸：0.78mm；13.35mm；17.83mm。

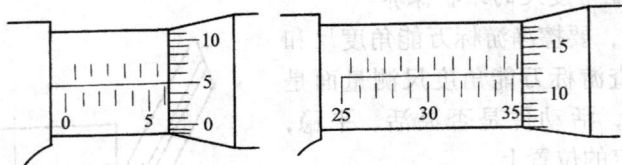

图 7-43　千分尺读数

9. 如何正确使用外径千分尺？
10. 内测千分尺的测量精度是否和外径千分尺一样？为什么？
11. 试述指示表的特点和适用范围。
12. 钟面式指示表中的盘形弹簧起什么作用？
13. 怎样选择内径指示表的规格和级别？
14. 直角尺有哪几种类型？它们的精度有什么不同？
15. 试述Ⅰ型游标万能角度尺的读数方法。

第八章

常用夹具

培训学习目标 了解机用虎钳、顶尖、卡盘、分度头和万能回转工作台的类型、规格及应用，熟悉扳手夹紧式三爪钻夹头、快换钻夹头和自紧式钻夹头的结构特点及应用，了解磁性吸盘的性能、规格及应用。

◇◇◇ 第一节 基本的定位与夹紧方法

一、工件的定位和定位元件

1. 平面定位

工件以平面作定位基准时，一般都采用在适当分布的支承钉或支承板上定位。

如图8-1所示的定位元件，适用于毛坯平面的定位。其中图8-1a、b分别为球头及尖头支承钉，与工件接触面较小，定位稳定，但较易磨损；图8-1c为网纹顶面支承钉，能增大与工件的摩擦力，图8-1d、e为可调支承钉，通常用于对毛坯工件的定位。当毛坯表面的尺寸误差较大时，可调节支承钉的高度以满足工件位置的要求。

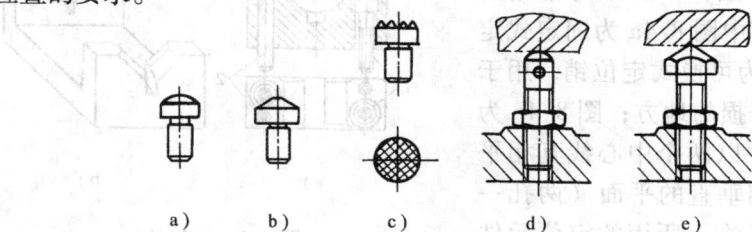

图8-1 毛坯平面定位用支承钉
a）球头钉 b）尖头钉 c）网纹钉 d）、e）可调支承钉

若用已加工平面定位，一般可采用多个平头支承钉或支承板，常用结构如图8-2所示。增加支承点的数目可以增大工件加工时的刚度，有利于加工。采用较大的连续平面对工件平面定位时，应在支承表面上开多条浅槽，适当地减少与工件的接触面积，并能很方便地清除切屑。

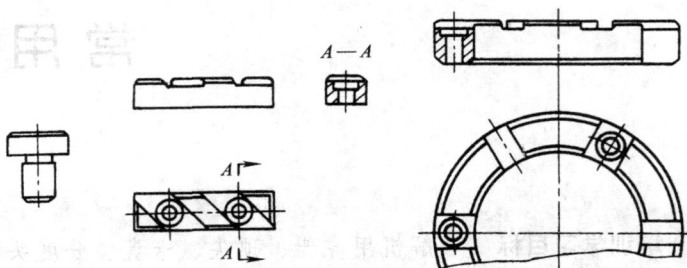

图 8-2 已加工平面的定位支承

2. 圆柱面定位

除平面定位外，还常利用工件的外圆柱面和内圆柱面来定位。利用工件的外圆柱面定位时，常采用 V 形块定位。利用工件的内圆柱面定位时，一般采用定位销和圆柱定位心轴来定位。这些类型的定位元件是根据工件的圆柱面来确定工件的轴线位置，因此必须具有较高的精度，否则将使工件定位不正确而不能保证工件符合规定的技术要求。

（1）V 形块定位 由两个斜面构成槽形的定位元件，在夹具上叫做 V 形块。V 形块两工作面的夹角越大，定位误差越小，但工件放不稳；相反，夹角越小，工件放得较稳，但定位误差较大。一般采用 90°夹角。

如图 8-3 所示为常用的 V 形块形式。图 8-3a 用来定位短轴，图 8-3b 用来定位长轴。

（2）定位销定位 机床箱体、支架和连杆一类零件，常用平面及内孔作为定位基准。图 8-4 所示为常用的定位销结构。其中图 8-4a 为固定式定位销；图 8-4b 为可换式定位销，用于定位元件容易磨损的地方；图 8-4c 为菱形销，当工件以两个中心线互相平行的孔及与之相垂直的平面（两孔一面）作为定位基准，所用的定位元件应是一个圆柱销、一个菱形销和一个

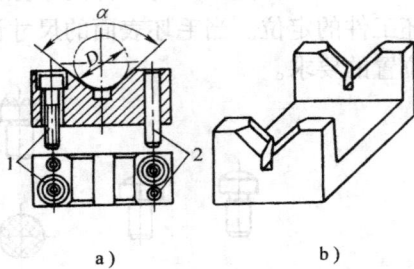

图 8-3 V 形块

a）定位短轴 V 形块 b）定位长轴 V 形块

平面，即两销一面的定位方式，这种定位方式能使定位方便、准确、可靠。

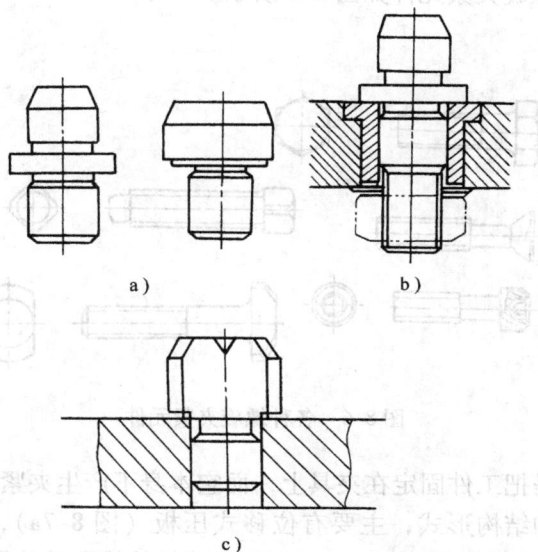

图 8-4 定位销

（3）圆柱定位心轴定位 如图 8-5 所示为圆柱定位心轴，工件套在圆柱定位心轴上，用螺母拧紧。由于工件的定位孔有公差；心轴外圆工作面有制造误差；此外，由于心轴直径与工件定位孔有一定的配合间隙，以保证工件能自由地装拆，都将造成工件的定位误差。

为了消除间隙，提高工件的定位精度，并能方便地装拆工件。在实际生产中出现了一些先进的圆柱定位心轴，如微锥度定位心轴、自动定心心轴、波纹心轴等。

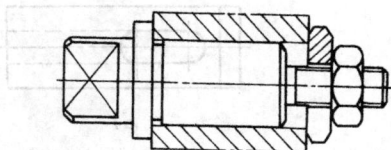

图 8-5 圆柱定位心轴

二、夹紧元件和夹紧机构

1. 夹紧元件

机床夹具中最常用的夹紧元件有螺旋元件和压板元件。

用螺旋来夹紧工件，它的特点是夹紧力大，可以抵抗较大的切削力，能做较大距离的调节，但夹紧动作不迅速，压力集中，容易压扁工件表面。另外，螺旋的转动，容易使工件移动位置，但这一缺点只有当螺旋单独使用时才会出现。如果把它同压板、杠杆和斜楔等其他元件共同使用时，就不会出现这一问题，因此螺旋仍然是生产实际中应用广泛的夹紧元件之一。

常用的各种螺旋夹紧元件如图 8-6 所示。

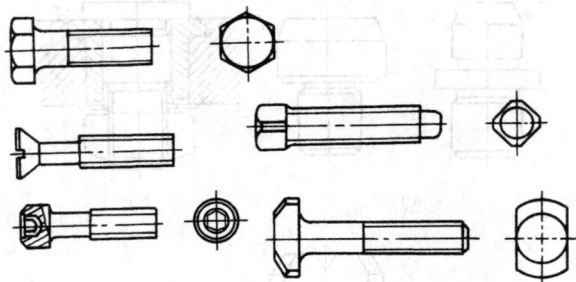

图 8-6　各种螺旋夹紧元件

压板的作用是把工件固定在夹具上，而它本身不产生夹紧的力量。图 8-7 所示为几种平压板的结构形式，主要有位移式压板（图 8-7a），回转式压板（图 8-7b），强制回转式压板（图 8-7c）。压板上狭长的槽孔是放螺栓用的。

压板压紧工件的表面可做成平面、圆柱面或锯齿面。

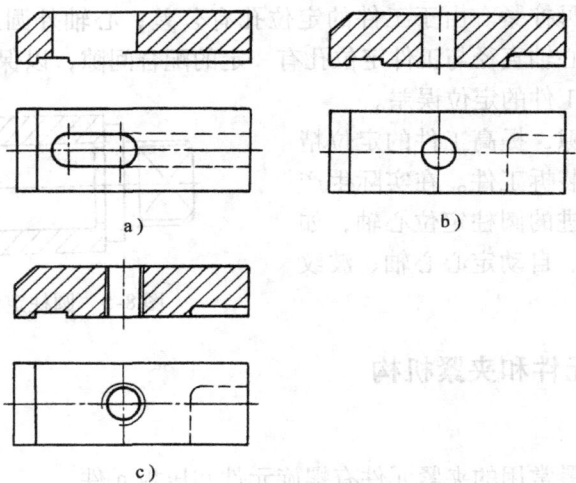

图 8-7　平压板
a）位移式压板　b）回转式压板　c）强制回转式压板

图 8-8 所示为较先进的自调压板，这种压板的结构特点是在横穿压板的转轴中间有一个球体，压板可绕转轴和球体自调成一个需要的角度。球体的主要作用是增强机械强度和适应不同角度，把自调压板的两端做成圆柱面，以适应不同高度的变化。因为实际上一般压板和螺栓在压紧工件时，压板与工件和垫铁之间的接触不是面接触而是线接触，所以把两端做成圆柱面不会减弱压紧的作用。另外，把压板的椭圆斜孔靠近工件的一端，以增加对工件的夹紧力。

由于自调压板在结构上作了上述几个方面的改进，因此在使用时可省去垫铁，对不同厚度的工件，不必更换与工件等高的垫铁。所以采用自调压板，使用方便、省时、高效，并且还能确保工件夹紧牢靠。

除上述两种夹紧元件外，还有偏心夹紧元件，它的旋转中心和几何中心不重合，当偏心夹紧元件在夹具上转动后形成一个楔角，由于这个楔角小于摩擦角，因此能将工件夹紧，并能在切削力作用下不松开。偏心装置的优点是夹紧动作特别迅速，操作方便。它的缺点是只适用于尺寸比较精密的已加工表面，加工时工件不能振动，切削力不能太大等。因此，偏心夹紧元件常和其他夹紧元件联合使用。

如图 8-9 所示为偏心夹紧元件，销轴的位置固定不动，它的中心与轮的中心有一定距离，当手柄使轮转动时，随着轮的半径逐渐增大而压紧工件。

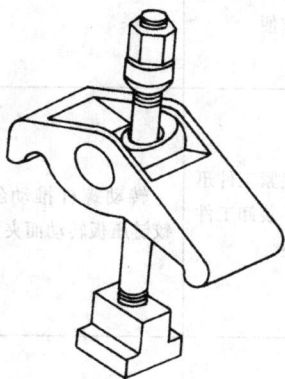

图 8-8 自调压板

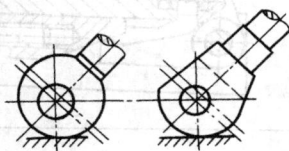

图 8-9 偏心夹紧元件

2. 夹紧机构

夹紧工件是通过夹紧机构来实现的。常用的夹紧机构有：螺旋夹紧、斜楔夹紧、偏心夹紧、自动定心夹紧以及多点、多件夹紧等，各类典型夹紧机构的结构特点、夹紧方法见表 8-1。

表 8-1　典型夹紧机构的结构特点、夹紧方法

类型	图　例	结构特点	夹紧方法
螺旋夹紧	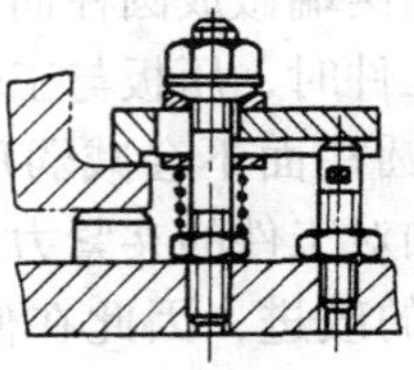	压板能自动抬起，支承高度可调整	拧紧螺母
	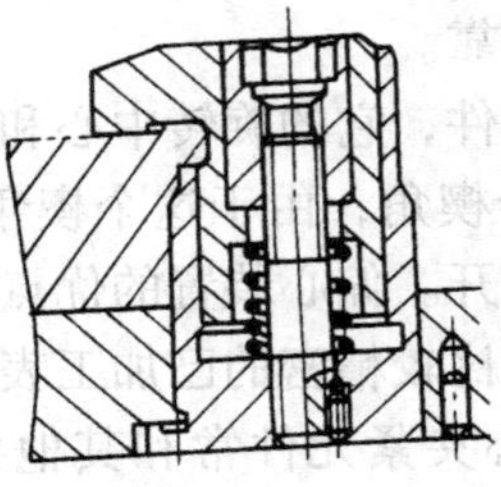	卸工件时，压板自动抬起	拧紧螺母，使钩形压板压住工件
	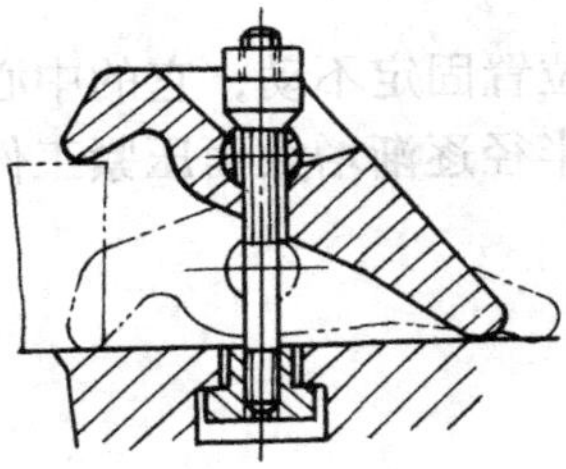	能适应工件高度在 0 ~ 200mm 范围内的变化，使用方便	拧紧螺母，使自调式压板压住工件
斜楔夹紧	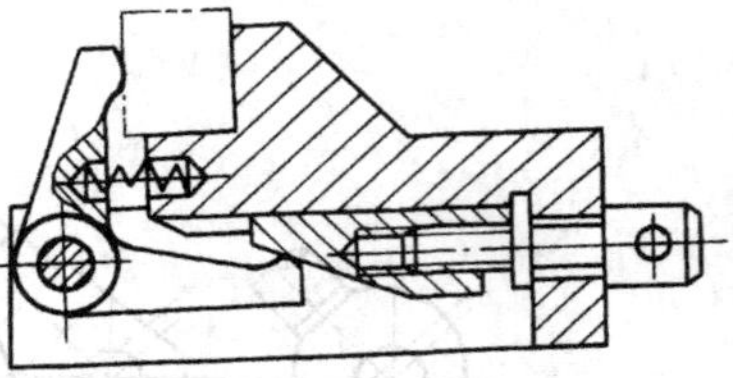	夹紧工件迅速，装卸工件方便	转动螺杆推动斜楔前移，铰链压板转动而夹紧工件
偏心夹紧	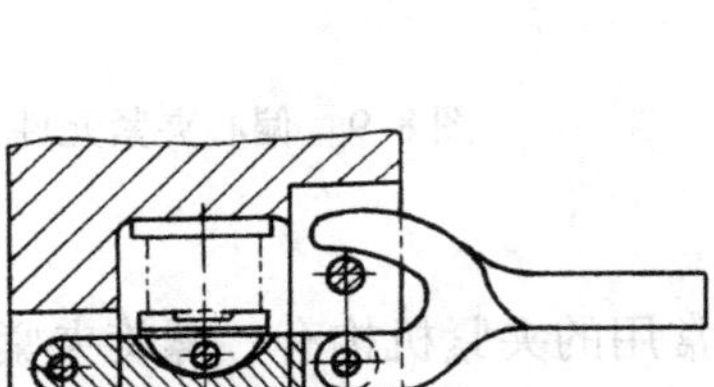	夹紧工件迅速，装卸工件方便	扳起手柄，使偏心叉带动杠杆上的弧形压块夹紧工件

（续）

类型	图 例	结构特点	夹紧方法
偏心夹紧	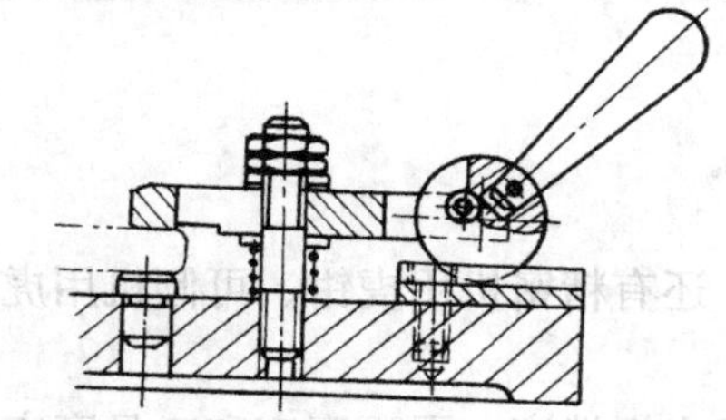	夹紧工件迅速，可调节支承高度	扳动手柄，使偏心轮转动而夹紧工件
自动定心夹紧	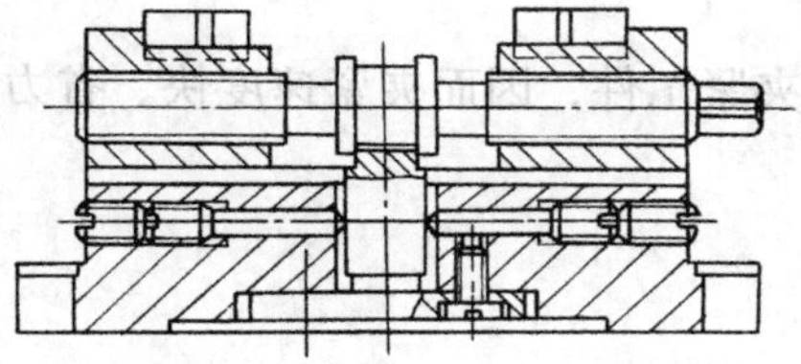	结构简单、工作行程大，通用性好。但定心精度不高，一般约为 $\phi0.05$ ~ $\phi0.1$mm	旋动有左、右螺纹的双向螺杆，使滑座上的V形块钳口作对向等速移动，从而实现对工件的自动定心夹紧
多点夹紧	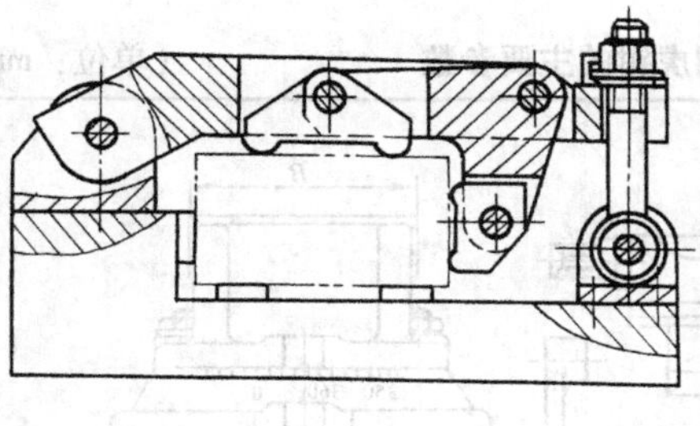	压紧力大、可靠，装卸工件快速、方便	拧紧螺母，便可从两个相互垂直的方向上实现四点联动夹紧工件
多件夹紧	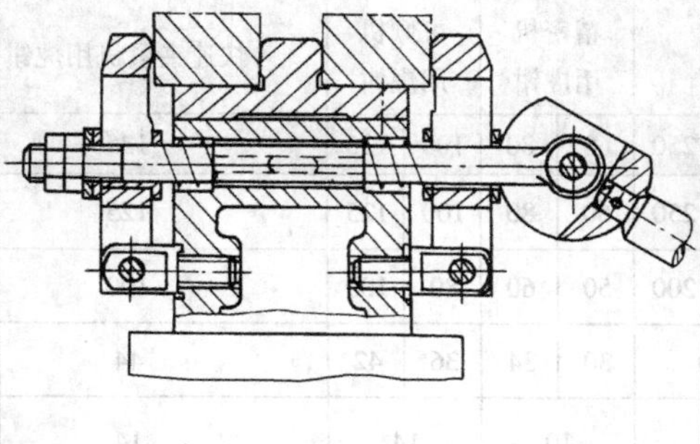	可以减小原始作用力，但相应增大了对机构夹紧行程的要求	旋动偏心轮，迫使右压板夹紧右边的工件，与此同时拉杆右移使左压板将左边的工件夹紧

◇◇◇ 第二节 机用虎钳

一、机用虎钳的形式及应用

机用虎钳除普通精度的机用虎钳外，还有精密机用虎钳、可倾机用虎钳及快速夹紧机用虎钳等。

精密机用虎钳位置精度较高，适用于坐标镗床、平面磨床和工具磨床等。

可倾机用虎钳可在水平及垂直两个方向回转，适用于万能工具磨床、工具磨床及平面磨床等。

快速夹紧机用虎钳系采用偏心结构夹紧工件，因而夹紧速度快、省力，适用于成批和单件生产。

二、机用虎钳的主要参数

机用虎钳的主要参数包括：钳口宽度 B、钳口最大张开度 L、钳口高度 h 和定位键的宽度 b。普通精度的机用虎钳、精密机用虎钳、可倾机用虎钳和快速夹紧机用虎钳的主要参数见表8-2。

表8-2　机用虎钳的主要参数　　　　　　　　（单位：mm）

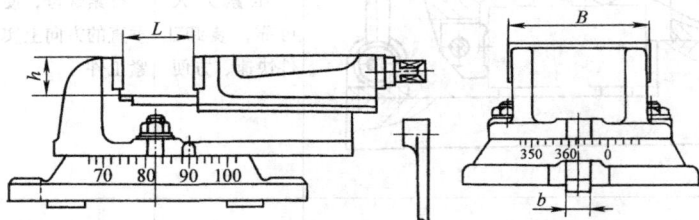

品种\规格\参数	普通机用虎钳						精密机用虎钳		可倾机用虎钳		快速夹紧机用虎钳
	100	125	136	160	200	250	60	80	100	125	125
钳口宽度 B	100	125	136	160	200	250	60	80	100	125	125
钳口最大张口 L	80	100	125	136	160	200	50	60	80	100	100
钳口高度 h	38	44	36	50	60		30	34	36	42	44
定位键宽 b	14		16	18			10		14		14

◆◆◆ 第三节　顶尖和卡盘

一、顶尖

1. 顶尖的类型及应用

顶尖的作用是定中心、承受工件的重量和刀具作用在工件上的切削力。顶尖有前顶尖和后顶尖，前顶尖是插在主轴锥孔内跟主轴一起旋转的；后顶尖是插在尾座套筒内的。例如长轴的车削加工是在两顶尖间安装工件。

顶尖的类型有固定顶尖和回转顶尖两种，而回转顶尖又可分为轻型回转顶尖、中型回转顶尖、锥型回转顶尖和插入式回转顶尖等，如图 8-10 所示。

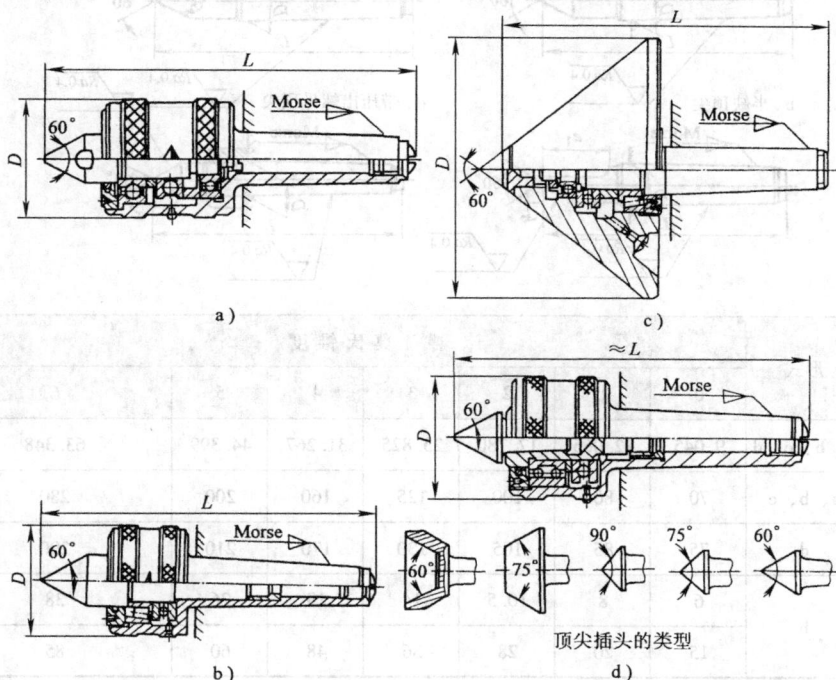

图 8-10　回转顶尖的种类

a) 轻型回转顶尖　b) 中型回转顶尖　c) 锥型回转顶尖　d) 插入式回转顶尖

轻型回转顶尖适用于高转速、轻负荷的精加工，有普通精度和高精度两种，见图 8-10a。

中型回转顶尖主要用于承受中等切削负荷的加工，有普通精度和高精度两种，见图 8-10b。

锥型回转顶尖主要用于加工管套类零件，可以承受较高的负荷，见图 8-10c。

插入式回转顶尖带有 5 个形状不同的顶尖插头，可以根据工件的不同情况来选择顶尖插头，从而扩大其使用范围，见图 8-10d。

2. 顶尖参数

几种常用固定顶尖的参数见表 8-3。

表 8-3　几种常用固定顶尖的参数　　　　（单位：mm）

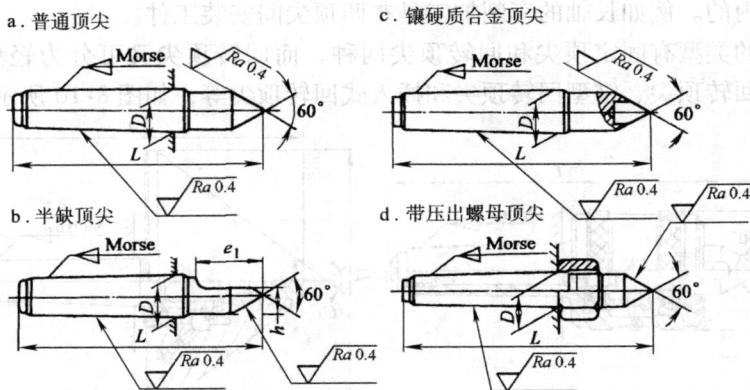

a. 普通顶尖
b. 半缺顶尖
c. 镶硬质合金顶尖
d. 带压出螺母顶尖

参数	形式	莫 氏 锥 度						
		0	1	2	3	4	5	6
D	a、b、c、d	9.045	12.065	17.780	23.825	31.267	44.399	63.348
L	a、b、c	70	80	100	125	160	200	280
	d	75	85	105	130	170	210	290
h	b	6	8	10.5	14	19	26	38
e_1		15	20	28	36	48	60	85

注：1. 60°锥度部分及尾部的硬度应为 55～58HRC。

　　2. 各种固定顶尖均有普通及精密两种精度等级。

二、卡盘

1. 卡盘的类型及应用

卡盘的类型有自定心卡盘、单动卡盘，此外还有动力卡盘等。

自定心卡盘适用于各种车床、铣床和普通精度的磨床等。

单动卡盘的卡爪是单动的，可分别调整，以夹持形状不规则的工件，适用于大中型卧式车床、外圆磨床等。

动力卡盘可根据具体情况选用气压、液压或电动作动力源，适用于卧式车床、转塔车床和自动车床。

电动自定心卡盘适用于进行大批量加工的卧式车床、自动车床。

2. 自定心卡盘的夹紧、撑紧尺寸范围见表 8-4。

表 8-4　自定心卡盘的夹紧、撑紧尺寸范围　　　　（单位：mm）

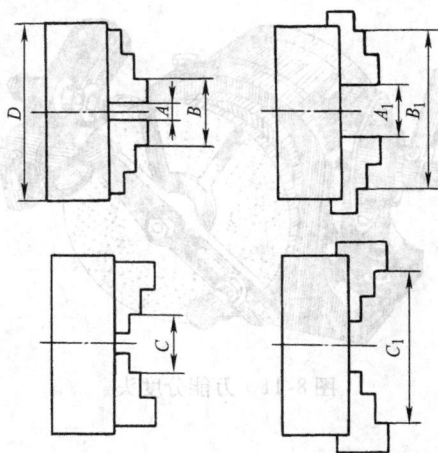

卡盘直径 D	正　爪		反　爪
	夹紧尺寸范围	撑紧尺寸范围	夹紧尺寸范围
	$A \sim A_1$	$B \sim B_1$	$C \sim C_1$
80	2 ~ 22	25 ~ 70	22 ~ 63
100	2 ~ 30	30 ~ 90	30 ~ 80
125	2. 5 ~ 40	38 ~ 125	38 ~ 110
160	3 ~ 55	50 ~ 160	55 ~ 145
200	4 ~ 85	65 ~ 200	65 ~ 200
250	6 ~ 110	80 ~ 250	90 ~ 250
320	10 ~ 140	95 ~ 320	100 ~ 320
400	15 ~ 210	120 ~ 400	120 ~ 400
500	25 ~ 280	150 ~ 500	150 ~ 500

◇◇◇ 第四节 分度头和回转工作台

一、分度头

1. 分度头的类型

分度头的类型主要有万能分度头、等分分度头和光学分度头三种，如图 8-11 和图 8-12 所示。

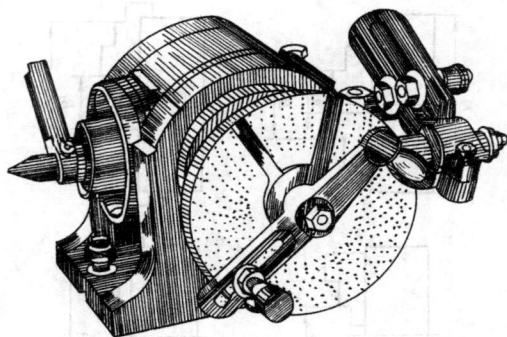

图 8-11　万能分度头

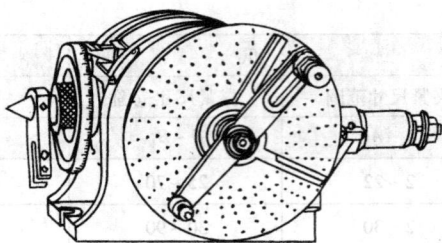

图 8-12　等分分度头

2. 万能分度头的主要规格及应用

万能分度头是铣床的主要附件之一，在磨床、钻床、刨床、插床上也得到广泛应用。它能将圆周分成任意等分，将装夹在顶尖间或卡盘上的工件转动任意角度，也可在铣床上铣削螺旋槽、曲线齿锥齿轮和阿基米德螺旋凸轮等。万能分度头的主要规格见表 8-5。

表 8-5　万能分度头的主要规格

规　　格	型　　号			
	F1180	F11100	F11125	F11160
中心高/mm	80	100	125	160
主轴孔锥度（莫氏）	3	3	4	4
主轴从水平位置升降角度/（°）	+90、－6	+90、－6	+90、－6	+90、－6
蜗杆副速比	1:40	1:40	1:40	1:40
定位键宽度/mm	12	14	18	18
主轴法兰盘定位短锥直径/mm	ϕ36.541	ϕ41.275	ϕ53.975	ϕ58.975

　　3. 等分分度头的主要规格及应用

　　等分分度头是立、卧式的，在铣床、磨床、钻床和刨床上广泛使用，如图 8-12 所示。适用于对圆形、正多边形等对称工件作等分分度工作。由于采用单手柄操作，使用方便，调整简单，可提高生产效率。等分分度头的主要规格见表 8-6。

表 8-6　等分分度头的主要规格

规　　格	型　　号		
	F11125—1M	F11125	F11160
中心高（卧用时）/mm	125	125	160
立轴法兰盘端面至底面高度（立用时）/mm	190	190	220
可等分数	2、3、4、6、8、12、24		
立轴孔锥度（莫氏）	4	4	5
定位键宽度/mm	12	18	18
主轴法兰盘定位短锥直径/mm	ϕ53.975	ϕ53.975	ϕ63.512

　　注：F11125—1M 型为精密卧式等分分度头。

　　另外，按是否有差动交换齿轮装置，还可分为万能分度头与半万能分度头两种。

　　4. 光学分度头

　　光学分度头是一种精密分度工具，在机械制造中主要用来检验各种工件的中心角、工件的等分准确度，以及对被加工零件进行分度等。

　　光学分度头的外形，如图 8-13 所示。这种分度头由于采用了高精度玻璃分度盘，其回转角度是通过光学读数装置来读数的，蜗杆副仅是传动元件，其精度对分度精度无影响，因而精度高，寿命长。它不仅是一种精密机床分度附件，而且可用作计量仪器。

二、万能回转工作台

按回转轴心的位置不同，回转工作台可分为立轴式和卧式两种。立轴式回转工作台有机械传动和手动两种。此外还有具有分度装置的回转工作台，回转盘上有分度定位和夹紧装置，工作台可划分为 2、3、4、6、12 等分，另外还有万能回转工作台和双工位回转工作台。双工位回转工作台主要用于铣床上，工作台上有两个工位可同时加工，以节省工时。

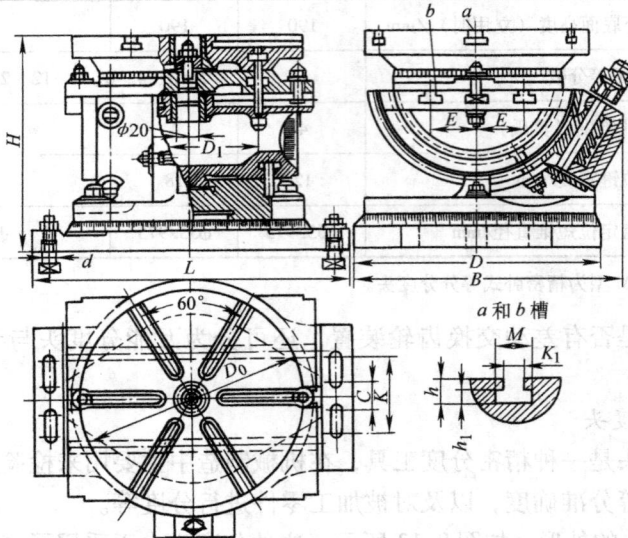

图 8-13　光学分度头
1—圆形玻璃标尺　2—目镜

万能回转工作台主要结构特点是，工作台除能绕立轴回转外，还可使被加工面在 90°范围内任意调整。工件可以直接安装在转盘上，利用刻度进行分度定位，也可以根据需要设计分度盘，在转盘侧面 T 形槽中安装在定位销支架上，进行分度定位。

万能回转工作台是铣床上的主要附件之一，同时也可用于钻床、摇臂钻床、刨床和平面磨床上。万能回转工作台的主要参数见表8-7。

表 8-7　万能回转工作台的主要参数　　　（单位：mm）

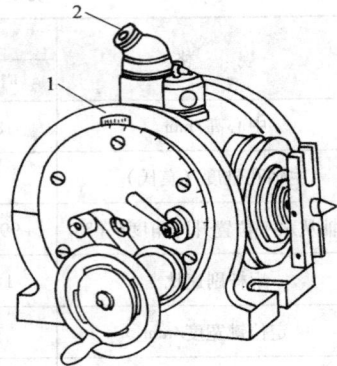

（续）

L	H	D	B	D_0	D_1	E	C	K	d	K_1	M	h_1	h
280	196	210	230	200	120	40	30	80	M12	12	20	9	17
320	260	230	280	260	216	70	40	170	M16	14	24	11	21

◇◇◇ 第五节 钻 夹 头

一、扳手夹紧式三爪钻夹头

扳手夹紧式三爪钻夹头可分为轻型、重型两种，适用于钻床、镗床作钻、镗孔用。扳手夹紧式三爪钻夹头的参数见表8-8。

表8-8 扳手夹紧式三爪钻夹头参数　　　　　（单位：mm）

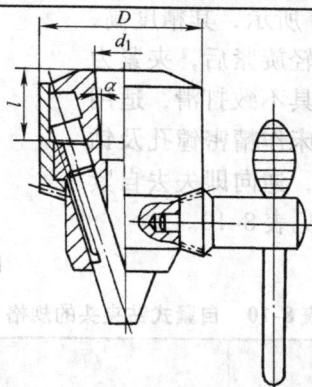

最大夹持直径	6	8	10	13		16	20
夹持范围	0.6~6	0.8~8	1~10	2.5~13	1~13	3~16	5~20
圆锥规格	B10	B12	B16	B18		B22	B24
D_{max}	30	37.5	43	48	53	57	65
d_1	10.095	12.065		15.733		17.780	21.793
L	14.5	18.5		24		32	405
锥角 2α	2°51′26.7″			2°51′41″			2°52′31.5″

注：参考 GB/T 6090—2003《钻夹头圆锥》。

二、快换钻夹头

应用快换钻夹头可以在机床不停机的情况下快速更换刀具，适用于成批生产中的钻、扩、铰等加工。每种规格的钻夹头常有固定套体三件，浮动套体一件，以适应不同的加工要求。快换钻夹头规格及参数见表8-9。

表8-9　快换钻夹头规格及参数　（单位：mm）

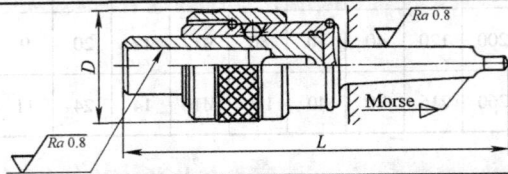

莫氏圆锥	参　数		
	D	L	加工范围
2	52	177	6～23.5
3	65	222	6～32.5
4	84	275	15.6～49.5
5	110	340	23.6～65

三、自紧式钻夹头

自紧式钻夹头如图8-14所示，其精度高，不需使用扳手夹紧，用手轻轻旋紧后，夹紧力随切削力的增加而增加，刀具不致打滑，适用于坐标镗床、数控机床及钻床作精密镗孔及钻孔用。使用时不得逆向旋转，逆向即失去自紧作用。自紧式钻夹头的规格见表8-10。

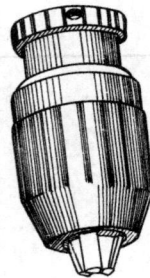

图8-14　自紧式钻夹头

表8-10　自紧式钻夹头的规格

规　格	夹持直径范围/mm	配合锥孔	
		莫氏短锥	大端直径 D/mm
3	0.15～3	0	6.35
6	0.3～6	1	10.095
10	0.4～10	2	15.733
	0.5～10		15.533
13	0.5～13	2	15.733
	0.6～13		17.581
16	3～16	2	17.581

◆◆◆ 第六节 磁性吸盘

一、强力电磁吸盘

强力电磁吸盘不仅适用于卧轴、立轴铣床及牛头刨床，还可将若干台吸盘拼合在一起用于龙门铣床与龙门刨床上，加工大型工件。为了适应在铣、刨床上的切削力，吸盘的吸力要达到 1.8MPa，比普通吸盘提高 2 ~ 3 倍。如图 8-15 所示为 XD250A 强力电磁吸盘，其规格见表 8-11。

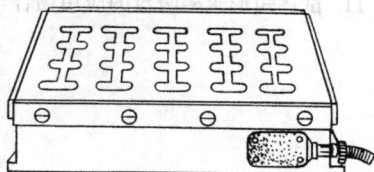

图 8-15　XD250A 强力电磁吸盘

表 8-11　XD250A 强力电磁吸盘的规格

外形尺寸/mm			吸力/MPa	直流电压/V	电流/A	功率/kW	重量/kg
长	宽	高					
600	250	142	≥1.8	110	2	0.22	160

二、矩形永磁吸盘

矩形永磁吸盘不需电源，不需整流设备，没有因突然断电而引起事故的危险，因此使用方便，安全可靠。适用于平面磨床、万能工具磨床、铣床和刨床。图 8-16 所示为 XJ150 矩形永磁吸盘，其规格见表 8-12。

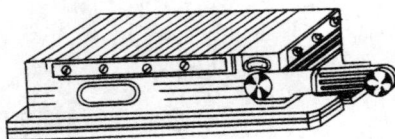

图 8-16　XJ150 矩形永磁吸盘

表 8-12　XJ150 矩形永磁吸盘的规格

外形尺寸/mm			吸力/MPa	剩磁力/MPa	手柄转动力/N
长	宽	高			
300	150	68	<0.6	<0.1	<80

复习思考题

1. 平面定位使用的支承有哪几种？
2. 圆柱面定位的夹具元件有哪些？
3. 螺旋夹紧元件有哪些优缺点？

4. 试述偏心装置的优缺点。

5. 试述机床用虎钳的种类及主要参数。

6. 试述顶尖的类型及适用范围。

7. 试述卡盘的种类及适用场合。

8. 试述万能分度头的应用场合。

9. 试述回转工作台的种类。

10. 试述钻夹头的种类及应用场合。

11. 试述矩形永磁吸盘的应用场合。

试 题 库

一、判断题（正确的画√，错误的画×）

1. 1m 等于 1000cm。 （   ）

2. （5/16）in 等于 7.94mm。 （   ）

3. 30°等于 0.59rad。 （   ）

4. 用带深度尺的游标卡尺测量孔深时，只要使深度尺的测量面紧贴孔底，就可得到精确数值。 （   ）

5. 因为大型游标卡尺在测量中对温度变化不敏感，所以一般不会引起测量误差。 （   ）

6. 为了方便，可以用游标卡尺的量爪当做划线工具使用。 （   ）

7. 分数值为 0.1mm、0.05mm 和 0.02mm 的游标卡尺可分别用来进行不同精度的测量。 （   ）

8. 0 级精度的外径千分尺比 1 级精度的外径千分尺精度高。 （   ）

9. 用游标卡尺测量工件时，测力过大或过小均会影响测量的精度。 （   ）

10. 当游标卡尺尺身的零线与游标零线对准时，游标上的其他刻线都不与尺身刻线对准。 （   ）

11. 分数值为 0.05mm 的游标卡尺，其读数原理是尺身上 20mm 等于游标上 19 格的刻线宽度。 （   ）

12. 游标卡尺的读数方法分：读整数、读小数、求和三个步骤。 （   ）

13. 用游标卡尺测量内孔直径时，应轻轻摆动游标卡尺，以便找出最小值。 （   ）

14. 带深度尺的游标卡尺当其测深部分磨损或测量杆弯曲时不会造成测量误差。 （   ）

15. 游标卡尺使用结束后，应将游标卡尺擦清上油，平放在专用盒内。 （   ）

16. 高度游标卡尺可专门用来测量高度和划线等。 （   ）

17. 用千分尺测量时，只需将被测件的表面擦干净，即使是毛坯也可测量。 （   ）

18. 千分尺不允许测量带有研磨剂的表面。 （　　）

19. 千分尺在测量中不一定要使用棘轮机构。 （　　）

20. 为保证千分尺不生锈，使用完毕后，应将其浸泡在机油或柴油里。
　　　　　　　　　　　　　　　　　　　　　　　　　　　　（　　）

21. 千分尺可以当卡规使用。 （　　）

22. 使用千分尺时，用等温方法将千分尺和被测件保持同温，这样可以减少温度对测量结果的影响。 （　　）

23. 不允许在千分尺的固定套管和微分筒之间加入酒精、煤油、柴油、凡士林和全损耗系统用油（机油）。 （　　）

24. 内径千分尺在测量时，要使用测力机构。 （　　）

25. 壁厚千分尺用来测量精密管形零件的壁厚尺寸。 （　　）

26. 指示表每次使用完毕后，必须将测量杆擦净，涂上油脂放入盒内保管。
　　　　　　　　　　　　　　　　　　　　　　　　　　　　（　　）

27. 指示表也可以用来测量表面粗糙度值过大的工件。 （　　）

28. 杠杆指示表的正确使用位置是杠杆测头轴线与测量线垂直。 （　　）

29. 使用杠杆指示表时，应避免振动撞击或用力过猛。 （　　）

30. 若杠杆指示表的测头球面已磨成平面时，则此表已不能继续使用。
　　　　　　　　　　　　　　　　　　　　　　　　　　　　（　　）

31. 内径指示表的杠杆有多种结构形式，但其杠杆比都是 1:1，所以没有放大作用。 （　　）

32. 内径指示表使用完毕后，要把指示表和可换测头取下来擦净，并在测头上涂防锈油。 （　　）

33. 直角尺按结构分有整体式和装配式两种。 （　　）

34. Ⅰ型游标万能角度尺可以测量 0°～360°范围的任何角度。 （　　）

35. Ⅰ型和Ⅱ型游标万能角度尺的刻度原理不同，读数方法也不同。（　　）

36. 零件装配时仅需稍做修配和调整便能够装配的性质称为互换性。（　　）

37. 图样上用以表示长度值的数字称为尺寸。 （　　）

38. 设计给定的尺寸称为公称尺寸。 （　　）

39. 零件是否合格首先就看是否达到了公称尺寸，正好做到公称尺寸肯定是合格品。 （　　）

40. 公差分正公差、负公差。 （　　）

41. 公差带图中的零线通常表示公称尺寸。 （　　）

42. 相互结合的孔和轴称为配合。 （　　）

43. 间隙配合中，孔的实际尺寸总是大于轴的实际尺寸。 （　　）

44. 靠近零线的那个极限偏差一定是基本偏差。 （　　）

45. 轴的基本偏差代号用小写拉丁字母表示。（　　）
46. 公差带代号由基本偏差代号与标准公差等级数字组成。（　　）
47. 现行国家标准中共有 15 个标准公差等级。（　　）
48. 基孔制就是基本偏差为一定的轴公差带，与不同基本偏差的孔公差带形成各种配合。（　　）
49. 各级 a~h 轴和 H 孔的配合必然是形成间隙配合。（　　）
50. 在选择基准制时，一般是优先采用基孔制。（　　）
51. 在公差等级高于 IT8 级的高精度配合中，孔与轴的公差等级必须相同。（　　）
52. 现行国家标准中共有 20 个标准公差等级，其中 IT0 级为最高。（　　）
53. 标准公差用来确定公差带的大小。（　　）
54. 基本偏差用来确定公差带的大小。（　　）
55. 各级 A~H 孔和 h 轴的配合必然是过盈配合。（　　）
56. 过盈配合中，孔的实际尺寸总是小于轴的实际尺寸。（　　）
57. 基本偏差为 j~zc 的轴与 H 孔可构成间隙配合。（　　）
58. 基本偏差为 J~ZC 的孔与 h 轴可构成过盈配合。（　　）
59. 几何公差就是限制零件的形状误差。（　　）
60. 单一要素是指对其他要素没有功能要求的要素。（　　）
61. 在几何公差中，关联要素是指与其他要素有功能关系的要素。（　　）
62. 几何公差的框格为 2~5 格。（　　）
63. 基准代号方框内的字母可采用任意拉丁字母。（　　）
64. 平面度公差即实际平面所允许的变动量。（　　）
65. 位置公差是单一要素所允许的变动全量。（　　）
66. 位置公差可分为定向、定位和跳动公差三大类。（　　）
67. 被测要素遵守独立原则时，需加注符号 E。（　　）
68. 孔的下极限尺寸即为最小实体尺寸。（　　）
69. 轴的上极限尺寸即为其最小实体尺寸。（　　）
70. 圆柱度公差属于位置公差。（　　）
71. 平面度公差属于形状公差。（　　）
72. 圆跳动属于位置公差。（　　）
73. 对称度属于跳动公差。（　　）
74. 圆柱体轴线的直线度公差带形状为一直线。（　　）
75. 圆柱度公差带形状为两同心圆。（　　）
76. 圆度公差带形状为两同心圆。（　　）
77. 几何公差框格在图样中一律水平放置。（　　）

78. 标注基准代号时，无论基准的方向如何，字母都应水平书写。（　　　）

79. 对称度公差为 0.1，意思是被测要素与基准要素之间的允许变动量为 0.1。（　　　）

80. 表面粗糙度属微观几何形状误差。（　　　）

81. 表面粗糙度值越小，即表面光洁程度越高。（　　　）

82. 任何零件都要求表面粗糙度值越小越好。（　　　）

83. 取样长度就是评定长度。（　　　）

84. 表面粗糙度的评定参数有两个。（　　　）

85. 表面粗糙度只是一些极微小的加工痕迹，所以在间隙配合中，不会影响配合精度。（　　　）

86. 粗糙表面由于凹谷深度大，腐蚀物质容易凝集，极易生锈。（　　　）

87. 在表面粗糙度的基本符号上加一小圆，表示表面是去除材料的加工方法获得的。（　　　）

88. 用于判别具有表面粗糙度特征的一段基准线长度为取样长度。（　　　）

89. 一般情况下，国家标准推荐一个评定长度内取 10 个取样长度。（　　　）

90. 表面粗糙度高度参数的允许值的单位是微米。（　　　）

91. 用 Ra 参数时除了标注数值外，还必须注明"Ra"。（　　　）

92. 表面粗糙度的检验只需凭经验判断。（　　　）

93. 表面粗糙度的标注方法是直接注出参数值。（　　　）

94. 轮廓最大高度 Rz 表示在取样长度内轮廓峰顶和轮廓谷底线之间的距离。（　　　）

95. Ra 和 Rz 常用范围为 $0.1 \sim 25 \mu m$。（　　　）

96. 在图样上标注表面粗糙度代号时，不应注在可见轮廓线、尺寸界线或其延长线上。（　　　）

97. 在零件表面上，波距在 $1 \sim 10 mm$ 之间的属于表面粗糙度范围。（　　　）

98. 表面粗糙度是指零件被加工表面上具有的较小间距和峰谷组成的微观几何形状误差。（　　　）

99. 波距小于 $1 mm$ 的属于表面粗糙度范围。（　　　）

100. 表面粗糙度对零件的耐磨性、配合性质和耐腐蚀等均有密切关系。（　　　）

101. 表面粗糙度评定参数中，轮廓算术平均偏差代号用"Rz"表示。（　　　）

102. 工厂车间中，常用与表面粗糙度样板相比较的方法来检验零件的表面粗糙度。（　　　）

103. 在表面粗糙度基本评定参数中，标准优先选用 Rz。（　　　）

104. 国家标准推荐一个评定长度一般要取 8 个取样长度。 （ ）

105. 在图样上标注表面粗糙度代号时，可按任意方向标注。 （ ）

106. 机械传动只能传递物体的运动和动力，不能改变运动的速度和方向。

（ ）

107. 同步带传动属于啮合传动。 （ ）

108. V 带传动属于摩擦型传动。 （ ）

109. V 带传动具有过载保护作用。 （ ）

110. 由于存在弹性滑动，所以 V 带传动的传动比是不准确的。 （ ）

111. V 带传动的弹性滑动是可以避免的。 （ ）

112. 带传动具有缓冲吸振的功能，所以传动平稳。 （ ）

113. 带传动一般用于动力部分到工作部分的高速传动中。 （ ）

114. 带传动适用于两传动轴中心距较大的场合。 （ ）

115. 同步带传动不具有过载保护的作用。 （ ）

116. 链传动属于啮合传动，瞬时传动比准确。 （ ）

117. 链条是柔性件，故能缓冲吸振，传动平稳。 （ ）

118. 链传动没有弹性滑动和打滑现象，所以瞬时传动比准确。 （ ）

119. 安装链传动时，两轮轴线有较高的平行度要求。 （ ）

120. 链传动易脱链是因为链条磨损后链节距增大的缘故。 （ ）

121. 齿形链比滚子链传动性能差，但价格便宜。 （ ）

122. 链传动特别适合用于工作环境恶劣的场合。 （ ）

123. 齿轮传动的瞬时传动比准确是因为采用了合理的齿形曲线。 （ ）

124. 齿轮传动效率高，平稳性好，且具有过载保护作用。 （ ）

125. 齿轮传动的两轴线必须平行。 （ ）

126. 齿轮传动的两轴线可以是任意位置布置。 （ ）

127. 重要的齿轮传动都采用闭式传动。 （ ）

128. 斜齿圆柱齿轮传动相比直齿圆柱齿轮传动，传动的平稳性更好，但承载能力较差。 （ ）

129. 齿轮传动不能传递直线运动。 （ ）

130. 普通螺旋传动只能将回转运动转变为直线运动。 （ ）

131. 普通螺旋传动的运动是可逆的。 （ ）

132. 普通螺旋传动的缺点是磨损大，效率低。 （ ）

133. 普通螺旋传动结构简单、工作平稳、传动精度高、承载能力强。

（ ）

134. 滚动螺旋传动的运动是可逆的。 （ ）

135. 数控机床的进给传动机构都采用滚动螺旋传动。 （ ）

136. 切屑在形成过程中往往塑性和韧性提高，脆性降低，为断屑形成了内在的有利条件。（　　）

137. 切屑类型随着切削条件（刀具前角、进给量、切削速度）的改变而发生变化。（　　）

138. 中温切削时，最易产生积屑瘤。（　　）

139. 积屑瘤"冷焊"在前面上容易脱落，会造成切削过程不稳定。（　　）

140. 形成积屑瘤的条件主要取决于切削温度。（　　）

141. 常用刀具主要材料有合金工具钢、碳素工具钢、高速工具钢和硬质合金。（　　）

142. 高速工具钢淬火后，具有较高的强度、韧度和耐磨性，因此适用于制造各种结构复杂的刀具。（　　）

143. 刀具材料的硬度应越高越好，不需考虑工艺性。（　　）

144. 硬质合金中含钴量越多，韧性越好。（　　）

145. P类（钨钛钴类）硬质合金主要用于加工塑性材料。（　　）

146. 刀具材料在高温下，仍能保持良好的切削性能叫热硬性。（　　）

147. 刀具耐热性是指金属切削过程中产生剧烈摩擦的性能。（　　）

148. 高速钢由于强度高，且磨削性能又好，所以它是制造复杂刀具的主要材料，也是制造精加工刀具的好材料。（　　）

149. 硬质合金是一种耐磨性好，耐热性高，抗弯强度和冲击韧度都较高的刀具材料。（　　）

150. 钨钴类硬质合金因其韧性、磨削性能和导热性能好，主要用于加工脆性材料，非铁金属及非金属材料。（　　）

151. 在正交平面内，前面与主切削平面之间的夹角为前角 γ_o。（　　）

152. 主偏角和副偏角越小，则刀尖角越大，刀头的强度越大。（　　）

153. 主偏角和副偏角减小，能使加工表面残留面积高度降低，可以得到较小的表面粗糙度值，其中副偏角的减小更明显。（　　）

154. 选用正的刃倾角，增大了刀头体积，延长了刀具寿命。（　　）

155. 精加工或半精加工时，希望选取正的刃倾角，使切屑流向待加工表面而不划伤已加工表面。（　　）

156. 切削加工中进给运动可以是一个、两个或多个，甚至没有。（　　）

157. 在刀具的切削部分，切屑流出经过的表面称为后刀面。（　　）

158. 通过切削刃上选定点，并垂直于该点切削速度方向的刀具静止角度参考平面为基面。（　　）

159. 切削用量包括切削速度、进给量和背吃刀量。（　　）

160. 切削用量包括切削速度、进给量和切削温度三要素。（　　）

161. 在计算切削速度的公式中，车外圆时直径是指待加工表面的直径。
（　　）

162. 粗加工时，为保证切削刃有足够的强度，应取较小的前角。　（　　）

163. 在切削加工时，产生振动现象，可以减小主偏角。　（　　）

164. 粗加工、断续切削和承受冲击载荷时，为了保证切削刃的强度，应取较小的前角，甚至负前角。　（　　）

165. 刀具切削刃带负倒棱，主要用于提高切削表面加工质量。　（　　）

166. 平体成形车刀与棱体和圆体成形车刀相比，结构简单、使用方便，且重磨次数最多。
（　　）

167. 切向成形车刀工作时，切削刃是逐渐切入和切离工件的，因此切削力较小，加工质量较高。　（　　）

168. 铣削属断续切削，切削刃受冲击，刀具寿命较短。　（　　）

169. 铲齿铣刀的齿背是用铲齿的方法制成的，刃磨后刀面，可保持切削刃的形状不变。
（　　）

170. 标准麻花钻主切削刃上任意点的半径虽然不同，但螺旋角是相同的。
（　　）

171. 麻花钻在主切削刃上的前角是变化的，靠外缘处前角最大，从外缘到钻心由大逐渐变小。接近横刃处的前角 $\gamma_o = -30°$。　（　　）

172. 铰孔后，一般情况工件直径会比铰刀直径稍大一些，该值称为铰孔扩张量。
（　　）

173. 铰削不通孔时，采用右螺旋槽铰刀，可使切屑向柄部排出。　（　　）

174. 铰刀使用前需经研磨才能满足工件的铰孔精度。　（　　）

175. 挤压丝锥是利用塑性变形原理加工螺纹的，其特点是加工螺纹公差等级高，表面粗糙度小，生产率高，适用于加工各种材料。　（　　）

176. 若用已加工平面定位，一般可采用多个平头支承钉或支承板。　（　　）

177. 在工件的定位中，支承板用于工件以粗基准定位的场合。　（　　）

178. V形块两工作面的夹角越小，工件放得较稳。　（　　）

179. V形块两工作面的夹角越小，定位误差较小。　（　　）

180. 利用工件的外圆柱面定位时，常采用V形块定位。　（　　）

181. 利用工件的内圆柱面定位时，一般采用定位销和圆柱定位心轴来定位。
（　　）

182. 工件以一面两孔定位时，一般采用两个圆柱销作为孔的定位。　（　　）

183. 定位基准需经加工，才能采用V形块定位。　（　　）

184. 可调支承通常用于对毛坯工件的定位。　　　　　　　　（　　）

185. 网纹支承钉，有利于增大摩擦力，常用于水平面定位。　（　　）

186. 当毛坯表面的尺寸误差较大时，采用辅助支承可满足工件位置的要求。
　　　　　　　　　　　　　　　　　　　　　　　　　　　　（　　）

187. 在用螺栓、压板夹紧工件时，螺栓的位置应尽量处于垫块和工件的中间。
　　　　　　　　　　　　　　　　　　　　　　　　　　　　（　　）

188. 压板在工件上的点应尽量远离加工点，以免损坏刀具和压板。（　　）

189. 自调式压板能适应工件高度在一定范围内的变化，使用方便。（　　）

190. 使用机用虎钳装夹工件，切削过程中应使切削力指向活动钳口。
　　　　　　　　　　　　　　　　　　　　　　　　　　　　（　　）

191. 使用机用虎钳装夹工件，切削过程中应使切削力指向固定钳口。
　　　　　　　　　　　　　　　　　　　　　　　　　　　　（　　）

192. 在定位支承板上的支承表面开槽，可增加支承点的数目，以增大工件加工时的刚度。
　　　　　　　　　　　　　　　　　　　　　　　　　　　　（　　）

193. 多件联动夹紧是一个作用力，通过一定的机构实现对几个工件同时进行夹紧。
　　　　　　　　　　　　　　　　　　　　　　　　　　　　（　　）

194. 偏心装置的优点是夹紧动作特别迅速，同时能做较大距离的调节。
　　　　　　　　　　　　　　　　　　　　　　　　　　　　（　　）

195. 精密机用虎钳几何精度较高，适用于坐标镗床、平面磨床和工具磨床等。
　　　　　　　　　　　　　　　　　　　　　　　　　　　　（　　）

196. 可倾机用虎钳只能在垂直方向回转，适用于万能工具铣床、工具磨床等。
　　　　　　　　　　　　　　　　　　　　　　　　　　　　（　　）

197. 顶尖的作用是定中心和承受工件的重量以及刀具作用在工件上的切削力。
　　　　　　　　　　　　　　　　　　　　　　　　　　　　（　　）

198. 轻型回转顶尖适用于低转速、轻负荷的精加工。　　　　（　　）

199. 自定心卡盘的卡爪是单动的，可分别调整，以夹持不规则的工件。
　　　　　　　　　　　　　　　　　　　　　　　　　　　　（　　）

200. 万能回转工作台除能绕立轴回转外，还可使被加工面在90°范围内任意调整。
　　　　　　　　　　　　　　　　　　　　　　　　　　　　（　　）

201. 万能分度头能将圆周分成任意等分，但不能将装夹在顶尖间或卡盘上的工件作任意角度转动。
　　　　　　　　　　　　　　　　　　　　　　　　　　　　（　　）

202. 等分分度头适用于对圆形、正多边形等对称工件作等分分度工作。
　　　　　　　　　　　　　　　　　　　　　　　　　　　　（　　）

203. 应用自紧式钻夹头可以在机床不停机的情况下快速更换刀具。（　　）

204. 强力电磁吸盘不需整流设备，没有因突然断电而引起事故的危险。

（　　）

205. 自定心卡盘能自定中心，夹紧迅速，但夹紧力小，适用于装夹中小型、形状规则的工件。 （　　）

206. 金属在外力作用下，变形量越大，其塑性越好。 （　　）

207. 甲、乙两零件，甲的硬度为 250HBW，乙的硬度为 52HRC，则甲比乙硬。 （　　）

208. 硬度是指金属材料抵抗硬物压入其表面的能力。 （　　）

209. 金属在强大的冲击力作用下，会产生疲劳现象。 （　　）

210. α_k 值越大，表示金属材料的脆性越小。 （　　）

211. ZG200 - 400 是工程用铸钢，200 - 400 表示碳的质量分数为 0. 20% ~ 0. 40% 。 （　　）

212. 45 钢是中碳类的优质碳素结构钢，其碳的质量分数为 0. 45% 。 （　　）

213. 易切削钢由于硬度高，易于制作切削用的刀具。 （　　）

214. 形状复杂、力学性能要求较高、且难以用压力加工方法成形的机架、箱体等到零件，应采用工程用铸钢制造。 （　　）

215. 为了消除部分碳素工具钢组织中存在的网状渗碳体，应采用球化退火。

（　　）

216. 去应力退火的目的是消除铸件、焊接件和切削加工件的内应力。

（　　）

217. 正火与退火的目的大致相同，它们的主要区别是保温时间的长短。

（　　）

218. 在实际生产中，凡碳的质量分数低于 0. 45% 的碳钢，都用正火替代退火。 （　　）

219. 任何钢经淬火后，其性能总是变得硬而脆。 （　　）

220. 淬透性好的钢，淬火后硬度一定很高。 （　　）

221. 回火马氏体是中温回火后的组织。 （　　）

222. 表面淬火用钢一般是中碳钢或中合金钢。 （　　）

223. 38CrMoAlA 常用作需进行渗氮处理的零件。 （　　）

224. 零件经渗碳后，表面即可得到很高的硬度及良好的耐磨性。 （　　）

225. 金属材料中，60Si2Mn 是常用的合金弹簧钢。 （　　）

226. 滚动轴承钢是制造滚动轴承套圈、滚动体的专用钢，不宜制作其他零件或工具。 （　　）

227. 冷冲模具工作时受冲击和摩擦，所以应用低合金钢来制造。 （　　）

228. 合金工具钢的硬度、耐磨性高，则耐热性也一定好。　　　　　（　　）

229. 可锻铸铁是由灰铸铁经可锻化退火后获得的。　　　　　　　（　　）

230. 铁素体可锻铸铁具有较好的塑性及韧性，因此，它是可以锻造的。

　　　　　　　　　　　　　　　　　　　　　　　　　　　　（　　）

231. 球墨铸铁中石墨形状呈团絮状。　　　　　　　　　　　　　（　　）

232. 球墨铸铁是常用铸铁中力学性能最好的一种铸铁。　　　　　（　　）

233. 铸造铝合金的铸造性好，但一般塑性较差，不宜进行压力加工。

　　　　　　　　　　　　　　　　　　　　　　　　　　　　（　　）

234. 锡青铜是铜锡合金，而铝青铜是铜铝合金。　　　　　　　　（　　）

235. 黄铜是铜铝合金。　　　　　　　　　　　　　　　　　　　（　　）

二、选择题

1. 允许尺寸变化的两个界限值称为（　　）。

A. 基本尺寸　　　　B. 实际尺寸　　　　C. 极限尺寸　　　　D. 限制尺寸

2. 尺寸偏差是（　　）。

A. 算术值　　　　B. 绝对值　　　　C. 代数差　　　　D. 代数和

3. 下极限尺寸减其基本尺寸所得的代数差叫（　　）。

A. 上极限偏差　　B. 下极限偏差　　C. 实际偏差　　　D. 基本偏差

4. 尺寸公差是（　　）。

A. 绝对值　　　　B. 正值　　　　C. 负值　　　　D. 正负值

5. 可能具有间隙或过盈的配合称为（　　）配合。

A. 间隙　　　　B. 过渡　　　　C. 过盈　　　　D. 过渡或过盈

6. 基本偏差为 a ~ h 的轴与 H 孔可构成（　　）配合。

A. 间隙　　　　B. 过渡　　　　C. 过盈　　　　D. 过渡或过盈

7. 基本偏差为 j ~ zc 的轴与 H 孔可构成（　　）配合。

A. 间隙　　　　B. 过渡　　　　C. 过渡或过盈　　　D. 过盈

8. 与标准件相配合时应选用（　　）。

A. 基孔制　　　　　　　　　　　　B. 基轴制

C. 以标准件为准的基准制　　　　　D. 三种均可

9. 在公差等级高于 IT8 级的配合中，孔与轴的公差等级应（　　）。

A. 相同　　　　　　　　　　　　　B. 孔比轴高一个公差等级

C. 孔比轴低一个公差等级　　　　　D. 不确定

10. 以特定单位表示线性尺寸的数值称为（　　）。

A. 基本尺寸　　　　B. 实际尺寸　　　　C. 极限尺寸　　　　D. 尺寸

11. 通过它应用上、下极限偏差可算出极限尺寸的尺寸称为（　　）。

A. 基本尺寸　　　　B. 实际尺寸　　　　C. 实体尺寸　　　　D. 理想尺寸

12. 基本尺寸一般指（　　　）。

A. 设计尺寸　　　　B. 实际尺寸　　　　C. 实体尺寸　　　　D. 理想尺寸

13. 通过测量后获得的某一孔、轴的尺寸称为（　　　）。

A. 设计尺寸　　　　B. 实际尺寸　　　　C. 实体尺寸　　　　D. 理想尺寸

14. 一个孔或轴允许的尺寸的两个极端称为（　　　）。

A. 设计尺寸　　　　B. 极限尺寸　　　　C. 实体尺寸　　　　D. 理想尺寸

15. 上极限尺寸减其基本尺寸所得的代数差叫（　　　）。

A. 上极限偏差　　　B. 下极限偏差　　　C. 实际偏差　　　　D. 基本偏差

16. （　　　）是上极限尺寸减下极限尺寸之差。

A. 上极限偏差　　　B. 下极限偏差　　　C. 实际偏差　　　　D. 尺寸公差

17. 在国家标准中用表格列出的，用以确定公差带大小的任一公差称为（　　　）。

A. 标准公差　　　　B. 等级公差　　　　C. 实际公差　　　　D. 尺寸公差

18. 标准公差代号用（　　　）表示。

A. IT　　　　　　　B. ES　　　　　　　C. EI　　　　　　　D. GB

19. 国家标准将标准公差等级分为20级，其中（　　　）级最高。

A. IT00　　　　　　B. IT01　　　　　　C. IT0　　　　　　D. IT1

20. 国家标准规定的基本偏差用（　　　）表示。

A. 拉丁字母　　　　B. 英文字母　　　　C. 希腊字母　　　　D. 汉语拼音

21. 基本偏差用来确定公差带相对零线的（　　　）。

A. 位置　　　　　　B. 大小　　　　　　C. 方向　　　　　　D. 偏离程度

22. 现行国家标准中共有（　　　）个公差等级。

A. 15　　　　　　　B. 18　　　　　　　C. 20　　　　　　　D. 25

23. 在基本偏差中，（　　　）为完全对称偏差。

A. H 和 h　　　　　B. JS 和 js　　　　　C. G 和 g　　　　　D. K 和 k

24. 位置度公差属于（　　　）。

A. 形状公差　　　　B. 位置公差　　　　C. 方向公差　　　　D. 跳动公差

25. 全跳动公差属于（　　　）。

A. 形状公差　　　　B. 位置公差　　　　C. 方向公差　　　　D. 跳动公差

26. 垂直度公差属于（　　　）。

A. 形状公差　　　　B. 位置公差　　　　C. 方向公差　　　　D. 跳动公差

27. 直线度公差是指实际被测要素对理想直线的（　　　）。

A. 允许变动量　　　B. 符合程度　　　　C. 偏离程度　　　　D. 拟合程度

28. 同要素的圆度公差比尺寸公差（　　　）。

A. 小　　　　　　B. 大　　　　　　C. 相等　　　　　　D. 都可以

29. 当几何公差带为圆形或圆柱形时，公差值前面加（　　）。

A. "φ"　　　　　B. "S"　　　　　C. "R"　　　　　D. "Sφ"

30. 当几何公差带为球形时，公差值前面加（　　）。

A. "φ"　　　　　B. "S"　　　　　C. "R"　　　　　D. "Sφ"

31. 平面度公差带形状为（　　）。

A. 两平行直线　　B. 两平行平面　　C. 两平行曲面　　D. 两同轴圆柱体

32. 圆柱度公差带形状为（　　）。

A. 两同心圆　　　B. 一个圆　　　　C. 一个圆柱　　　D. 两同轴圆柱体

33. 线对线垂直度公差带形状为（　　）。

A. 两平行直线　　B. 两平行平面　　C. 两平行曲面　　D. 两同轴圆柱体

34. 构成零件几何特征的点、线和面统称为（　　）。

A. 要素　　　　　B. 要素值　　　　C. 图形　　　　　D. 图样

35. 几何公差共有（　　）个项目。

A. 12　　　　　　B. 14　　　　　　C. 16　　　　　　D. 19

36. 圆柱度公差属于（　　）。

A. 形状公差　　　B. 位置公差　　　C. 方向公差　　　D. 跳动公差

37. 直线度公差属于位置（　　）。

A. 形状公差　　　B. 位置公差　　　C. 方向公差　　　D. 跳动公差

38. 延伸公差带的符号为（　　）。

A. L　　　　　　B. P　　　　　　C. M　　　　　　D. E

39. 给出了形状或位置公差的点、线、面称为（　　）要素。

A. 理想　　　　　B. 被测　　　　　C. 基准　　　　　D. 实际

40. 方向公差包括（　　）个项目。

A. 3　　　　　　B. 5　　　　　　C. 8　　　　　　D. 10

41. 同轴度公差属于（　　）。

A. 形状公差　　　B. 位置公差　　　C. 定向公差　　　D. 跳动公差

42. 在图样上几何公差框格应该（　　）放置。

A. 垂直　　　　　B. 倾斜　　　　　C. 水平　　　　　D. 垂直或水平

43. 基准代号不管处于什么方向，方框内字母应（　　）书写。

A. 垂直　　　　　B. 倾斜　　　　　C. 水平　　　　　D. 任意

44. 圆柱体轴线的直线度公差带形状为（　　）。

A. 两平行直线　　B. 一个圆柱　　　C. 两平行平面　　D. 两同轴圆柱体

45. 对称度公差带形状为（　　）。

A. 两平行平面　　B. 两同心圆　　　C. 两同轴圆柱体　D. 两平行直线

46. 平行度公差属于（　　）。

A. 形状公差　　　　B. 位置公差　　　　C. 方向公差　　　　D. 跳动公差

47. 平面度公差属于（　　）。

A. 形状公差　　　　B. 位置公差　　　　C. 定向公差　　　　D. 跳动公差

48. 几何公差带形状有（　　）种。

A. 6　　　　　　　　B. 8　　　　　　　　C. 9　　　　　　　　D. 10

49. 圆度公差带形状为（　　）。

A. 两同心圆　　　　B. 一个圆　　　　　　C. 圆柱　　　　　　D. 两同轴圆柱体

50. 球心的位置度公差带的形状为（　　）。

A. 两同心球　　　　B. 一个球　　　　　　C. 圆柱　　　　　　D. 一个圆

51. 表面形状波距（　　）1mm 的属于表面粗糙度范围。

A. 大于　　　　　　B. 等于　　　　　　　C. 小于　　　　　　D. 不大于

52. 在过盈配合中，表面粗糙，实际过盈量（　　）。

A. 减小　　　　　　B. 不变　　　　　　　C. 稍增大　　　　　D. 增大很多

53. 国家标准推荐一个评定长度一般要取（　　）个取样长度。

A. 4　　　　　　　　B. 5　　　　　　　　C. 6　　　　　　　　D. 8

54. 在表面粗糙度基本评定参数中，标准优先选用（　　）。

A. Ry　　　　　　B. Rz　　　　　　　C. Rl　　　　　　D. Ra

55. 表面粗糙度评定参数中，轮廓算术平均偏差代号用（　　）表示。

A. Ry　　　　　　B. Rz　　　　　　　C. Rl　　　　　　D. Ra

56. 表面粗糙度代号标注中，用（　　）参数时可不标明参数代号。

A. Ry　　　　　　B. Ra　　　　　　　C. Rl　　　　　　D. Rz

57. 加工表面上具有的较小的间距和峰谷所组成的（　　）几何形状误差称为表面粗糙度。

A. 微观　　　　　　B. 宏观　　　　　　　C. 粗糙度　　　　　D. 中观

58. 在工厂车间中，常用与（　　）相比较的方法来检验零件的表面粗糙度。

A. 国家标准　　　　　　　　　　　　　　　B. 量块

C. 表面粗糙度样板　　　　　　　　　　　　D. 光学干涉仪

59. 表面粗糙度评定参数中，轮廓最大高度代号用（　　）表示。

A. Ry　　　　　　B. Rz　　　　　　　C. Rl　　　　　　D. Ra

60. 轮廓最大高度 Rz 表示在取样长度内轮廓峰顶线和（　　）之间的距离。

A. 轮廓谷底线　　　B. 基准线　　　　　　C. 峰底线　　　　　D. 谷顶线

61. 在零件表面上，波距（　　）的属于表面粗糙度范围。

A. 小于 1mm　　　　B. 1～10mm　　　　　C. 10～20mm　　　　D. 大于 20mm

62. 表面形状波距小于1mm的属于（   ）范围。

A. 表面波纹度   B. 形状误差   C. 表面粗糙度   D. 表面不平度

63. 表面粗糙度高度参数值单位是（   ）。

A. mm   B. sm   C. μm   D. nm

64. 关于表面粗糙度基本符号的解释，下列说法正确的是（   ）。

A. 表面可用任何方法获得   B. 表面是用去除材料的方法获得

C. 表面是用不去除材料的方法获得   D. 表面是用车削材料的方法获得

65. 关于表面粗糙度基本符号加一短线的解释，下列说法正确的是（   ）。

A. 表面可用任何方法获得   B. 表面是用去除材料的方法获得

C. 表面是用不去除材料的方法获得   D. 表面是用车削材料的方法获得

66. 表面是用去除材料的方法获得，其表面粗糙度标注方法应为（   ）。

A. 在基本符号加一短线   B. 在基本符号加二短线

C. 在基本符号加一小圆   D. 在基本符号加二小圆

67. 表面是可用任何方法获得，其表面粗糙度标注方法应为（   ）。

A. 在基本符号加一短线   B. 在基本符号加二短线

C. 在基本符号加一小圆   D. 基本符号

68. 在零件表面上，波距（   ）的属于表面波纹度范围。

A. 小于1mm   B. 1～10mm   C. 10～20mm   D. 大于20mm

69. 表面形状波距在1～10mm的属于（   ）范围。

A. 表面波纹度   B. 形状误差   C. 表面粗糙度   D. 公差

70. 表面形状波距大于10mm的属于（   ）范围。

A. 表面波纹度   B. 形状误差   C. 表面粗糙度   D. 公差

71. 齿轮传动属于（   ）传动。

A. 机械   B. 液压   C. 电气   D. 混合

72. 传载能力最强的是（   ）传动。

A. V带   B. 平带   C. 圆带   D. 齿带

73. 摩擦型带传动应用最广泛的传动类型是（   ）传动。

A. 开口   B. 交叉   C. 半交叉   D. 平口

74. V带传动的工作面是（   ）。

A. 顶面   B. 底面   C. 侧面   D. 平口

75. 不具有过载保护作用的带传动是（   ）传动。

A. V带   B. 同步带   C. 平带   D. 圆带

76. 没有弹性滑动的带传动是（   ）传动。

A. V带   B. 圆带   C. 同步带   D. 平带

77. 传动比比较准确的带传动是（   ）传动。

A. 同步带 　　　　B. 平带 　　　　C. V 带 　　　　D. 圆带

78. 不会打滑的带传动是（　　）传动。

A. 圆带 　　　　B. 同步带 　　　　C. V 带 　　　　D. 平带

79. 不能用于交叉传动的带传动是（　　）传动。

A. V 带 　　　　B. 圆带 　　　　C. 同步带 　　　　D. 平带

80. 机械传动中应用最广的带传动是（　　）传动。

A. V 带 　　　　B. 圆带 　　　　C. 同步带 　　　　D. 平带

81. 链传动的两轴线必须是（　　）。

A. 平行的 　　　　B. 交叉的 　　　　C. 半交叉的 　　　　D. 垂直

82. 适用于较远中心距传动的传动类型是（　　）传动。

A. 齿轮 　　　　B. 螺旋 　　　　C. 链 　　　　D. 带

83. 传动比最为准确的传动类型是（　　）传动。

A. 带 　　　　B. 链 　　　　C. 齿轮 　　　　D. 螺旋

84. 传动平稳性较差的传动类型是（　　）传动。

A. 链 　　　　B. 带 　　　　C. 螺旋 　　　　D. 齿轮

85. 链节距越大，则传动的平稳性就（　　）。

A. 越好 　　　　B. 越差 　　　　C. 没有影响 　　　　D. 不确定

86. 链节距越小，则传动的承载能力就（　　）。

A. 越大 　　　　B. 越小 　　　　C. 没有影响 　　　　D. 不确定

87. 与滚子链相比，齿形链的优点是（　　）。

A. 结构简单 　　B. 价格便宜 　　C. 传动比较平稳 　　D. 可靠

88. 传动效率最高的是（　　）传动。

A. 带 　　　　B. 链 　　　　C. 齿轮 　　　　D. 螺旋

89. 机械传动中应用最广的是（　　）传动。

A. 链 　　　　B. 螺旋 　　　　C. 齿轮 　　　　D. 带

90. 不适合用于远距离传动的是（　　）传动。

A. 带 　　　　B. 链 　　　　C. 齿轮 　　　　D. 混合

91. 常用于两轴相交的齿轮传动是（　　）传动。

A. 直齿圆柱齿轮 　B. 锥齿轮 　　C. 斜齿圆柱齿轮 　D. 斜齿齿条

92. 可将回转运动转变为直线运动的齿轮传动是（　　）传动。

A. 圆柱齿轮 　　B. 锥齿轮 　　C. 齿轮齿条 　　D. 斜齿齿条

93. 重要的齿轮传动可采用（　　）传动。

A. 开式 　　　　B. 闭式 　　　　C. 半开式 　　　　D. 半闭

94. 建筑搅拌机上的齿轮传动一般采用（　　）传动。

A. 开式 　　　　B. 半开式 　　　　C. 闭式 　　　　D. 半闭

95. 机床工作台进给传动机构使用的螺旋传动类型是（　　）。

A. 传力螺旋　　　B. 传动螺旋　　　C. 调整螺旋　　　D. 混合螺旋

96. 螺旋千斤顶属于（　　）螺旋。

A. 传力　　　　　B. 传动　　　　　C. 调整　　　　　D. 混合

97. 滚动螺旋的特点是（　　）。

A. 结构简单　　　B. 传动效率高　　C. 运动不可逆　　D. 运动可逆

98. 滑动螺旋的特点是（　　）。

A. 自锁性好　　　　　　　　　　　B. 可以变直线运动为回转运动

C. 结构复杂　　　　　　　　　　　D. 结构简单

99. 数控机床的进给机构一般采用（　　）螺旋。

A. 滚动　　　　　B. 滑动　　　　　C. 滚动或滑动　　D. 其他

100. 传动平稳、传动精度高、承载能力强的机械传动是（　　）传动。

A. 链传动　　　　B. 带传动　　　　C. 螺旋传动　　　D. 齿轮传动

101. 切削脆性金属材料时，形成（　　）切屑。

A. 带状　　　　　B. 节状　　　　　C. 粒状　　　　　D. 崩碎

102. 切削塑性较大的金属材料时，形成（　　）切屑。

A. 带状　　　　　B. 节状　　　　　C. 粒状　　　　　D. 崩碎

103. 切削金属过程中，切屑变形的收缩率＝切削长度/（　　）。

A. 切屑长度　　　B. 切屑厚度　　　C. 切屑宽度　　　D. 背吃刀量

104. 切削金属过程中，切屑变形的收缩率＝切屑厚度/（　　）。

A. 切屑长度　　　B. 切削长度　　　C. 切屑宽度　　　D. 背吃刀量

105. 当积屑瘤增大到突出于切削刃之外时，就改变了原来的（　　）。

A. 切削速度　　　　　　　　　　　B. 背吃刀量

C. 进给量　　　　　　　　　　　　D. 刀具后面的几何形状

106. 关于积屑瘤对切削加工的影响，下列说法不正确的是（　　）。

A. 容易引起振动　　　　　　　　　B. 会使切削刃形状发生改变

C. 表面粗糙度值减小　　　　　　　D. 可以增大刀具前角

107. 在切削过程中，金属冷硬层的（　　）显著提高。

A. 强度　　　　　B. 硬度　　　　　C. 疲劳强度　　　D. 塑性

108. 在切削过程中，（　　）能使金属冷硬层深度减小。

A. 增大背吃刀量　　　　　　　　　B. 增大刀尖圆弧半径

C. 钝的切刀　　　　　　　　　　　D. 增大切削速度

109. 在切削高温的作用下，刀具切削刃的（　　）就会降低，甚至失去它的切削性能。

A. 强度　　　　　B. 硬度　　　　　C. 韧度　　　　　D. 耐热性

110. 关于切削热对刀具的影响，下列说法不正确的是（　　）。

A. 提高刀具的耐热性 B. 降低刀具的切削效率

C. 影响刀具的寿命 D. 加快刀具的磨损

111. 在高温下能够保持刀具材料切削性能的特性称为（　　）。

A. 硬度 B. 耐热性 C. 耐磨性 D. 强度

112. 金属切削刀具切削部分的材料应具备（　　）要求。

A. 高硬度、高耐磨性、高耐热性 B. 足够的强度与韧性

C. 良好的工艺性 D. A、B、C 都包括

113. 刀具切削部分的常用材料中，耐热性最好的是（　　）。

A. 碳素工具钢 B. 合金工具钢 C. 高速钢 D. 硬质合金

114. 一般硬质合金刀具能保持良好的切削性能的温度范围是（　　）。

A. 300 ~ 460℃ B. 550 ~ 620℃ C. 800 ~ 1000℃ D. 1000 ~ 1200℃

115. 在切削过程中，工件与刀具的相对运动称为（　　）。

A. 进给运动 B. 主运动 C. 合成运动 D. 切削运动

116. 在切削加工中，（　　）主运动，它可由工件完成，也可以由刀具完成。

A. 只有一个 B. 可以有二个 C. 可以有三个 D. 可以有多个

117. 在刀具的切削部分，切屑流出经过的表面称为（　　）。

A. 前刀面 B. 后刀面 C. 副前刀面 D. 副后刀面

118. 在刀具的切削部分，（　　）担负主要的切削工作。

A. 主切削刃 B. 副切削刃 C. 刀尖 D. 前刀面

119. 主切削刃在基面上的投影与进给运动方向之间的夹角称为（　　）。

A. 前角 B. 后角 C. 主偏角 D. 刃倾角

120. 在正交平面内，（　　）之和等于90°。

A. 前角、后角、刀尖角 B. 前角、后角、楔角

C. 主偏角、副偏角、刀尖角 D. 主偏角、副偏角、楔角

121. 在计算切削速度的公式中，车外圆时直径是指（　　）的直径。

A. 待加工表面 B. 过渡表面

C. 已加工表面 D. 过渡表面中点处

122. 背吃刀量一般指工件上（　　）间的垂直距离。

A. 待加工表面和过渡表面 B. 过渡表面和已加工表面

C. 已加工表面和待加工表面 D. 过渡表面中点和已加工表面

123. （　　）主要用来加工工件的外圆柱、外圆锥等。

A. 外圆车刀 B. 端面车刀 C. 切断车刀 D. 内孔车刀

124. 当车刀的主偏角等于（　　）时，可加工端面和倒角。

A. 45°　　　　　B. 60°　　　　　C. 75°　　　　　D. 90°

125. 键槽铣刀外形似（　　）。

A. 立铣刀　　　　B. 模具铣刀　　　　C. 面铣刀　　　　D. 鼓形铣刀

126. 在立铣床上加工较大平面时，一般选用（　　）。

A. 圆柱形铣刀　　B. 面铣刀　　　　C. 立铣刀　　　　D. 三面刃铣刀

127. 整体圆柱铰刀引导部分，在工作部分前端，呈（　　）倒角，其作用是便于铰刀开始铰削时放入孔中，并保护切削刃。

A. 10°　　　　　B. 20°　　　　　C. 30°　　　　　D. 45°

128. YT15 表示其中含（　　）为 15%，牌号中数字越大，其硬度越高，更适用于精加工。

A. 碳化钛　　　　B. 碳化钨　　　　C. 金属钴　　　　D. 碳化钴

129. 一般高速钢刀具能保持良好的切削性能的温度范围是（　　）。

A. 300 ~ 460℃　B. 550 ~ 620℃　C. 850 ~ 990℃　D. 1000 ~ 1200℃

130. 制造形状较复杂，公差等级较高的刀具应该选用的材料是（　　）。

A. 高速钢　　　　B. 合金工具　　　C. 硬质合金　　　D. 碳素工具钢

131. 钨钴类硬质合金常用来切削铸铁，当切削条件不平稳，冲击振动较大时，应选用含（　　）的牌号。

A. Co 较多　　　B. Co 较少　　　C. TiC 较多　　　D. WC 较多

132. 在正交平面中，前刀面与基面之间的夹角称为（　　）。

A. 前角　　　　　B. 后角　　　　　C. 主偏角　　　　D. 刃倾角

133. 在切削平面中，主切削刃与基面之间的夹角称为（　　）。

A. 前角　　　　　B. 后角　　　　　C. 主偏角　　　　D. 刃倾角

134. 当过渡刃与进给方向平行，此时偏角 $\kappa'_{re} = 0°$，该过渡刃称为（　　）。

A. 修光刃　　　　B. 后角消振棱刃　C. 锋刃　　　　　D. 切削刃

135. 切断刀、车槽刀和锯片铣刀等，由于受刀头强度的限制，副后角 α'_o 应取（　　）。

A. 较大　　　　　B. 一般　　　　　C. 较小　　　　　D. 不确定

136. 标准麻花钻的顶角 2ϕ =（　　）。

A. 90°　　　　　B. 160°　　　　　C. 118°　　　　　D. 180°

137. 钻头的横刃太长时，钻削时的轴向力增大，所以一般横刃斜角取（　　）。

A. 65°　　　　　B. 55°　　　　　C. 45°　　　　　D. 60°

138. （　　）成形车刀重磨次数最多，寿命长，可加工内外成形表面。

A. 平体　　　　　B. 棱体　　　　　C. 圆形　　　　　D. 方形

139. 铰削薄壁韧性材料或用硬质合金铰刀铰孔时，铰孔后的孔径与铰刀直径相比，会产生（　　）。

  A. 收缩量   B. 扩张量   C. 尺寸不变   D. 不确定

140. 丝锥加工通孔右旋螺纹，为避免切屑挤塞，保证加工质量，采用（　　）。

  A. 左旋槽   B. 右旋槽   C. 直槽   D. 通槽

141. 工件采用（　　）定位，有利于增大摩擦力。

  A. 球头钉   B. 尖头钉   C. 网纹钉   D. 平头钉

142. 若用已加工平面定位，一般可采用多个（　　）或支承板。

  A. 球头钉   B. 尖头钉   C. 网纹钉   D. 平头钉

143. 若用已加工平面定位，一般可采用多个平头钉或（　　）。

  A. 支承板   B. V 形块   C. 定位销   D. 定位套

144. 工件以平面定位时，适用于已加工平面定位的支承钉元件是（　　）。

  A. 球头钉   B. 尖头钉   C. 网纹钉   D. 平头钉

145. 工件以毛坯平面定位，当毛坯表面的尺寸误差较大时，应选（　　）以满足工件不同位置的要求。

  A. 球头钉   B. 尖头钉   C. 网纹钉   D. 可调支承钉

146. V 形块两工作面的夹角，以（　　）应用最广。

  A. 60°   B. 90°   C. 100°   D. 120°

147. V 形块两工作面的夹角，一般采用（　　）。

  A. 60°   B. 90°   C. 120°   D. 150°

148. 当工件以"一面两孔"作定位基准，所用的定位元件应是（　　）和一个支承板。

  A. 两个短圆柱销   B. 两短圆锥销

  C. 一个短圆柱销和一个削边销 D. 一个短圆锥销和一个削边销

149. 用"一面两销"定位，两销指的是（　　）。

  A. 两个短圆柱销   B. 短圆柱销和短圆锥销

  C. 短圆柱销和削边销   D. 短圆锥销和削边销

150. 当毛坯表面的尺寸误差较大时，采用（　　）可满足工件位置的要求。

  A. 可调支承 B. 平头支承钉 C. 支承板 D. 辅助支承

151. 工件采用心轴定位时，定位基准面是（　　）。

  A. 心轴外圆柱面 B. 工件内圆柱面 C. 心轴中心线 D. 工件孔中心线

152. 套类零件以心轴定位车削外圆时，其定位基准面是（　　）。

  A. 心轴外圆柱面 B. 工件内圆柱面 C. 心轴中心线 D. 工件孔中心线

153. 轴类零件以 V 形架定位时，其定位基准面是（　　）。

  A. V 形架两斜面   B. 工件外圆柱面

C. V 形架对称中心线　　　　　　　D. 工件轴中心线

154. 工件以平面为定位基准，可采用（　　）定位元件定位。

A. 支承板　　　　B. V 形块　　　　C. 定位销　　　　D. 定位套

155. 工件以外圆柱面为定位基准，可采用（　　）定位元件定位。

A. 支承板　　　　B. V 形块　　　　C. 定位销　　　　D. 定位套

156. 工件以内圆柱面为定位基准，可采用（　　）定位元件定位。

A. 支承板　　　　B. V 形块　　　　C. 定位销　　　　D. 定位套

157. 用压板夹紧工件时，为增大夹紧力，可将螺栓（　　）。

A. 远离工件　　　B. 靠近工件　　　C. 处于压板中间　D. 处于任意位置

158. 用压板夹紧工件时，垫块的高度应（　　）工件。

A. 稍低于　　　　B. 稍高于　　　　C. 等于　　　　　D. 尽量多高于

159. 用机用虎钳装夹工件铣削平行面，基准面应与（　　）贴合或平行。

A. 固定钳口　　　B. 虎钳导轨顶面　C. 活动钳口　　　D. 虎钳导轨侧面

160. 用机用虎钳装夹工件粗铣平面，应使切削分力指向（　　）。

A. 底座　　　　　　　　　　　　　B. 活动钳口

C. 固定钳口　　　　　　　　　　　D. 与钳口平行方向

161. （　　）适用于大中型卧式车床、外圆磨床等。

A. 自定心卡盘　　B. 单动卡盘　　　C. 电动自定心卡盘D. 动力卡盘

162. （　　）适用于各种车床、铣床和普通精度的磨床等。

A. 自定心卡盘　　B. 单动卡盘　　　C. 电动自定心卡盘D. 动力卡盘

163. 常用的夹紧机构中，自锁性能最可靠的是（　　）。

A. 斜楔　　　　　B. 螺旋　　　　　C. 偏心　　　　　D. 铰链

164. （　　）夹紧速度快、省力，适用于成批和单件生产。

A. 普通机用虎钳　　　　　　　　　B. 精密机用虎钳

C. 可倾机用虎钳　　　　　　　　　D. 快速夹紧机用虎钳

165. （　　）是采用偏心结构夹紧工件。

A. 普通机用虎钳　　　　　　　　　B. 精密机用虎钳

C. 可倾机用虎钳　　　　　　　　　D. 快速夹紧机用虎钳

166. （　　）夹紧工件精度最高。

A. 精密机用虎钳　　　　　　　　　B. 快速夹紧机用虎钳

C. 可倾机用虎钳　　　　　　　　　D. 普通机用虎钳

167. （　　）主要用于加工管套类零件，可承受较高的负荷。

A. 轻型回转顶尖　　　　　　　　　B. 中型回转顶尖

C. 伞型回转顶尖　　　　　　　　　D. 插入式回转顶尖

168. 插入式回转顶尖带有（　　）形状不同的顶尖插头，可供不同形状的工件来作选择。

A. 3 个   B. 5 个   C. 7 个   D. 8 个

169. （   ）不需使用扳手夹紧，夹紧力随切削力的增加而增加，刀具不致打滑。

A. 快速钻夹头   B. 自紧式钻夹头

C. 扳手夹紧式三爪钻夹头   D. 自锁式扳手钻夹头

170. XD250A 强力电磁吸盘的吸力（   ）。

A. ≥1.8MPa   B. ≥0.6MPa   C. ≥1MPa   D. ≥1.2MPa

171. 抗拉强度的符号为（   ）。

A. σ_b B. σ_s C. σ_{-1} D. σ

172. 用锥顶角为 120°的金刚石作压头的硬度试验，属于洛氏硬度试验。目前广泛使用的是 C 标尺，其标记代号为（   ）。

A. HRA   B. HRB   C. HRC   D. HBW

173. 布氏硬度与洛氏硬度是可以换算的。在常用范围内，布氏硬度近似等于洛氏硬度值的（   ）。

A. 5 倍   B. 10 倍   C. 20 倍   D. 50 倍

174. 使金属引起疲劳的是（   ）载荷。

A. 静   B. 动   C. 冲击   D. 交变

175. 疲劳强度的符号为（   ）。

A. σ_b B. σ_s C. σ_{-1} D. σ

176. 优质碳素结构钢的钢号由两位数字构成，数字表示钢的平均碳的质量分数的（   ）。

A. 十分之几   B. 百分之几   C. 千分之几   D. 万分之几

177. 小弹簧选用（   ）钢较合适。

A. 08F   B. 65Mn   C. 45   D. T8

178. 锉刀应选择（   ）较合适。

A. T8   B. T10   C. T12A   D. T14

179. 为了改善 50 钢的车轮毛坯的切削加工性能，以及消除内应力，应选用（   ）较合适。

A. 完全退火   B. 球化退火   C. 去应力退火   D. 正火

180. 滚动轴承钢可采用（   ）作为预先热处理。

A. 完全退火   B. 球化退火   C. 去应力退火   D. 正火

181. 在实际生产中，对使用性能要求不高的工件，常用（   ）代替调质。

A. 完全退火   B. 球化退火   C. 去应力退火   D. 正火

182. 在实际生产中，过共析钢常用（   ）来消除网状渗碳体，给球化退火作组织上的准备。

  A. 回火   B. 淬火   C. 去应力退火 D. 正火

183. T10A 钢刮刀，要求硬度为 60HRC，应采用（ ）方法。

  A. 淬火 + 低温回火   B. 淬火 + 中温回火

  C. 淬火 + 高温回火   D. 调质 + 高温回火

184. 调质钢的热处理工艺常采用（ ）。

  A. 淬火 + 低温回火   B. 淬火 + 中温回火

  C. 淬火 + 高温回火   D. 调质 + 高温回火

185. 为了使淬火工件的表面耐磨，表面淬火用钢，其碳的质量分数应大于（ ）。

  A. 0.3%   B. 0.5%   C. 0.8%   D. 1.2%

186. 表面淬火后，工件的表层获得硬而耐磨的（ ）组织，而心部仍保持原来的韧性较好的组织。

  A. 索氏体   B. 马氏体   C. 屈氏体   D. 托氏体

187. 目前使用最广泛的氮化钢为（ ）。

  A. 45   B. 65Mn   C. 38CrMoAlA D. T8

188. 汽车变速箱齿轮应选用（ ）制造。

  A. 合金渗碳钢 B. 合金调质钢 C. 合金弹簧钢 D. 滚动轴承钢

189. 金属材料中，GCr15 是常用的（ ）。

  A. 合金渗碳钢 B. 合金调质钢 C. 合金弹簧钢 D. 滚动轴承钢

190. 9SiCr 是合金（ ）钢，其中 w [C] 约为 0.9%。

  A. 结构   B. 工具   C. 渗碳   D. 弹簧

191. 对于形状复杂，要求高精度、高耐磨性的模具则选用（ ）和 Cr12MoV 等来制造。

  A. Cr12   B. 9SiCr   C. GCr15   D. 60Si2Mn

192. HT200 是灰铸铁的牌号，牌号中数字 200 表示（ ）不低于 200N/mm²。

  A. 屈服强度 B. 抗拉强度 C. 疲劳强度 D. 抗弯强度

193. 制造机床的床身时，其材料应选用（ ）。

  A. 可锻铸铁 B. 灰铸铁   C. 球墨铸铁 D. 白口铸铁

194. 可锻铸铁是由（ ）的零件毛坯，经可锻化退火处理后获得的。

  A. 灰铸铁   B. 球墨铸铁 C. 白口铸铁 D. 蠕墨铸铁

195. 铁素体可锻铸铁的牌号用（ ）及其后面两组数字表示。

  A. HT   B. KTH   C. KTZ   D. QT

196. QT400 - 15 是球墨铸铁的牌号，其中 400 表示抗拉强度不低于 400N/

mm^2，15 表示（　　）不小于 15%。

 A. 断后伸长率 B. 断面收缩率 C. 疲劳强度 D. 抗弯强度

197. 变形铝合金中，不能由热处理强化的是（　　）。

 A. 硬铝   B. 锻铝   C. 防锈铝   D. 超硬铝

198. 制造飞机起落架和大梁等承载零件，可选用（　　）。

 A. 防锈铝合金 B. 硬铝合金 C. 超硬铝合金 D. 锻造铝合金

199. H62 是（　　）牌号，它表示内部铜的质量分数为 62%。

 A. 普通黄铜 B. 铍青铜   C. 锡青铜   D. 铝青铜

200. 黄铜是（　　）合金。

 A. 铜锡   B. 铜铝   C. 铜锌   D. 铜铍

三、简答题

1. 公差带的位置是由什么决定的？

2. 国家标准将公差等级分为多少级？它们是怎样排列的？

3. 配合有几种基准制？它们各有什么不同？

4. 理想要素与实际要素有什么区别？

5. 线轮廓度公差与面轮廓度公差有何不同？

6. 产品零件在加工中为什么在满足尺寸公差的同时还必须满足几何公差？

7. 表面粗糙度与形状误差有何区别？

8. 为什么设计零件时要提出表面粗糙度的要求？

9. 表面粗糙度对机械零件的使用性能有何影响？

10. 在零件的同一表面上通常有几种误差？

11. 传动装置的作用是什么？现代工业中主要应用哪些传动方式？

12. 简述带传动的特点和适用的场合。

13. 链传动有哪些特点？适合用在什么地方？

14. 在各类机械传动中，为什么齿轮传动应用最为广泛？

15. 比较滑动螺旋和滚动螺旋在工作性能上的主要区别。

16. 刀具切削部分的材料必须具备哪些性能要求？

17. 叙述刃倾角对切削性能的影响。

18. 试述车刀的种类。

19. 标准麻花钻在刃磨后角时，将主切削刃上各点的后角磨成外缘处小，接近中心处大，有什么好处？

20. 简述铰刀的齿数对切削加工的影响，与刀齿分布的形式。

21. 试述丝锥的种类。

22. 常用的夹紧装置有哪些？

23. 试述万能分度头的应用场合。

24. 试述回转工作台的种类。

25. 试述卡盘的种类及其应用场合。

26. 什么叫强度？常用的强度指标有哪些？写出相应的计算公式？

27. 金属的工艺性能包括哪些内容？

28. 普通、优质、高级优质碳素钢是如何划分的？

29. 什么是钢的热处理？热处理的基本方法有哪几种？

30. 常用的淬火方法有哪些？并说明单液淬火方法的优缺点．

31. 高速工具钢的主要特点是什么？

32. 化学成分和冷却速度对铸件石墨化和基体组织有何影响？

33. 为什么一般机器的支架、机床的床身常用灰铸铁制造？

四、计算题

1. 已知公称尺寸为 $\phi20mm$ 的孔，其上极限尺寸为 $\phi20.011mm$，下极限尺寸为 $\phi20mm$，试求其上、下极限偏差和公差各为多少？

2. 已知公称尺寸为 $\phi80mm$ 的轴，其上极限偏差为 $+0.016mm$，下极限偏差为 $-0.027mm$，试求其上极限尺寸，下极限尺寸和公差各为多少？

3. 已知公称尺寸为 $\phi50mm$ 的孔，其上极限尺寸为 $\phi50.025mm$，下极限尺寸为 $\phi50mm$，现测得孔的实际尺寸为 $\phi50.010mm$，试求孔的极限偏差、实际偏差及公差。

4. 已知公称尺寸为 $\phi50mm$ 的孔，其上极限尺寸为 $\phi49.950mm$，下极限尺寸为 $\phi49.934mm$，现测得孔的实际尺寸为 $\phi49.946mm$，试求轴的极限偏差、实际偏差及公差。

5. 计算孔 $\phi50^{+0.025}_{0}$ 与轴 $\phi50^{-0.025}_{-0.041}$ 配合的极限间隙及配合公差。

6. 计算孔 $\phi50^{+0.025}_{0}$ 与轴 $\phi50^{+0.059}_{+0.043}$ 配合的极限过盈及配合公差。

7. 计算孔 $\phi50^{+0.025}_{0}$ 与轴 $\phi50^{+0.018}_{+0.002}$ 配合的最大间隙和最大过盈及配合公差。

8. 用标准公差数值表和轴的基本偏差数值表，确定 $\phi40t6$ 的极限偏差。

9. 试用查表法确定 $\phi45H7/r6$ 的孔和轴的极限偏差。

10. 试用查表法确定 $\phi45R7/h6$ 的孔和轴的极限偏差。

11. 已知一对外啮合正常标准直齿圆柱齿轮，其模数 $m=3mm$，齿数 $z_1=19$，$z_2=41$。试求这对齿轮的分度圆直径、齿顶圆直径、齿根圆直径、齿厚、齿槽宽和中心距。

12. 已知一对外啮合标准直齿圆柱齿轮的标准中心距 $a=120mm$，传动比 $i_{12}=3$，小齿轮齿数 $z_1=20$。试确定这对齿轮的模数和分度圆直径、齿顶圆直径和齿根圆直径。

13. 普通 V 带传动，已知小带轮直径 $d_1 = 80\text{mm}$，转速 $n_1 = 900\text{r/min}$，大带轮直径 $d_2 = 200\text{mm}$。若不考虑弹性滑动，试求大带轮的转速和大、小带轮之间的传动比。

14. 有一丝杆和螺母组成的螺旋传动，丝杆作回转运动，转速 $n = 500\text{r/min}$；螺母作直线移动，导程 $L = 2.5\text{mm}$。试求螺母直线移动的速度和一 min 时间内，螺母移动的距离。

15. 标注试题图 1 所示车刀的角度。

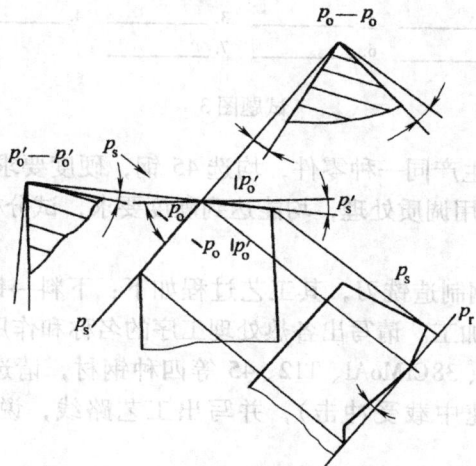

试题图 1

16. 按试题图 2 所示，作出车刀车孔时的主运动方向、进给运动方向和主偏角、副偏角的位置。

17. 车外圆时工件加工前直径为 $\phi62\text{mm}$，加工后直径为 $\phi56\text{mm}$，工件转速为 4r/s，刀具每秒钟沿工件轴向移动 2mm，工件加工长度为 110mm，切入长度为 3mm，求 v_c、f、a_p 和切削工时 t。

18. 车外圆时工件加工前直径为 $\phi50\text{mm}$，加工后直径为 $\phi45\text{mm}$，工件转速为 780r/min，进给量为 0.15mm/r，工件加工长度为 60mm，切入长度为 3mm，求 v_c、v_f、a_p 和切削工时 t。

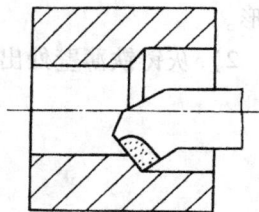

试题图 2

19. 写出试题图 3 所示标准麻花钻的各部分名称。

20. 某工厂买回一批材料（要求：$R_e \geqslant 230\text{MPa}$；$R_m \geqslant 410\text{MPa}$；$A \geqslant 22\%$；$Z \geqslant 50\%$），做短试样（$L_0 = 5D_0$；$D_0 = 10\text{mm}$）拉伸试验，结果如下：$F_s = 20\text{kN}$，$F_b = 34.5\text{kN}$；$L_1 = 63.1\text{mm}$，$D_1 = 6.2\text{mm}$。问买回的这批材料合格吗？

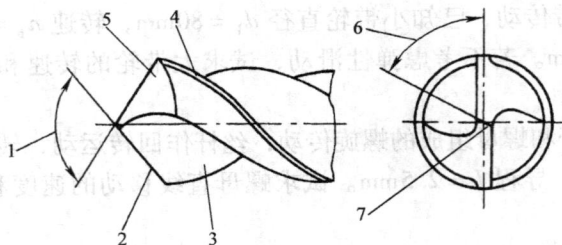

1. _____   2. _____   3. _____   4. _____
5. _____   6. _____   7. _____

试题图3

21. 甲、乙两厂生产同一种零件，均选45钢，硬度要求220～250HBW，甲厂采用正火，乙厂采用调质处理，均能达到硬度要求，试分析甲、乙两厂产品的组织和性能差别。

22. 拟用T10A钢制造铣刀，其工艺过程如下：下料→锻造→热处理1→机加工→热处理2→精加工。请写出各热处理工序的名称和作用。

23. 有20CrMnTi、38CrMoAl、T12、45等四种钢材，请选择一种钢材制作汽车变速箱齿轮（高速中载受冲击），并写出工艺路线，说明各热处理工序的作用。

24. 出现下列不正常现象时，应采取什么有效措施进行防治或改善？

1）灰铸铁磨床床身铸造以后就进行切削，在切削加工后出现不允许的变形。

2）灰铸铁薄壁处出现白口组织，造成切削加工困难。

答　案

一、判断题

1. ×　2. √　3. ×　4. ×　5. ×　6. ×　7. √　8. √
9. √　10. ×　11. ×　12. √　13. ×　14. ×　15. √　16. √
17. ×　18. √　19. ×　20. √　21. ×　22. √　23. √　24. ×
25. √　26. ×　27. ×　28. √　29. √　30. √　31. √　32. √
33. √　34. ×　35. ×　36. ×　37. √　38. √　39. ×　40. ×

41. √　42. ×　43. √　44. ×　45. √　46. √　47. ×　48. ×
49. √　50. √　51. ×　52. ×　53. √　54. ×　55. ×　56. √
57. ×　58. ×　59. ×　60. √　61. √　62. ×　63. ×　64. ×
65. ×　66. ×　67. ×　68. ×　69. ×　70. ×　71. √　72. ×
73. ×　74. ×　75. ×　76. √　77. √　78. √　79. √　80. √
81. √　82. ×　83. ×　84. √　85. √　86. √　87. ×　88. √
89. ×　90. √　91. ×　92. ×　93. ×　94. √　95. √　96. ×
97. ×　98. √　99. √　100. √　101. ×　102. √　103. ×　104. ×
105. ×　106. ×　107. √　108. √　109. √　110. √　111. ×　112. √
113. √　114. √　115. √　116. ×　117. √　118. ×　119. √　120. √
121. ×　122. √　123. √　124. ×　125. √　126. √　127. √　128. ×
129. ×　130. √　131. ×　132. √　133. √　134. √　135. √　136. ×
137. √　138. √　139. √　140. ×　141. √　142. √　143. √　144. √
145. √　146. ×　147. ×　148. √　149. √　150. √　151. √　152. √
153. √　154. ×　155. √　156. √　157. ×　158. √　159. √　160. ×
161. √　162. √　163. ×　164. √　165. ×　166. ×　167. √　168. √
169. ×　170. √　171. √　172. √　173. √　174. √　175. √　176. √
177. ×　178. √　179. ×　180. √　181. √　182. ×　183. ×　184. √
185. ×　186. ×　187. √　188. √　189. √　190. √　191. √　192. √
193. √　194. ×　195. √　196. ×　197. √　198. ×　199. √　200. √
201. ×　202. √　203. ×　204. ×　205. √　206. √　207. √　208. √
209. ×　210. √　211. ×　212. √　213. ×　214. √　215. ×　216. √
217. √　218. √　219. ×　220. ×　221. ×　222. √　223. √　224. ×
225. √　226. ×　227. ×　228. ×　229. √　230. ×　231. ×　232. √
233. √　234. √　235. ×

二、选择题

1. C　2. C　3. B　4. A　5. B　6. A　7. C　8. C
9. C　10. D　11. A　12. A　13. B　14. B　15. A　16. D
17. A　18. A　19. B　20. A　21. A　22. C　23. B　24. B
25. D　26. C　27. A　28. A　29. A　30. D　31. B　32. D
33. B　34. A　35. D　36. A　37. A　38. B　39. B　40. B
41. B　42. C　43. C　44. B　45. A　46. C　47. A　48. C
49. A　50. B　51. C　52. A　53. B　54. D　55. D　56. B
57. A　58. C　59. B　60. A　61. A　62. C　63. C　64. A

65. B　66. A　67. D　68. B　69. A　70. B　71. A　72. A

73. A　74. C　75. B　76. C　77. A　78. B　79. C　80. A

81. A　82. C　83. C　84. A　85. B　86. B　87. C　88. C

89. C　90. C　91. B　92. C　93. B　94. A　95. B　96. A

97. B　98. A　99. A　100. C　101. D　102. A　103. A　104. D

105. B　106. C　107. B　108. D　109. C　110. C　111. B　112. D

113. D　114. C　115. D　116. C　117. A　118. C　119. C　120. B

121. A　122. C　123. A　124. C　125. C　126. C　127. D　128. A

129. B　130. A　131. C　132. A　133. D　134. C　135. C　136. C

137. C　138. C　139. C　140. C　141. C　142. C　143. C　144. D

145. D　146. B　147. C　148. C　149. C　150. C　151. B　152. C

153. B　154. C　155. C　156. C　157. C　158. C　159. C　160. C

161. B　162. C　163. B　164. C　165. C　166. C　167. C　168. C

169. B　170. C　171. A　172. C　173. C　174. C　175. C　176. D

177. B　178. C　179. C　180. C　181. C　182. C　183. C　184. C

185. A　186. B　187. C　188. A　189. D　190. B　191. C　192. B

193. C　194. C　195. B　196. A　197. C　198. C　199. A　200. C

三、简答题

1. 答：公差带相对零线的位置是由国家标准中用表格列出的基本偏差来确定的。

2. 答：国家标准将公差等级分成 20 级，以 IT01，IT0，IT1，IT2…IT18 排列，IT01 公差等级最高，IT18 公差等级最低，依次排列。

3. 答：配合有基孔制和基轴制两种基准制。它们主要不同在于基孔制是以孔作为基准件，而基轴制是以轴为基准件。

4. 答：具有几何意义的点、线、面称为理想要素。而零件上实际存在的点、线、面称为实际要素。实际要素总是偏离理想要素的，其偏离量即为几何公差值。

5. 答：线轮廓度是实际轮廓线对理想轮廓线所允许变动余量，而面轮廓度是实际曲面对理想曲面所允许的变动余量。前者用来限制曲面的截面轮廓线的形状误差，而后者则是限制空间曲面的形状误差。

6. 答：这是因为在加工过程中，零件不仅会产生尺寸误差，还会产生形状误差，特别是对相互配合的零件，如果仅仅满足了尺寸公差，而零件在形状上产生误差、关联尺寸之间的位置产生误差，则零件之间仍然是无法顺利安装的，也难以达到有效的配合。

7. 答：表面粗糙度的产生是由于加工零件时的切削过程中相对零件的运动轨迹（刀纹）、刀具和零件表面间的摩擦、切屑分离工件表层金属的塑性变形以及机床——刀具——工件工艺系统的高频率振动等因素的影响，因此经过加工所得的零件表面，总会存在着高低不平的较小峰谷。由间距较小的微小峰谷所形成的表面就称为表面粗糙度。而形状误差的产生是由于几何精度、夹紧定位方向的误差所引起的表面宏观几何形状误差。

8. 答：表面粗糙度虽然只是一些极微小的加工痕迹，但它与机器零件的配合性质、耐磨性和抗腐性等均有密切关系。

9. 答：表面粗糙的零件，在间隙配合中，由于波峰和波谷较大，会加快磨损，使间隙增大，影响配合精度。在过盈配合中，粗糙表面的凸峰被挤平，使实际过盈量减小，导致联接的牢固度下降。表面粗糙，易产生应力集中。粗糙表面由于凹谷深度大，腐蚀物质易凝集，极易生锈。

10. 答：在零件同一表面上，除微观几何形状误差（即表面粗糙度）外，还同时存在宏观几何形状误差（即形状误差）和中间几何形状误差（即表面波纹度）。它们的形状一般呈波浪形，常以波距的大小来划分这三类误差。

波距大于 10mm 属于形状误差范围

波距在 1～10mm 的属于表面波纹度范围

波距 1mm 的则属于表面粗糙度范围

11. 答：传动装置的作用是将动力部分的动力和运动传给工作部分。在现代工业中主要应用四种传动方式：机械传动，液压传动；气压传动和电气传动。

12. 答：带传动的特点是：缓冲吸振，传动平稳；过载保护；传动中心距较大；结构简单，成本低廉；传动比不够准确；传动效率较低，寿命较短；怕油污，怕燃爆。适用场合：传动比要求不很准确，中、小功率，中心距较大，环境条件较好。

13. 答：链传动的特点是：平均传动比恒定；张紧力较小；中心距较大；不怕使用环境恶劣；传动平稳性较差；不能过载保护；磨损后易脱链。适用场合：工作条件恶劣，中心距较远，传动功率较大，平均传动比准确。

14. 答：相比其他的机械传动，齿轮传动的瞬时传动比恒定，功率大，速度快，传动平稳性好，传动效率高，结构紧凑，寿命长，所以在各类机械中应用最为广泛。

15. 答：滑动螺旋摩擦力大，传动效率低，有自锁特性，结构简单；滚动螺旋摩擦力小，传动效率高，传动可逆，结构复杂。两者皆传动平稳，传动精度高。

16. 答：刀具切削部分的材料必须具备足够的硬度、足够的强度和韧性、足够的耐磨性、足够的耐热性和良好的工艺性。

17. 答：改变刃倾角可控制流屑方向，取正的刃倾角，使切屑流向待加工表面而不划伤已加工表面；增大刃倾角的绝对值，使切削刃变得锋利，改善加工表面质量；选负的刃倾角，增大刀头体积，提高刀具强度。

18. 答：车刀按用途分：外圆车刀、端面车刀、切断车刀、螺纹车刀及内孔车刀等。按结构分：整体式车刀、焊接式车刀、机夹式车刀和可转位车刀。

19. 答：有三点好处：使切削刃上各点的楔角基本保持相同；使钻心处的后角加大，可以使横刃处的切削条件得到改善；弥补进给量的影响，使切削刃上各点都有较合适的后角。

20. 答：铰刀的齿数适当增多，则铰削平稳，导向好，有利于提高孔的公差等级和改善表面质量，但齿数过多则会减少容屑空间，降低刀齿的强度，并使刀齿刃磨困难，制造精度也难提高。铰刀刀齿在圆周上的分布有等齿距和不等齿距两种。

21. 答：丝锥的种类按不同的用途和结构可分为七种：手用丝锥、机用丝锥、螺母丝锥、内容屑丝锥、锥形螺纹丝锥、挤压丝锥和拉削丝锥。

22. 答：常用的夹紧机构有：斜楔夹紧、螺旋夹紧、偏心夹紧、定心夹紧以及多点、多件夹紧等。

23. 答：万能分度头是铣床上主要附件之一，在磨床、钻床、刨床、插床上也得到广泛应用，它能将圆周分成任意等分，将装夹在顶尖间或卡盘上的工件转动任意角度，也可在铣床上铣削螺旋槽、螺旋正齿轮和阿基米德螺旋凸轮等。

24. 答：回转工作台按其回转轴心的方向可分为立轴式和卧式两种。立轴式回转工作台有机械传动和手动两种。还有具有分度装置的回转工作台，此外还有万能回转工作台和双工位回转工作台。

25. 答：卡盘的种类有：自定心卡盘、单动卡盘、动力卡盘和电动卡盘。自定心卡盘适用于各种车床、铣床和普通精度的磨床等；单动卡盘可夹持形状不规则的工件，适用于大、中型卧式车床、外圆磨床等；动力卡盘可选用气压、液压或电动作为动力源，适用于卧式车床、转塔车床和自动车床；电动自定心卡盘适用于进行大批量加工的卧式车床、自动车床配套。

26. 答：强度是指材料在外力作用下抵抗永久变形和断裂的能力。常用的强度指标有屈服强度（R_e）和抗拉强度（R_m）。$R_e = F_s/A_0$；$R_m = F_b/A_0$。

$R_e = F_s/A_0$，$A_0 = \pi D^2/4 = 100\pi/4$，$R_e = 38 \times 4/100\pi = 48.4$ MPa

$R_m = F_b/A_0$，$A_0 = \pi D^2/4 = 100\pi/4$，$R_m = 77 \times 4/100\pi = 98.1$ MPa

$A = (L_1 - L_0)/L_0 \times 100\%$，$A = (65-50)/50 \times 100\% = 30\%$

27. 答：金属材料的工艺性能是指其在各种加工条件下所表现出来的适应能力，包括铸造性、锻压性、焊接性、切削加工性等。

28. 答：碳素钢质量的高低，主要根据钢中有害杂质硫、磷的质量分数来划分。普通碳素钢（0.045% P，0.05% S）；优质碳素钢（0.035% P，0.035% S）；高级优质碳素钢（0.025% P，0.025% S）。

29. 答：通过钢在固态下的加热、保温和冷却，改变钢的内部组织，从而得到所需要性能的工艺方法称热处理。常见的热处理方法有退火、正火、淬火和回火。

30. 答：常用的淬火方法有单液淬火、双液淬火、分级淬火、等温淬火等。单液淬火操作简便，但容易产生淬应力，引起变形甚至裂纹。

31. 答：1）合金元素含量高（10% ~25%），含碳量为0.7% ~1.65%；具有很高的淬透性。2）热处理后具有高的耐热性和足够的强度，高的硬度和耐磨性。

32. 答：1）碳和硅是促进石墨化的元素，锰和硫是阻碍石墨化的元素。在生产中，调整碳、硅含量，是控制铸铁组织和性能的基本措施。

2）冷却速度：铸铁缓慢冷却或在高温下长时间保温，均有利于石墨化。

33. 答：铸铁的铸造性能良好，具有良好的切削加工性能，优良的减磨性和消振性，且具有低的缺口敏感性，所以一般机器的支架、机床的床身常用灰铸铁制造。

四、计算题

1. 解：公差 = 20.011mm − 20mm = 0.011mm

上极限偏差 = 20.011mm − 20mm = +0.011mm

下极限偏差 = 20.00mm − 20mm = 0

答 该孔的上极限偏差为 +0.11mm，下极限偏差为0，公差为0.11mm。

2. 解：上极限尺寸 = 80mm + 0.016mm = 80.016mm

下极限尺寸 = 80mm − 0.027mm = 79.973mm

公差 = +0.016mm −（−0.027mm）= 0.043mm

答 该轴的上极限尺寸为 80.016mm，下极限尺寸为 79.973mm，公差为0.043mm。

3. 解：孔的极限偏差

$ES = 50.025 − 50mm = +0.025mm$

$EI = 50 − 50mm = 0$

孔的实际偏差 50.010 − 50mm = +0.010mm

孔的公差 $T_h = 50.025 − 50mm = 0.025mm$

4. 解：轴的极限偏差

$es = 49.950 − 50mm = −0.050mm$

$ei = 49.934 − 50mm = −0.066mm$

轴的实际偏差 $49.946 - 50\text{mm} = -0.054\text{mm}$

轴的公差 $T_s = 49.950 - 49.934\text{mm} = 0.016\text{mm}$

5. 解：极限间隙

$X_{max} = ES - ei = (+0.025) - (-0.041)\text{mm} = +0.066\text{mm}$

$X_{min} = EI - es = 0 - (-0.025)\text{mm} = +0.025\text{mm}$

配合公差 $T_t = X_{max} - X_{min} = (+0.066) - (+0.025)\text{mm} = 0.041\text{mm}$

6. 解：极限过盈

$Y_{max} = EI - es = 0 - (+0.059) = -0.059\text{mm}$

$Y_{min} = ES - ei = (+0.025) - (+0.043)\text{mm} = -0.018\text{mm}$

配合公差 $T_t = Y_{min} - Y_{max} = (-0.018) - (-0.059)\text{mm} = 0.041\text{mm}$

7. 解：最大间隙和最大过盈

$X_{max} = ES - ei = (+0.025) - (+0.002)\text{mm} = +0.023\text{mm}$

$Y_{max} = EI - es = 0 - (+0.018)\text{mm} = -0.018\text{mm}$

配合公差 $T_t = X_{max} - Y_{max} = (+0.023) - (-0.018)\text{mm} = 0.041\text{mm}$

8. 解：从表1-4按 t 查得轴的基本偏差为下极限偏差 $ei = +48\mu m$。

从表1-1查得轴的标准公差 $IT6 = 16\mu m$，因此轴的另一极限偏差为

上极限偏差 $es = ei + IT6 = +48 + 16 = +64\mu m$

9. 解：由表1-1查得：$IT6 = 16\mu m$，$IT7 = 25\mu m$

由表1-4查得：r 的基本偏差 $ei = +34\mu m$，则

$\phi 45H7$：$ES = +25\mu m$，$EI = 0$

$\phi 45r6$：$ei = +34\mu m$

$es = ei + IT6 = +34 + 16 = +50\mu m$

10. 解：由表1-1查得：$IT6 = 16\mu m$，$IT7 = 25\mu m$

由表1-4查得：R 的基本偏差 $ei = -25\mu m$，则

$\phi 45R7$：$ES = -25\mu m$，$EI = ES - IT7 = (-25) - 25 = -50\mu m$

$\phi 45h6$：$es = 0$，$ei = -16\mu m$

11. 解：$d_1 = mz_1 = 3 \times 19\text{mm} = 57\text{mm}$

$d_2 = mz_2 = 3 \times 41\text{mm} = 123\text{mm}$

$d_{a1} = m(z_1 + 2) = 3 \times (19 + 2)\text{mm} = 63\text{mm}$

$d_{a2} = m(z_2 + 2) = 3 \times (41 + 2)\text{mm} = 129\text{mm}$

$d_{f1} = m(z_1 - 2.5) = 3 \times (19 - 2.5)\text{mm} = 49.5\text{mm}$

$d_{f2} = m(z_2 - 2.5) = 3 \times (41 - 2.5)\text{mm} = 115.5\text{mm}$

$s = p = \pi m/2 = 3.14 \times 3/2\text{mm} = 4.71\text{mm}$

$a = (d_1 + d_2)/2 = (63 + 129)/2\text{mm} = 90\text{mm}$

12. 解：$z_2 = i_{12} \times z_1 = 3 \times 20 = 60$

$$m = 2a/(z_1 + z_2) = 2 \times 120/(20 + 60) \text{mm} = 3 \text{mm}$$

$$d_1 = mz_1 = 3 \times 20 \text{mm} = 60 \text{mm}$$

$$d_2 = mz_2 = 3 \times 60 \text{mm} = 180 \text{mm}$$

$$d_{a1} = m(z_1 + 2) = 3 \times (20 + 2) \text{mm} = 66 \text{mm}$$

$$d_{a2} = m(z_2 + 2) = 3 \times (60 + 2) \text{mm} = 186 \text{mm}$$

$$d_{f1} = m(z_1 - 2.5) = 3 \times (20 - 2.5) \text{mm} = 52.5 \text{mm}$$

$$d_{f2} = m(z_2 - 2.5) = 3 \times (60 - 2.5) \text{mm} = 172.5 \text{mm}$$

13. 解：$i_{12} = n_1/n_2 = d_2/d_1 = 200 \text{mm}/80 \text{mm} = 2.5$

$n_2 = n_1/i_{12} = 900 \text{r/min}/2.5 = 360 \text{r/min}$

14. 解：$s = nL = 500 \text{r/min} \times 2.5 = 1250 \text{mm}$

$v = s/t = 1.25 \text{m}/60 \text{s} = 0.021 \text{m/s}$

15. 解：见答图 1。

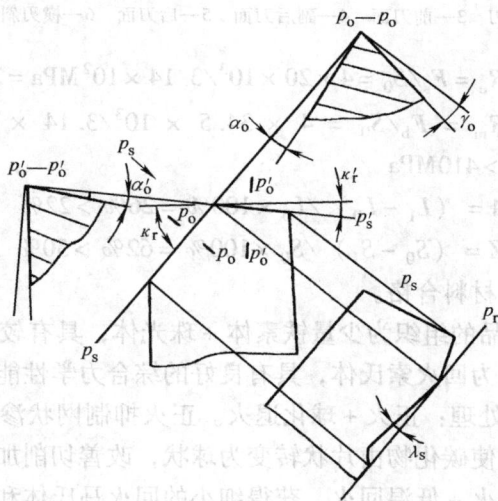

答图 1

16. 解：见答图 2。

17. 解：$v_c = \pi dn/1000 = \pi \times 62 \times 4/1000 = 0.779 \text{m/s}$

$f = v_f/n = 2/4 \text{mm/r} = 0.5 \text{mm/r}$

$a_p = (d_w - d_m)/2 = (62 - 56)/2 \text{mm} = 3 \text{mm}$

$t = (l + l_1 + l_2)/v_f = (110 + 3 + 0)/2 \text{s} = 56.5 \text{s}$

18. 解：$v_c = \pi dn/1000 = \pi \times 50 \times 780/1000 \text{m/min} = 122.46 \text{m/min}$

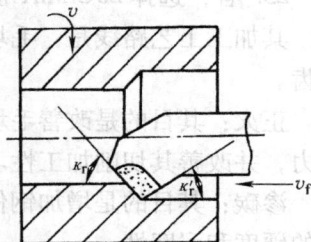

答图 2

$$v_f = fn = 0.15 \times 780 \text{mm/min} = 117 \text{mm/min}$$
$$a_p = (d_w - d_m)/2 = (50 - 45)/2 \text{mm} = 2.5 \text{mm}$$
$$t = (l + l_1 + l_2)/v_f = (60 + 3 + 0) 60/117 \text{s} = 32.31 \text{s}$$

19. 解：见答图3。

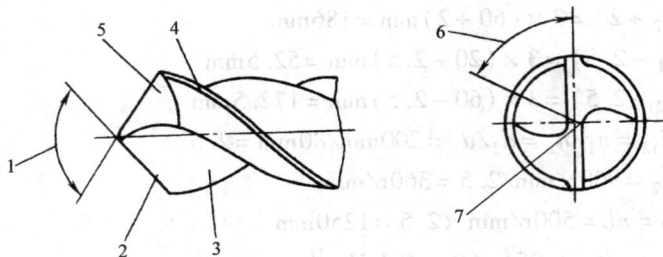

答图3

1—顶角　2—主切削刃　3—前刀面　4—副后刀面　5—后刀面　6—横刃斜角（ψ）　7—横刃

20. 答：因为　$R_e = F_s/S_0 = 4 \times 20 \times 10^3/3.14 \times 10^2 \text{MPa} = 254 \text{MPa} > 230 \text{MPa}$

$R_m = F_b/S_0 = 4 \times 34.5 \times 10^3/3.14 \times 10^2 \text{MPa} = 439 \text{MPa}$
$> 410 \text{MPa}$

$A = (L_1 - L_0)/L_0 \times 100\% = 26\% > 22\%$

$Z = (S_0 - S_1)/S_0 \times 100\% = 62\% > 50\%$

所以买回的这批材料合格。

21. 答：甲厂产品的组织为少量铁素体 + 珠光体，具有较高强度和一定塑韧性。乙厂产品的组织为回火索氏体，具有良好的综合力学性能。

22. 答：预备热处理：正火 + 球化退火。正火抑制网状渗碳体析出为球化退火做准备。球化退火使碳化物由片状转变为球状，改善切削加工性能。

最终热处理：淬火 + 低温回火。获得细小的回火马氏体和粒状碳化物，具有很高的硬度和耐磨性。

23. 答：选择 20CrMnTi。

其加工工艺路线是：毛坯锻造→正火→机加工→渗碳→淬火 + 低温回火→磨齿。

正火：其目的是改善毛坯锻造后的不良组织，消除锻造加工过程中产生的内应力，并改善其切削加工性。

渗碳：其目的是增加钢件表面的碳含量和形成一定的浓度梯度，提高工件表面的硬度和耐磨性。

淬火 + 低温回火：其目的是使表层组织为回火马氏体和细粒状碳化物，表层硬度可达 58 ~ 64HRC；心部组织为低碳马氏体或珠光体，硬度较低。即表面具有高的硬度和耐磨性，而心部具有良好的韧性。

24. 答：1）防治措施：灰铸铁磨床床身铸造以后，应先进行去应力退火（500～600℃，4～8h，缓冷），然后再切削加工。

2）改善措施：将出现白口组织的灰铸铁，进行去白口退火（850～900℃，2～5h，缓冷）。

《机械基础（初级）》适用于下列职业

初级：车工、铣工、磨工、钳工、机修钳工、模具工、数控车工、数控铣工/加工中心操作工、数控机床维修工

国家职业资格培训教材

丛书介绍： 深受读者喜爱的经典培训教材，依据最新国家职业标准，按初级、中级、高级、技师（含高级技师）分册编写，以技能培训为主线，理论与技能有机结合，书末有配套的试题库和答案。所有教材均免费提供 PPT 电子教案，部分教材配有 VCD 实景操作光盘（注：标注★的图书配有 VCD 实景操作光盘）。

读者对象： 本套教材是各级职业技能鉴定培训机构、企业培训部门、再就业和农民工培训机构的理想教材，也可作为技工学校、职业高中、各种短训班的专业课教材。

- ◆ 机械识图
- ◆ 机械制图
- ◆ 金属材料及热处理知识
- ◆ 公差配合与测量
- ◆ 机械基础（初级、中级、高级）
- ◆ 液气压传动
- ◆ 数控技术与 AutoCAD 应用
- ◆ 机床夹具设计与制造
- ◆ 测量与机械零件测绘
- ◆ 管理与论文写作
- ◆ 钳工常识
- ◆ 电工常识
- ◆ 电工识图
- ◆ 电工基础
- ◆ 电子技术基础
- ◆ 建筑识图
- ◆ 建筑装饰材料
- ◆ 车工（初级★、中级、高级、技师和高级技师）
- ◆ 铣工（初级★、中级、高级、技师和高级技师）
- ◆ 磨工（初级、中级、高级、技师和高级技师）
- ◆ 钳工（初级★、中级、高级、技师和高级技师）
- ◆ 机修钳工（初级、中级、高级、技师和高级技师）
- ◆ 锻造工（初级、中级、高级、技师和高级技师）
- ◆ 模具工（中级、高级、技师和高级技师）
- ◆ 数控车工（中级★、高级★、技师和高级技师）
- ◆ 数控铣工/加工中心操作工（中级★、高级★、技师和高级技师）
- ◆ 铸造工（初级、中级、高级、技师和高级技师）
- ◆ 冷作钣金工（初级、中级、高级、技师和高级技师）
- ◆ 焊工（初级★、中级★、高级★、

技师和高级技师★)
- ◆ 热处理工（初级、中级、高级、技师和高级技师）
- ◆ 涂装工（初级、中级、高级、技师和高级技师）
- ◆ 电镀工（初级、中级、高级、技师和高级技师）
- ◆ 锅炉操作工（初级、中级、高级、技师和高级技师）
- ◆ 数控机床维修工（中级、高级和技师）
- ◆ 汽车驾驶员（初级、中级、高级、技师）
- ◆ 汽车修理工（初级★、中级、高级、技师和高级技师）
- ◆ 摩托车维修工（初级、中级、高级）
- ◆ 制冷设备维修工（初级、中级、高级、技师和高级技师）
- ◆ 电气设备安装工（初级、中级、高级、技师和高级技师）
- ◆ 值班电工（初级、中级、高级、技师和高级技师）
- ◆ 维修电工（初级★、中级★、高级、技师和高级技师）
- ◆ 家用电器产品维修工（初级、中级、高级）
- ◆ 家用电子产品维修工（初级、中级、高级、技师和高级技师）
- ◆ 可编程序控制系统设计师（一级、二级、三级、四级）
- ◆ 无损检测员（基础知识、超声波探伤、射线探伤、磁粉探伤）
- ◆ 化学检验工（初级、中级、高级、技师和高级技师）
- ◆ 食品检验工（初级、中级、高级、技师和高级技师）
- ◆ 制图员（土建）
- ◆ 起重工（初级、中级、高级、技师）
- ◆ 测量放线工（初级、中级、高级、技师和高级技师）
- ◆ 架子工（初级、中级、高级）
- ◆ 混凝土工（初级、中级、高级）
- ◆ 钢筋工（初级、中级、高级、技师）
- ◆ 管工（初级、中级、高级、技师和高级技师）
- ◆ 木工（初级、中级、高级、技师）
- ◆ 砌筑工（初级、中级、高级、技师）
- ◆ 中央空调系统操作员（初级、中级、高级、技师）
- ◆ 物业管理员（物业管理基础、物业管理员、助理物业管理师、物业管理师）
- ◆ 物流师（助理物流师、物流师、高级物流师）
- ◆ 室内装饰设计员（室内装饰设计员、室内装饰设计师、高级室内装饰设计师）
- ◆ 电切削工（初级、中级、高级、技师和高级技师）
- ◆ 汽车装配工
- ◆ 电梯安装工
- ◆ 电梯维修工

变压器行业特有工种国家职业资格培训教程

丛书介绍： 由相关国家职业标准的制定者——机械工业职业技能鉴定指导中心组织编写，是配套用于国家职业技能鉴定的指定教材，覆盖变压器行业 5 个特有工种，共 10 种。

读者对象： 可作为相关企业培训部门、各级职业技能鉴定培训机构的鉴定培训教材，也可作为变压器行业从业人员学习、考证用书，还可作为技工学校、职业高中、各种短训班的教材。

- ◆ 变压器基础知识
- ◆ 绕组制造工（基础知识）
- ◆ 绕组制造工（初级 中级 高级技能）
- ◆ 绕组制造工（技师 高级技师技能）
- ◆ 干式变压器装配工（初级、中级、高级技能）
- ◆ 变压器装配工（初级、中级、高级、技师、高级技师技能）
- ◆ 变压器试验工（初级、中级、高级、技师、高级技师技能）
- ◆ 互感器装配工（初级、中级、高级、技师、高级技师技能）
- ◆ 绝缘制品件装配工（初级、中级、高级、技师、高级技师技能）
- ◆ 铁心叠装工（初级、中级、高级、技师、高级技师技能）

国家职业资格培训教材——理论鉴定培训系列

丛书介绍： 以国家职业技能标准为依据，按机电行业主要职业（工种）的中级、高级理论鉴定考核要求编写，着眼于理论知识的培训。

读者对象： 可作为各级职业技能鉴定培训机构、企业培训部门的培训教材，也可作为职业技术院校、技工院校、各种短训班的专业课教材，还可作为个人的学习用书。

- ◆ 车工（中级）鉴定培训教材
- ◆ 车工（高级）鉴定培训教材
- ◆ 铣工（中级）鉴定培训教材
- ◆ 铣工（高级）鉴定培训教材
- ◆ 磨工（中级）鉴定培训教材
- ◆ 磨工（高级）鉴定培训教材
- ◆ 钳工（中级）鉴定培训教材
- ◆ 钳工（高级）鉴定培训教材
- ◆ 机修钳工（中级）鉴定培训教材
- ◆ 机修钳工（高级）鉴定培训教材
- ◆ 焊工（中级）鉴定培训教材
- ◆ 焊工（高级）鉴定培训教材
- ◆ 热处理工（中级）鉴定培训教材
- ◆ 热处理工（高级）鉴定培训教材

- ◆ 铸造工（中级）鉴定培训教材
- ◆ 铸造工（高级）鉴定培训教材
- ◆ 电镀工（中级）鉴定培训教材
- ◆ 电镀工（高级）鉴定培训教材
- ◆ 维修电工（中级）鉴定培训教材
- ◆ 维修电工（高级）鉴定培训教材
- ◆ 汽车修理工（中级）鉴定培训教材
- ◆ 汽车修理工（高级）鉴定培训教材
- ◆ 涂装工（中级）鉴定培训教材
- ◆ 涂装工（高级）鉴定培训教材
- ◆ 制冷设备维修工（中级）鉴定培训教材
- ◆ 制冷设备维修工（高级）鉴定培训教材

国家职业资格培训教材——操作技能鉴定实战详解系列

丛书介绍：用于国家职业技能鉴定操作技能考试前的强化训练。特色：
- ● 重点突出，具有针对性——依据技能考核鉴定点设计，目的明确。
- ● 内容全面，具有典型性——图样、评分表、准备清单，完整齐全。
- ● 解析详细，具有实用性——工艺分析、操作步骤和重点解析详细。
- ● 练考结合，具有实战性——单项训练题、综合训练题，步步提升。

读者对象：可作为各级职业技能鉴定培训机构、企业培训部门的考前培训教材，也可供职业技能鉴定部门在鉴定命题时参考，也可作为读者考前复习和自测使用的复习用书，还可作为职业技术院校、技工院校、各种短训班的专业课教材。

- ◆ 车工（中级）操作技能鉴定实战详解
- ◆ 车工（高级）操作技能鉴定实战详解
- ◆ 车工（技师、高级技师）操作技能鉴定实战详解
- ◆ 铣工（中级）操作技能鉴定实战详解
- ◆ 铣工（高级）操作技能鉴定实战详解
- ◆ 钳工（中级）操作技能鉴定实战详解
- ◆ 钳工（高级）操作技能鉴定实战详解
- ◆ 钳工（技师、高级技师）操作技能鉴定实战详解
- ◆ 数控车工（中级）操作技能鉴定实战详解
- ◆ 数控车工（高级）操作技能鉴定实战详解
- ◆ 数控车工（技师、高级技师）操作技能鉴定实战详解
- ◆ 数控铣工/加工中心操作工（中级）操作技能鉴定实战详解
- ◆ 数控铣工/加工中心操作工（高级）操作技能鉴定实战详解
- ◆ 数控铣工/加工中心操作工（技师、高级技师）操作技能鉴定实战详解
- ◆ 焊工（中级）操作技能鉴定实战详解

- ◆ 焊工（高级）操作技能鉴定实战详解
- ◆ 焊工（技师、高级技师）操作技能鉴定实战详解
- ◆ 维修电工（中级）操作技能鉴定实战详解
- ◆ 维修电工（高级）操作技能鉴定实战详解
- ◆ 维修电工（技师、高级技师）操作技能鉴定实战详解
- ◆ 汽车修理工（中级）操作技能鉴定实战详解
- ◆ 汽车修理工（高级）操作技能鉴定实战详解

技能鉴定考核试题库

丛书介绍： 根据各职业（工种）鉴定考核要求分级编写，试题针对性、通用性、实用性强。

读者对象： 可作为企业培训部门、各级职业技能鉴定机构、再就业培训机构培训考核用书，也可供技工学校、职业高中、各种短训班培训考核使用，还可作为个人读者学习自测用书。

- ◆ 机械识图与制图鉴定考核试题库
- ◆ 机械基础技能鉴定考核试题库
- ◆ 电工基础技能鉴定考核试题库
- ◆ 车工职业技能鉴定考核试题库
- ◆ 铣工职业技能鉴定考核试题库
- ◆ 磨工职业技能鉴定考核试题库
- ◆ 数控车工职业技能鉴定考核试题库
- ◆ 数控铣工/加工中心操作工职业技能鉴定考核试题库
- ◆ 模具工职业技能鉴定考核试题库
- ◆ 钳工职业技能鉴定考核试题库
- ◆ 机修钳工职业技能鉴定考核试题库
- ◆ 汽车修理工职业技能鉴定考核试题库
- ◆ 制冷设备维修工职业技能鉴定考核试题库
- ◆ 维修电工职业技能鉴定考核试题库
- ◆ 铸造工职业技能鉴定考核试题库
- ◆ 焊工职业技能鉴定考核试题库
- ◆ 冷作钣金工职业技能鉴定考核试题库
- ◆ 热处理工职业技能鉴定考核试题库
- ◆ 涂装工职业技能鉴定考核试题库

机电类技师培训教材

丛书介绍： 以国家职业标准中对各工种技师的要求为依据，以便于培训为前提，紧扣职业技能鉴定培训要求编写。加强了高难度生产加工，复杂设备的安装、调试和维修，技术质量难题的分析和解决，复杂工艺的编制，故障诊断与排除以及论文写作和答辩的内容。书中均配有培训目标、复习思考题、培训内容、

试题库、答案、技能鉴定模拟试卷样例。

读者对象： 可作为职业技能鉴定培训机构、企业培训部门、技师学院培训鉴定教材，也可供读者自学及考前复习和自测使用。

◆ 公共基础知识
◆ 电工与电子技术
◆ 机械制图与零件测绘
◆ 金属材料与加工工艺
◆ 机械基础与现代制造技术
◆ 技师论文写作、点评、答辩指导
◆ 车工技师鉴定培训教材
◆ 铣工技师鉴定培训教材
◆ 钳工技师鉴定培训教材
◆ 焊工技师鉴定培训教材
◆ 电工技师鉴定培训教材

◆ 铸造工技师鉴定培训教材
◆ 涂装工技师鉴定培训教材
◆ 模具工技师鉴定培训教材
◆ 机修钳工技师鉴定培训教材
◆ 热处理工技师鉴定培训教材
◆ 维修电工技师鉴定培训教材
◆ 数控车工技师鉴定培训教材
◆ 数控铣工技师鉴定培训教材
◆ 冷作钣金工技师鉴定培训教材
◆ 汽车修理工技师鉴定培训教材
◆ 制冷设备维修工技师鉴定培训教材

特种作业人员安全技术培训考核教材

丛书介绍： 依据《特种作业人员安全技术培训大纲及考核标准》编写，内容包含法律法规、安全培训、案例分析、考核复习题及答案。

读者对象： 可用作各级各类安全生产培训部门、企业培训部门、培训机构安全生产培训和考核的教材，也可作为各类企事业单位安全管理和相关技术人员的参考书。

◆ 起重机司索指挥作业
◆ 企业内机动车辆驾驶员
◆ 起重机司机
◆ 金属焊接与切割作业
◆ 电工作业

◆ 压力容器操作
◆ 锅炉司炉作业
◆ 电梯作业
◆ 制冷与空调作业
◆ 登高作业

读者信息反馈表

亲爱的读者：

　　您好！感谢您购买《机械基础（初级）第 2 版》（夏奇兵　主编）一书。为了更好地为您服务，我们希望了解您的需求以及对我社教材的意见和建议，愿这小小的表格在我们之间架起一座沟通的桥梁。另外，如果您在培训中选用了本教材，我们将免费为您提供与本教材配套的电子课件。

姓　名		所在单位名称	
性　别		所从事工作（或专业）	
通信地址		邮编	
办公电话		移动电话	
E-mail		QQ	
1. 您选择图书时主要考虑的因素（在相应项后面画✓） 出版社（　）　　内容（　）　　价格（　）　　其他：_____			
2. 您选择我们图书的途径（在相应项后面画✓） 书目（　）　　书店（　）　　网站（　）　　朋友推介（　）　　其他：_____			
希望我们与您经常保持联系的方式： □电子邮件信息　　　□定期邮寄书目　　　□通过编辑联络　　　□定期电话咨询			
您关注（或需要）哪些类图书和教材：			
您对本书的意见和建议（欢迎您指出本书的疏漏之处）：			
您近期的著书计划：			

请联系我们——

地　　址　北京市西城区百万庄大街 22 号　　机械工业出版社技能教育分社

邮　　编　100037

社长电话　（010）88379083　88379080

传　　真　（010）68329397

营销编辑　（010）88379534　88379535

免费电子课件索取方式：

网上下载　www.cmpedu.com

邮箱索取　jnfs@cmpbook.com